江苏省教育科学"十四五"规划重点课题
（项目编号：B202301204）研究成果

2023年度国家社科基金重大项目
（项目编号：23&ZD134）研究成果之一

A STUDY OF ORIGINAL INNOVATION
DILEMMAS IN BASIC RESEARCH
FROM THE PERSPECTIVE OF INSTITUTIONAL LOGIC

基础研究
原始创新困境之谜

制度逻辑视角

张　群◎著

ZHEJIANG UNIVERSITY PRESS
浙江大学出版社
·杭州·

图书在版编目(CIP)数据

基础研究原始创新困境之谜:制度逻辑视角/张群
著. —杭州:浙江大学出版社,2024.5
ISBN 978-7-308-24650-7

Ⅰ.①基… Ⅱ.①张… Ⅲ.①科学研究工作－制度－
研究－中国 Ⅳ.①G322

中国国家版本馆 CIP 数据核字(2024)第 037237 号

基础研究原始创新困境之谜——制度逻辑视角

JICHU YANJIU YUANSHI CHUANGXIN KUNJING ZHI MI——ZHIDU LUOJI SHIJIAO

张　群　著

策划编辑	吴伟伟
责任编辑	陈逸行
文字编辑	韩盼颖
责任校对	马一萍
封面设计	雷建军
出版发行	浙江大学出版社
	(杭州市天目山路 148 号　邮政编码 310007)
	(网址:http://www.zjupress.com)
排　　版	杭州星云光电图文制作有限公司
印　　刷	广东虎彩云印刷有限公司绍兴分公司
开　　本	710mm×1000mm　1/16
印　　张	15
字　　数	261 千
版印次	2024 年 5 月第 1 版　2024 年 5 月第 1 次印刷
书　　号	ISBN 978-7-308-24650-7
定　　价	68.00 元

前　言

面对新一轮科技革命和产业变革,以及日益严峻的国际竞争形势,加强基础研究,提升原始创新能力,是我国实现高水平科技自立自强的迫切要求。当前我国基础研究整体水平和国际影响力大幅提升,取得了一系列举世瞩目的重大成就。但同时,基础研究的短板也十分明显,"从 0 到 1"的原始创新相对缺乏,许多关键领域受制于人。科研人员普遍面临科研指标的短期硬性约束,科研评价制度改革落实难、科研个体创新动力不足等问题依旧棘手。这些正是阻碍原始创新成果涌现的关键,本书将此类问题归纳为原始创新困境。原始创新困境是如何形成的呢?为何不断优化的科研制度难以在实践活动中获得预期的回应?除去那些老生常谈的原因,如投入不足、根基薄弱、评价导向扭曲、传统文化惯性等,公共管理学能否给出新的解释?本书试图厘清原始创新困境的制度性根源,为制度设计者和科研管理者优化制度环境提供学理性参考。

本书通过文献研究发现,国内外学者对原始创新困境现象的阐释可以归为结构主义、制度主义和行为主义三种视角。结构主义视角认为,影响科研创新行为的根源在于科研管理结构与制度运行,以及科研体系中各创新主体之间的关系;制度主义视角更关注制度规则、规范责任、价值理念对科研行为的影响;而在行为主义视角下,科研个体的创新活动是具有能动性的,还会受评审专家、科研共同体、科研管理者及社会公众等主体的干扰。既有研究为理解基础研究原始创新困境提供了诸多有益的启发。然而,上述视角对于宏观制度环境的动态变化、制度结构之间的交互关系,以及微观个体行为的能动性探究仍有不足,与基础研究原始创新活动紧密关联的多层制度结构、多元创新主体和多重价值理念以碎片化形式散乱分布,尚未连接成一张整体的网络。

为了实现宏观制度结构与微观个体行为的整体串联,本书以中观的制度逻辑作为桥梁,将基础研究原始创新活动置于制度环境、制度逻辑与个体行为的关系下审视。本书发现,制度复杂性植根于多重制度逻辑间的相互作用,这是制度结果与制度设计偏离的原因。多项研究证明,不可调和的逻辑矛盾会阻碍制度变革、组织发展和个体创新。因此,凝练原始创新困境现象背后的多重制度逻辑,探究制度逻辑的异质性和相互作用,是解开原始创新困境制度谜团的关键。个体行动者是影响制度运行的重要力量,嵌入在多重制度逻辑中的个体既受到制度规则的约束,同时又能够施展能动性,对制度结果产生反作用。所以,探究科研人员创新实践中的能动性对制度运行的保障非常重要。

基于对科研环境的观察和理论推演,本书提出核心研究问题:基础研究科研制度和科研人员创新行为的相互作用如何影响原始创新困境?研究将问题拆解为三个层面:第一,外部情境的转变如何塑造制度环境和逻辑关系;第二,科研人员的创新活动受到哪些制度逻辑的约束,这些逻辑及其交互作用如何形塑个体行为;第三,科研人员面对多重制度逻辑如何发挥其能动性。本书以上海市科研人员开展基础研究创新实践为例,采用混合研究设计,对制度逻辑与科研行为之间的相互作用开展了探索性研究。

从理论层面而言,本书选择了制度逻辑的中观视角,有利于跳出传统研究视角的桎梏,避免宏大叙事和极端个案对研究结果的干扰。在理论应用上,本书从制度逻辑出发探究制度逻辑与创新行为的关系,以多重制度逻辑诠释制度对个体行为的约束,能够整合制度环境的各类因素,呈现制度体系内部的逻辑间关系。这弥补了对制度环境动态性、制度结构与个体行为间关系研究的不足,深化了对逻辑嵌入、多重制度逻辑内部关系、个体能动性的理解。通过分析科研人员回应与选择多重逻辑的过程,本书说明了原始创新困境不只与制度设计和制度执行有关,个体的能动性也不可忽视。在理论发展上,本书通过整合多个理论观点,构建理论分析框架,拓展了制度逻辑理论在科研创新领域的应用场景,强化了制度逻辑在微观行为层面的表达。研究结果深化了制度逻辑与个体行为的关系研究,提高了制度逻辑理论在微观层面的解释力。

从现实层面而言,本书为诠释基础研究原始创新困境提供了新的视角。本书旨在为政策决策者和科研管理者系统地认识原始创新困境贡献新的思路,并为激发原始创新动力的制度建设提供学理性参考。本书提出若干实践启示和政策建议,包括增强对专业逻辑的重视、扩大以信任为基础的自由探索、提高对原始创新的认可、营造科研单位创新氛围和加强科研共同体自律等五个方面。本书的研究目的在于增强专业逻辑在科研实践中的重要性,降低功利化导向和绩效导向等非专业逻辑的负面影响,发挥非正式行为规范的正面引导效用。相较于以往研究中的政策建议,本书更多从制度逻辑对个体行为的影响、科研人员的行动选择倾向,以及非正式规则等角度提出优化方案,利用制度结构中各类逻辑要素与微观行为的相互作用,更加贴近基础研究创新实践的多元复杂特征,也如实地反映科研人员的制度诉求。

本书共分为七章,包括四个主要内容。第一个主要内容是分析框架构建。通过第二章的文献综述,本书从多重制度逻辑、制度与行为相互作用等研究中获得启发。在第三章中,结合我国基础研究创新体系,以及资助、管理与评价制度的实践特征,本书提炼出原始创新困境语境中的科层逻辑、专业逻辑与商业逻辑,并梳理三重逻辑对应的行动主体、行动原则及实践特征,构成原始创新困境中的多重制度逻辑体系,进而以制度逻辑理论和计划行为理论为基础,建构了"逻辑嵌入—能动选择分析框架"。框架分为三个部分,即"制度环境""逻辑嵌入"和"能动选择",三者的交互作用解释了原始创新困境的形成,分别对应实证研究的三章(第四章至第六章)。第二个主要内容是制度环境变迁下的逻辑关系分析(第四章)。本书搜集了改革开放 40 余年来基础研究资助、管理与评价相关的科技政策,以及历年政府工作报告。本书借助内容分析法对两类政策文本开展深度剖析,揭示我国基础研究在制度环境、资助与管理、科研评价、体制机制改革等方面的阶段性特征,总结了制度变迁过程中多重逻辑之间的关系变化。第三个主要内容是制度嵌入视角下多重制度逻辑对科研行为的形塑探究(第五章)。本书以上海市为例,探究制度逻辑对科研行为的形塑作用。本书首先介绍了上海市基础研究的制度环境、资助体系、项目布局与组织架构、科研管理规则。此外,基于问卷和访谈结果分别阐述了专业逻辑、科层逻辑和商业逻辑对科研行为的要求;揭示了多重制度逻辑之间的兼容和冲突表现;验证了科研人员在制度实践中嵌入多重制度逻辑,被各类规则所形塑,并深受逻辑间关系的影响。第四个主要内容是科研人员对多重制度逻辑的能动回应与选择探究(第六章)。本书通过分析科研人员的创新态度、突显信念和主观规范,展现了科研人员回应与选择多重逻辑的过程,同时也说明了科研人员的能动性是有限的。

本书的主要贡献在于对原始创新困境的制度性根源做出了解释。总体来说,本书得出了如下结论和基本观点。第一,多重制度逻辑之间的兼容和冲突诱使科研行为更符合科层逻辑和商业逻辑,而偏离本场域的专业逻辑,导致专业逻辑的重要性被弱化。外部场域的科层逻辑和商业逻辑内化为科研人员的主导理念,驱动科研人员按照效率化、标准化和功利化的导向开展创新活动。新旧逻辑的冲突下,科研人员倾向于维持旧逻辑导向的制度惯性,影响制度改革的实效。第二,各阶段的制度逻辑导向呈现出制度惯性与情境更迭的复杂特征。逻辑之间的关系经历了从单一逻辑主导到多重逻辑合作,再从逻辑合作到逻辑冲突,最后由多重逻辑冲突走向协调的变化。制度变迁为逻辑关系变化建立了动态环境,新旧制度的冲突为科研人员的能动性提供了契机,多重制度逻辑在宏观层面的冲突关系推动制度自我更新。第三,科研人员与其他行动者的实践互动使得他们嵌入了相应的制度逻辑,当他们承担不同角色时,所嵌入的主导逻辑存在差异。多重制度逻辑之间冲突与兼容并存,证实了科研行为受到多重制度逻辑的约束。第四,面对多重制度逻辑之间的冲突、兼容和新旧交替,科研人员的能动性驱使其选择部分逻辑要素进行拼凑组合。科研人员的逻辑回应与逻辑选择存在应然与实然的差异,主观规范限制了个体能动性的发挥,个体对多重制度逻辑的回应、选择与使用产生一定的负面效应。

本书是在本人博士学位论文《逻辑嵌入与能动选择:基础研究原始创新困境研究》基础上修改而成的。本人在写作过程中得到了华东师范大学孟微教授的倾力指导。上海市科学技术委员会多位管理者和上海市几百名高校教师为本书的调研开展提供了友好的支持。本书的出版还得到了华东师范大学刘胜男副教授的大力支持,在此对所有慷慨提供建议和帮助的师友表示衷心的感谢!

由于本人学识和研究水平的限制,本书难免存在很多不足,恳请大家不吝赐教。

张 群

2023 年 7 月 18 日

目　录

第一章 绪 论

第一节 研究背景

"深入实施创新驱动发展战略,加快建设科技强国"是党和国家在新时代对科技创新工作提出的新方向,提升原始创新能力是我国应对新一轮科技革命和产业变革的关键行动。基础研究的重要功能是生产知识,通过不断开辟新的认知领域,持续促进人类知识体系发展。基础研究的原始创新是科技创新的源头。"基础研究""原始创新""制度创新"已成为创新驱动发展战略及政府工作报告的高频词。随着我国经济和科技实力大幅提升,科技创新正处于从长期"跟跑"向部分领域"并跑"和少数领域"领跑"的转型中。国家综合国力提升和创新驱动发展战略推进要求基础研究从源头上为创新提质增效,提升基础研究的原始创新能力刻不容缓。

改革开放以来,以政府为主导的科研资助体系以及在科技强国战略引导下的举国体制促进了我国基础研究水平的大幅跃升。我国的论文发表数、专利申请与授权数等众多科学计量指标开始位居世界前列,部分优势学科如化学、物理等甚至超越美国成为世界第一。[1] 然而,基础研究发展面临的原始创新困境也不容忽视。实践中的原始创新困境主要体现在三个方面。其一,原始创新成果相对不足。我国在提出新理论、开拓新方向、建立新范式、创立新学派方面与

---

① 曹勤伟,段万春.科学研究的规模经济悖论与多维绩效分析[J].科学学研究,2021(10):1758-1769.

欧美科技强国相比还有较大差距。[①] 我国基础研究的原始创新成果占全球比重依旧较低,提出重大科学问题的能力、产出重大科学发现的能力仍然不够。其二,促进原始创新的制度改革难。21世纪以来,我国在科研资助、管理与评价制度方面做了很多尝试,包括调整基础研究项目布局、提高资助力度、优化管理模式、完善评价模式等。然而,科研人员在基础研究科研活动中的政策感受度不足,科研管理体制机制中的制度藩篱依旧广受学界诟病。其三,科研个体的原始创新动力不足。在实践中,科研人员更多地采用渐进式创新的研究方式,以追求显性科研指标为目标,需要长期投入或"从0到1"的突破性创新仍然不足。同时,在竞争激烈的科研环境中,科研人员需要完成各类考核评价,平衡多重角色冲突,这也对他们开展突破性创新研究造成压力。以上现象都说明科研个体积极参与原始创新活动的情况并不乐观,科研环境中的多重因素对基础研究创新活动造成干扰。

针对我国当前基础研究原始创新困境现象,既有研究主要从结构主义、制度主义和行为主义三个视角进行分析。其中,结构主义视角强调行为受到制度规则的支配[②],认为原始创新困境是制度结构固有矛盾导致的结果。然而,该视角对行动者的能动性关注不够。制度主义视角关注制度的规制性要素、规范性要素和文化—认知性要素对科研行为的影响,认为产生原始创新困境的原因是规则设计不合理、责任和压力过重,以及科研环境中的创新文化欠缺。制度主义视角更多地强调制度要素对行为的约束作用及其形成的同质化结果,在解释个体能动性、制度异质性和制度微观要素等方面的能力有限。行为主义视角更多关注行为对结果的影响,认为科研人员个体行为或科研共同体群体行为对原始创新困境的形成起决定性作用。但是该视角忽视了个体行为嵌套于制度结构和外部环境中,是环境、制度和行为互动的结果,脱离制度环境和结构未必能解释制度的结果。[③] 基础研究原始创新能力的提升既受到制度环境的动态性影响,也受到制度结构与个体行为的相互作用影响。因而,本书选择从制度逻辑视角切入,整合上述三个视角的优点,从制度环境的作用、制度对行为

---

① 张炜,吴建南,徐萌萌,等.基础研究投入:政策缺陷与认识误区[J].科研管理,2016(5):87-93,160.

② 斯科特,戴维斯.组织理论:理性、自然与开放系统的视角[M].高俊山,译.北京:中国人民大学出版社,2011:96-98.

③ 唐世平.观念、行动、结果:社会科学方法新论[M].天津:天津人民出版社,2021:22-23.

的形塑、个体发挥能动性应对制度要求等三个层面解释原始创新困境的制度性根源。

　　本书以上海市为例,对制度环境、制度逻辑与科研行为之间的关系进行实证研究。作为我国科技创新的前沿重镇和全球科技创新中心的建设高地,上海市始终非常重视基础研究的作用,将其视为科技创新的总源头。上海市明确表示要从基础研究投入强度、顶尖研发机构建设、重大项目组织实施等方面强化对基础研究的支持,提升原始创新能力。上海市在基础研究资助、管理与评价的建设与改革方面更是走在全国前列,其基础研究经费支出占全社会研发(R&D)经费支出的比例一直高于全国平均水平,基础研究整体水平较高,基础学科的影响力不断加大,科研环境建设也日益优化。上海市的科研管理工作在资助、管理与评价方面较为系统和完整,能够为本书开展实践调研和理论分析提供较好的应用场景。同时,通过前期访谈和对相关资料的分析,本书发现,尽管上海市的资助较为充足,各方面制度建设较为完备,基础研究领域的科研人员对于开展原始创新却持相对保守态度。上述制度建设与创新行为间的矛盾为本书探索原始创新困境提供了更多可能性。

第二节　问题提出:基础研究原始创新困境

　　从制度逻辑视角解构基础研究原始创新困境,核心在于厘清制度环境、制度结构与创新行为之间的相互作用。制度环境不仅体现在制度情境的多变,还有制度结构中的多元行动者、隐含的各类价值理念,以及个体理解制度和落实制度的能动作用。基于研究关切的现实困境,本书从制度逻辑视角出发,提出以下研究问题:基础研究资助、管理与评价制度和科研行为的相互作用如何对原始创新困境造成影响? 本书将其拆分为三个层面具体分析。

一、外部情境的转变如何塑造基础研究资助、管理与评价制度及其隐含的逻辑关系

　　我国基础研究资助、管理与评价制度构成了科研活动的基本场所,制度嵌套在环境中,并随着情境的更迭而发生变迁。改革开放 40 余年来,基础研究资

助、管理与评价制度与外在情境不断对话,变化在每个时段都会上演,制度环境愈加复杂。制度变迁过程中,制度导向可能发生转变,逻辑之间的共存关系也会面临转型。对制度变迁的分析有助于梳理制度环境的复杂性和动态性。历时性考察情境更迭下的制度环境和逻辑如何变化,是解释制度安排和科研行为的基础,有助于阐明科研行为受到的制度约束来源,为个体的能动选择铺设前提。

二、从制度对个体的影响出发,从事基础研究的科研人员在科研实践方面受到哪些制度逻辑的影响

不同行动者的制度感知存在差异,证明多重制度逻辑对个体行为的影响不同。如果个体认知相似,则意味着制度逻辑的影响产生趋同效应。探究行动者的制度认知是验证制度约束个体行为的重要路径,有利于明确个体所嵌入的逻辑表征,厘清多重制度逻辑对科研行为提出了怎样的具体要求。探索科研人员嵌入的多重制度逻辑之间如何相互作用,能够为分析个体能动性提供前提。

三、站在个体的能动性立场上,科研人员面对多重制度逻辑展示出怎样的偏好与选择

制度良好运行的一个关键因素是受众对制度的解读和接受。既有研究更关注制度自上而下地制定和执行,很大程度上忽视了个体如何自下而上地理解制度。科研人员在制度约束下开展行动,又面临多元角色的目标压力,如何做出取舍,正是他们能动性的体现。国外学者常用"意义构建"的抽象话语来描述个体的能动性,本书希望寻找更加具象化的方式来表达科研人员的能动性。本书还想探究影响个体能动选择的制度性因素,以明确个体能动性的边界。最后,本书想要阐释多重制度逻辑和个体能动性的相互作用,以及这种作用对原始创新的影响,从而对原始创新困境之谜做出回应。

第二章　相关研究回顾与文献综述

第一节　核心概念解释

一、基础研究

基础研究是人类为认识自然现象、揭示自然规律而开展的实验性和理论性研究工作,它能够向社会提供新知识、新原理和新方法。[①] "基础研究"的概念最早起源于 20 世纪中叶美国主导的科学建制化发展。1945 年,范内瓦·布什(Vannevar Bush)在《科学:无尽的前沿》中提出,基础研究以产出知识为目的,能够增进人类对自然法则的理解,这种知识尽管未必提供实际问题的具体解决方案,但能够为人类解决大量重要的问题提供思路和手段。[②] 1963 年,经济合作与发展组织(OECD)在《弗拉斯卡蒂手册》(第 1 期)中修改了研究分类,将基础研究定义为"主要为了科学知识的增加而进行的工作,不考虑实际的特殊应用"。之后在学界的多番辩论下,基础研究的概念不断推进。1970 年,《弗拉斯卡蒂手册》重新修订,将基础研究定义为:为获得新的科技知识和认识而进行的基本探索……最初的目标不指向某一方面的实际目的。1997 年,美国学者斯托克提出"应用与基础"二维模型,将科学研究定位为四种主要类型,分别是:由求知欲驱动的纯基础研究(波尔象限)、由应用引发的基础研究(巴斯德象限)、

①　吕薇. 从基础研究到原始创新[M]. 北京:中国发展出版社,2021:4-5.

②　Bush V. Science, the Endless Frontier: A Report to the President on a Program for Postwar Scientific Research[M]. Washington D. C. : United States Government Printing Office, 1945:184.

纯应用研究(爱迪生象限),以及技能训练与整理经验研究(皮特森模式,该模式由后来学者所补充)。2002 年,OECD 再次修改基础研究定义,将其纳入 R&D 的概念范畴,即主要是为了获得关于现象和可观察事实的基础新知识而进行的实验或理论工作,没有任何特定的应用或用途。基础研究被分为两类:纯基础研究和定向基础研究。纯基础研究是为了知识的进步而进行的研究,不寻求长期的经济或社会效益,也不为将结果应用于实际问题,而定向基础研究抱有生产出广泛的知识基础的期望,为公认的当前或未来的问题提供可能的解决方案。[①] 这两种类型意味着,基础研究"没有任何特定的应用或用途",但可以是以研究支持者的兴趣或期望为导向的。这种分类源于研究支持者和科学家之间的妥协。为了捍卫"基础研究必须由不考虑实际目的的科学家进行"的主张,包括美国国家科学基金会(NSF)首任主任 A. T. 沃特曼在内的基础研究概念提出者承认,研究支持者对应用目标的关注是合法的。因此,他们将基础研究细分为"免费"或"纯粹"的基础研究,而"任务相关"或"定向"的基础研究得到支持,主要是因为其预期结果具有实用价值。[②]

通过采访美国和英国的科学家和政策制定者,珍妮·卡尔维特指出,基础研究的理想化定义可以分为"认识论的"(epistemological)定义和"意向论的"(intentional)定义。[③] 基础研究的"认识论"标准具有不可预见性和普遍性。这些特征与资助基础研究的理由密切相关,将引发激进的创新。相比之下,"意向论"标准认为基础研究是"好奇心驱动的研究"。[④] 因此,自主性与"意向论的"定义密切相关,如果要进行好奇心驱动的研究,科学家似乎就要具备对研究议程的自主性。[⑤]

总体而言,基础研究通常被划分为两种类型:一种是由科学家好奇心驱动

① 经济合作与发展组织. 弗拉斯卡蒂手册:研究与试验发展调查实施标准[M]. 张玉勤,译. 北京:科学技术文献出版社,2010:78.

② Stokes D E. Pasteur's quadrant: Basic science and technologic innovation[J]. Bookings Institution,1997,17(4):734-736.

③ 卡尔维特. 告别蓝色天空? 基础研究概念及其角色演变[M]. 冯艳飞,译. 武汉:武汉理工大学出版社,2007:23.

④ Ko Y. Policy ideas and policy learning about "basic research" in South Korea[J]. Science and Public Policy,2015,42(4):448-459.

⑤ Calvert J. The idea of "basic research" in language and practice[J]. Minerva,2004,42(3):251-268.

的、没有明确目标的自由探索基础研究；另一种则是以国家和社会需求为导向的基础研究。

二、原始创新

原始创新(original innovation)是指一项科学研究既有重要的科学价值，又有很强的颠覆性。原始创新研究要在科学上重要、可信，同时又是新颖的、令人惊讶的，具有高度的独创性，包括新理论的提出、新方法的创造、新的经验现象的发现、新的研究工具的发明。[①] 托马斯·库恩指出，原始创新是基础科学不断发展和积累过程中产生的新科学范式。[②] 原始创新会对后续研究的理论、方法产生重大影响。诺贝尔科学奖所激励的就是对人类社会发展有重大影响的原始创新，包括重要科学发现、重大理论创新、重大技术创新，以及实验方法和仪器的重大发明。[③] 原始创新强调第一次系统地提出基本概念、基础理论和技术方法，或首次做出重大发现，这些成果是以前所不存在或没有预见到的。原始创新是长期积累和厚积薄发的产物[④]，具有很强的探索性和不确定性，具有超前性及被承认的滞后性，是新技术和新发明的先导[⑤]。

学界通常用"从 0 到 1"表示重大原始创新，它的内在特征表现为两个方面：一是深刻改变研究领域的整体格局，开辟了新的研究领域；二是具有颠覆性的范式革新意义，一般建立或直接催生了新的范式。一阶创新有两种类型的内在特征：具有一定的颠覆性，但程度不如原始创新，未能建立新的范式；在新范式建立起来之前，最能有效地推动常规科学的进步。在原始创新和一阶创新基础上，其他跟踪性、扩展性的研究，取得比较重要创新成果的，能够推动常规科学进步的，属于二阶创新。[⑥] 原始创新区别于普通创新的特点在于三个要素，

① Heinze T. Creative accomplishments in science: Definition, theoretical considerations, examples from science history, and bibliometric findings[J]. Scientometrics,2013,95(3):927-940.

② 库恩.科学的革命结构[M].金吾伦,胡新和,译.北京:北京大学出版社,2003:78-79.

③ 路甬祥.规律与启示——从诺贝尔自然科学奖与 20 世纪重大科学成就看科技原始创新的规律[J].西安交通大学学报(社会科学版),2000(4):3-11.

④ 吕薇.从基础研究到原始创新[M].北京:中国发展出版社,2021:11.

⑤ 陈劲,宋建元,葛朝阳.试论基础研究及其原始性创新[J].科学学研究,2004(3):317-321.

⑥ 顾超.科学史视域下的原始创新:以高温超导研究为例[J].科学学研究,2022(7):1172-1180.

分别是"从 0 到 1",实现首创和起源;"从 1 到 N",实现增长和扩展;底线安全、科技至善。

基础研究原始创新并没有一个绝对的判定标准,每个学科的研究属性不同,所认定的标准也不尽相同。实际上,即使是人类历史上里程碑式的研究也多数建立在前人研究基础之上,因此并没有绝对意义上的"0"或"原始"之说。本书所指的"原始创新"指的是有学术价值的创新性研究,本质上区别于"追热点""跟风"等"短平快"研究,既包含"从 0 到 1"的原始创新研究,也包含在前人研究成果的基础上对专业学术研究有较大贡献的研究。

三、科研资助与科研评价

科研资助(research funding)是资助机构将资金分配给科研人员,委托其按照现实和科学需求开展研究活动的过程。政府在基础研究资助目标的设定中担任重要角色,这是自 1945 年《科学:无尽的前沿》发布以来,科技政策制定者达成的共识。科研资助制度从荣誉性的奖金系统延伸分化而来,是 19 世纪以来现代科学最具特色的体制创新成果之一。[①]

随着科学职业化的兴起和职称制度的建立,科研资助与科学研究的联系日益密切。科学职业化最早由 19 世纪的德国兴起,通过知识公有化、科学与教育的捆绑、科学知识组织专有化,科学知识生产被纳入整个社会的价值分配体系之中。[②] 在大学和科研院所数量不断扩张的情况下,科学家作为教育者和研究者的角色日益职业化和制度化。职称制度建立以后,组织机构对科研人员的影响日益显著,职称制度成为培养、使用、激励和评价科研人员的政策工具。我国高校职称制度经历了从任命制、评审制到聘任制的转变,不变的是高校学术资源的配置依然由行政领导和学术精英决定。[③] 科研资助下,基础研究对产出效率的追求与学术规律之间的矛盾逐渐深化。科研资助的目标是实现资源分配的高效率,科学研究与之相反。基础研究具有高度不确定性、高失败率和产出时间长等特性,这意味着无法保证单位时间内的产出,即基础研究的产出效率较低。

[①] 赵万里.从荣誉奖金到研究资助——探析法国科学院奖助系统的形式[J].自然辩证法研究,2000(3):61-66.

[②] 李正风.产权制度创新——科学是如何职业化的[J].科学与社会,2015(2):55-69.

[③] 牛风蕊.我国高校教师职称制度的结构与历史变迁——基于历史制度主义的分析[J].中国高教研究,2012(10):71-75.

"评价"一词在英文中有多种含义,例如,"appraisal"指的是科技活动经评审后质量有所提升,"evaluation"突出的是对价值理性层面的判断,"assessment"强调工具理性层面对事物评定与判断的操作过程。这导致我国常常出现"评估"与"评价"混用的情形,因此,相关主题的研究中,科研评价也被称为"科研评估""科学评价""科技评价""学术评价"等。"科研""科学""学术"等词主要适用于高校、科研院所等开展基础研究活动的场景,"科技"指的是在高校院所、企事业科研机构进行更广泛的研究和技术开发活动,因此,"科技评价"或"科技评估"(science and technology evaluation)是广义上科技活动的价值判断,而"科研评价"(或科研评估、学术评价、科学评价)的价值判断特指狭义的研究活动。

本书更关注自然科学领域基础研究活动的价值判断,较少涉及成果的市场应用与转化环节,是一种较为狭义的科学研究价值判断活动。因而本书选择用"科研"和"评价"的组合,即"科研评价"(research evaluation)作为核心概念的学术化表达。

我国相关的政策文件从科技管理的操作视角对"科技评估"做出了界定。2016 年,《科技评估工作规定(试行)》对科技评估的概念稍作修正,将科技评估定义为政府管理部门及相关方面委托评估机构或组织专家评估组,运用合理、规范的程序和方法,对科技活动及其相关责任主体所进行的专业化评价与咨询活动。关于科研评价的目的,该规定指出,科技评估旨在优化科技管理决策,加强科技监督问责,提高科技活动实施效果和财政支出绩效。科技评价在我国科技管理工作中所发挥的作用范围呈现扩大化、明确化与细致化的发展趋势。2021 年,科技部科技评估中心起草的《科技评估通则》(GB/T 40147—2021)和《科技评估基本术语》(GB/T 40148—2021)规定,科技评估的定义是遵循一定的准则,运用规范的程序和科学的方法,对科技活动及其有关行为和要素所开展的专业化评价与咨询活动。按照时间维度,科技评估活动包括事前评估、事中评估和事后评估。按照评估对象,科技评估活动可以分为科技计划评估、科技人才评估、科技项目评估、科技政策评估、科技机构评估、科技绩效评估、科技奖励评估等。本书以项目评审与开展过程为载体,更关注"事前评估"和"科技项目评估"的相关制度与实践。

四、制度与制度逻辑

制度(institution)被概括为人类活动的结果,包含正式制度、非正式规则,以及赋予人类行为意义的象征和认知。组织学视角将制度视为非物质性实体，即在认知、文化和象征层面存在的社会秩序。政治学对制度的定义强调扎根于政体的组织结构和政治经济中的正式或非正式的程序、惯例和规范等。经济学认为，制度是一个社会的游戏规则，是为了决定人们的相互关系而人为设定的一些约束，包括法律制度、产权制度等正式制度以及习俗等非正式制度。新制度理论认为，制度是人们用以形塑互动关系并减少不确定性的所有约束，它由非正式制度（道德约束、禁忌、习惯、传统和行为准则）和正式制度（法律、政府法令、公司章程、商业合同）组成。[①] 基于制度执行力，学者认为制度体现为硬制度（法律、规章、条令、政策、协议等）及软制度（规则、准则、惯例、礼节、仪式、行为规范等）两个方面。[②] 基于以上定义，制度分析需要同时关注正式和非正式规则，既要关注正式规则对个体行为和社会交往的约束、激励等塑造作用，也不能忽视非正式规则的影响。[③]

制度逻辑（institutional logic）是指导和约束决策者完成组织任务的价值观、信念和规则，通常用来解释资源、权力、注意力、决策和个人行为的变化，并决定了权力的合法性与适当性、注意力如何分配、行动方式等。最早明确提出制度逻辑概念的学者是弗里德兰德（Friedland）和阿尔弗德（Alford），他们提出了超组织模式下制度逻辑的象征和物质意义。他们将西方社会划分为五个不同的规范结构，包括市场资本主义、国家官僚主义、民主、核心家庭和宗教，这五个部分分别蕴含了相互矛盾的逻辑，构成了政治冲突的基础。[④] 随后，Thornton 和 Ocasio 在他们的基础上建构了一组更具包容性的制度结构，即市场、国家、社区、家庭、宗教、专业和公司，他们从合法性、权威和身份来源等方面，分别对七种社会规范结构中的制度逻辑进行深化（见表 2-1）。[⑤] 他们进一步从中抽取出场域、组织和个人三个相互嵌套的层次，场域和组织层次的制度逻辑对个人行

① 诺思. 制度、制度变迁与经济绩效[M]. 杭行，译. 上海：格致出版社，2014：4.

② 莫勇波，张定安. 制度执行力：概念辨析及构建要素[J]. 中国行政管理，2011(11)：15-19.

③ 邓穗欣. 制度分析与公共治理[M]. 张铁钦，张印琦，译. 上海：复旦大学出版社，2019：20.

④ Friedland R, Alford R R. Bringing society back in: Symbols, practices, and institutional contradictions [M]//Powell W W, DiMaggio P. The New Institutionalism in Organizational Analysis. Chicago: University of Chicago Press, 1991: 232-263.

⑤ Thornton P H, Ocasio W. Institutional logics and the historical contingency of power in organizations: Executive succession in the higher education publishing industry, 1958—1990[J]. American Journal of Sociology, 1999, 105(3): 801-843.

为来说既是机会也是约束。Thornton 和 Ocasio 作为制度逻辑研究的集大成者,对制度逻辑给出了学界广泛接受的定义:由社会建构的、关于文化象征与物质实践(包括假设、价值观和信念)的历史模式[①],通过这些模式,个人生产和再生产他们的物质生存,组织时间和空间,并为他们的社会现实提供意义[②]。

表 2-1　社会规范结构中的制度逻辑

制度逻辑	合法性来源	权威来源	身份来源
家庭	无条件忠诚	父权统治	家庭名声
社区	统一意志;信任和互惠	忠诚于社区价值和理念	情感联系;自我满足的需要和声誉
宗教	信仰和神圣的重要性	祭司的魅力	和神明联结
国家	民主参与	官僚制统治	社会和经济阶级
市场	股价	股东积极主义	匿名的
专业	个人专长	职业联系	与工艺质量有关
公司	市场地位	董事会/管理高层	官僚制规则

制度逻辑作为解释社会结构、组织和个人行为之间相互作用的一种理论视角,在更广泛的制度领域内发展起来。制度逻辑是超组织和抽象的,但在行动者的社会关系中是具体可见的。行动者在日常制度工作中利用、操纵和重新解释这些关系。

基于西方学者们的论述,制度逻辑的理论内涵包含五个核心要素。

第一,社会中每个规范结构都有相应的逻辑。Friendland 和 Alford 将社会制度秩序划分为五个部分[③];Thornton 和 Ocasio 将社会制度秩序延伸至七个部分[④]。在多重性制度系统中,发挥主要作用的即为主导逻辑。

---

①　Thornton P H, Ocasio W. Institutional logics and the historical contingency of power in organizations: Executive succession in the higher education publishing industry, 1958—1990[J]. American Journal of Sociology, 1999, 105(3):801-843.

②　Thornton P H, Ocasio W, Lounsbury M. The Institutional Logics Perspective: A New Approach to Culture, Structure and Process[M]. New York: Oxford University Press, 2012:42.

③　Friedland R, Alford R R. Bringing society back in: Symbols, practices, and institutional contradictions [M]//Powell W W, DiMaggio P. The New Institutionalism in Organizational Analysis. Chicago: University of Chicago Press, 1991:232-263.

④　Thornton P H, Ocasio W. Institutional logics[M]//Greenwood R, Suddaby R, et al. The SAGE Handbook of Organizational Institutionalism. London: SAGE Publications Ltd, 2008:11.

第二,个体既受到多种逻辑的制约,又能够能动地应对制度要求。微观层面的制度逻辑会影响组织内部管理和解决问题的逻辑,进而影响组织层面的逻辑和社会层面的逻辑。在这三个层面中的个体行动者受现行制度逻辑的制约,通过创造性应对,以更好地适应复杂的制度环境。

第三,作为社会实体的组织是一个媒介,将场域的逻辑与行动者连接起来。行动者在理解制度逻辑的规范期望与组织环境之间的关系时,就会发挥他们的能动性。组织为其成员或利益相关者的身份、话语和规范框架等方面的制度逻辑表达提供了场所。①

第四,制度逻辑既有物质成分,也有象征成分。它们提供一种规范框架,对价值或重要性做出了不同分配,从而影响了个人和群体的物质环境。② 制度逻辑建立了正式和非正式行动的解释规则,指导和约束个体完成组织的任务,并使个体获得社会地位、荣誉、惩罚和奖励。③ 这些规则构成了一套隐含的价值观,用于解释组织的现状、个体的行为合法性,以及个体如何完成制度目标。④

第五,制度逻辑强调历史偶然性,即历史变化在理解组织权力和控制模式的重要性。⑤ 制度逻辑的类型、在组织中的表现形式,以及它的物质和象征方面都受制于特定的空间和时间背景。

① Meyer R E, Hammerschmid G. Changing institutional logics and executive identities: A managerial challenge to public administration in Austria[J]. American Behavioral Scientist, 2006, 49(7):1000-1014.

② Reay T, Hinings C R. Managing the rivalry of competing institutional logics [J]. Organization Studies, 2009, 30(6):629-652.

③ Ocasio W. Toward an attention-based view of the firm[J]. Strategic Management Journal, 1997, 18(S1):187-206.

④ Jackall R. Moral Mazes: The World of Corporate Managers[M]. New York: Oxford University Press, 1988:2.

⑤ Friedland R, Alford R R. Bringing society back in: Symbols, practices, and institutional contradictions[M]//Powell W W, DiMaggio P. The New Institutionalism in Organizational Analysis. Chicago: University of Chicago Press, 1991:232-263.

第二节　关于原始创新困境的研究

本书聚焦基础研究原始创新困境问题,试图探索原始创新困境形成的深层原因。首先,对学界如何看待该问题进行文献调研,以基础研究、原始创新、科研资助制度、科研评价制度、科研行为等相关词语作为关键词,搜索近五年引用量较高的国内外文献。其次,梳理总结既有研究中解释原始创新困境的各类视角,分析已有视角对本研究的启示和存在的不足。最后,提出本书的研究视角并阐释理由。

原始创新困境本质上可以视为基础研究制度与科研个体行为之间的矛盾。从制度与行为的关系研究入手,阐释基础研究制度体系下科研人员原始创新动力不足的相关研究共有三类视角,分别是以结构、制度和行为三个核心变量来解释基础研究科研创新问题。对三个视角的辩证性分析,有助于增进对基础研究制度运行和科研创新行为的理解,全面展现与原始创新相关的实践要素,从而合理推导出本书的研究视角。本节的文献综述将为下一步寻找理论支撑、构建本书的分析框架做准备。

一、结构主义视角

结构主义视角认为,基础研究制度实践的创新结果主要受国家科研管理结构的设计与运行所影响。该视角下的研究将科研个体缺乏原始创新动力主要归因于体制机制弊端,以及科研体系中各主体间的利益冲突。本书将此类研究归纳为结构主义视角。

科研管理体制机制包含了国家对基础研究发展的战略定位、项目布局、机构设置,可以看作是基础研究原始创新的掌舵力量。科技创新体系的结构合理性对创新效果影响颇深。当前我国国家创新体系存在结构失衡、创新主体定位模糊的问题,高校、企业和科研机构处在同一创新链中,同质化严重,创新体系中还缺少起衔接作用的中介组织。① 科研管理者与科研人员之间的矛盾对于

① 雷小苗,李正风.国家创新体系结构比较:理论与实践双维视角[J].科技进步与对策,2021(21):8-14.

创新结果的影响是一种内在因素。科研管理体制机制的传统模式将科研管理者摆在了控制方,而科研人员作为被控制方,控制与自由的矛盾成为阻碍制度发挥激励作用的根源。① 在结构论视域中,政府官员、科研机构的主管领导、科学家研究团队三者的价值导向不同。科学家团队虽然是科研主力,却没有权力参加项目规划和经费分配,只能作为课题负责人,在有限经费下做规定动作,不利于自主创新活动的培育。科研管理部门之间的壁垒没有打通,阻碍资源合理流动。基础研究运行管理体制受政府条块限制和行政科层制约束,科研经费管理受报销制度的约束,对创新主体造成较大的负担,忽视了人力资本的消耗补偿。②

科研评价体制机制固有的不足被广泛诟病。当前,科研项目的筛选和资助严重依赖专家的判断。有的学者认为,这种规则非常不合理,创新性想法的真正潜力无法通过同行评审制度发掘。③ 例如,科研评价标准不符合基础研究自身规律④,科研资源分配过于依赖论文数量、文献索引和科研奖励等没有学术意义的评价指标⑤,项目绩效评价对资源配置缺乏反馈机制⑥,评价主体单一,评价模式陈旧落后,以及评价方法体系不健全⑦。这些制度设计层面的问题导致创新类项目、成果和人才无法脱颖而出。从评审方法上来看,学者们指出,同行评审方法的固有缺陷、同行评审专家遴选与管理不当、专家参评缺乏保障机制、项目管理部门与评审专家缺乏沟通、打分表设计不合理等都会对评审结果产生负面影响。⑧ 也有学者基于项目评价的开展过程,提出学科分类不科学导致学科壁垒问题,不利于学科交叉和统筹协调;传统专家库的管理难以适应具

① 杨文采. 中国科技创新实现历史性转变的探讨[J]. 科技导报,2020(24):1.

② 肖曙光. 技术"无人区"的原始创新屏障与技术供给侧改革[J]. 社会科学,2018(1):37-44.

③ Roumbanis L. The oracles of science:On grant peer review and competitive funding[J]. Social Science Information,2021,60(3):356-362.

④ 戚发轫. 弥补基础研究短板的思考与建议[J]. 科学与社会,2017(4):8-9.

⑤ Hallonsten O. Stop evaluating science:A historical-sociologic argument[J]. Social Science Information,2021,60(1):7-26.

⑥ 刘益宏,高阵雨,李铭禄,等. 新时代国家自然科学基金资源配置机制优化研究[J]. 中国科学基金,2021(4):552-557.

⑦ 周文泳,陈康辉,胡雯. 我国基础研究环境现状、问题与对策[J]. 科技与经济,2013(5):1-5.

⑧ 汪建,王裴裴,丁俊. 科技项目专家评审的元评价综合模型研究[J]. 科研管理,2020(2):183-192;杨文采. 以科技创新为导向的基础研究改革之我见[J]. 科学与社会,2019(3):34-40.

备交叉属性的前沿基础项目,专家的资格认定规定比较笼统,专业性与保密性缺少公信度①,评审专家的遴选过程比较简单,缺乏科学性②。

二、制度主义视角

制度主义视角强调制度对人们社会生活的制约、引导和支持作用,包括规制性制度要素、规范性制度要素和文化—认知性制度要素③,这三种要素构成了连续统一体,统称为制度主义视角。其中,规制性制度要素的研究认为,制度规则设计的不合理导致创新效果不佳;规范性制度要素的研究将科研人员承受的过多规范和责任视为降低创新积极性的源头;文化—认知性制度要素的研究主张,科研环境和文化的价值理念导致科研行为走向消极的同质性模仿。

(一)规制性制度要素

与基础研究科研创新相关的制度规则中,学者们提及较多的当数科研资助制度。从规制性制度视角看,科研资助项目是政府用来影响创新过程的一种政策工具。④ 学界普遍的一个共识是,持续的低投入对我国原始创新能力和重大突破造成巨大伤害。⑤ 学者们认为,我国的基础研究投入存在整体性不足的问题。就资助范围和资助对象而言,学者们认为,我国对"领跑"领域的重点支持力度不够⑥、忽视对基础研究自由探索和小团队的支持⑦、投入对象以科研项目

① Jerrim J, De Vries R. Are peer-reviews of grant proposals reliable? An analysis of Economic and Social Research Council (ESRC) funding[J]. The Social Science Journal,2020,60 (1):91-109.

② Brezis E S, Birukou A. Arbitrariness in the peer review process[J]. Scientometrics, 2020, 123(1):393-411.

③ 斯科特.制度与组织:思想观念、利益偏好与身份认同[M].4版.姚伟,等,译.北京:中国人民大学出版社,2020:61.

④ Parreiras R O, Kokshenev I, Carvalho M, et al. A Flexible multicriteria decision-making methodology to support the strategic management of science, technology and innovation research funding programs[J]. European Journal of Operational Research, 2019(272):725-739.

⑤ 程津培.制约我国基础研究的主要短板之一:投入短缺之惑[J].科学与社会,2017 (4):2-5.

⑥ 杜鹏.寻找前沿科学的突破口,促进基础研究发展的转型[J].科学与社会,2017(4): 26-29.

⑦ 柳卸林,何郁冰.基础研究是中国产业核心技术创新的源泉[J].中国软科学,2011(4): 104-117.

为主、对科研仪器设备等硬件投入力度减弱、对应用研究的投入过高,这些会对创新增长产生抑制作用①。从投入主体来看,无论是官方统计数据还是学界似乎已经达成共识,问题主要是投入来源单一。投入主体以政府为主,但当前政府投入不足,企业不重视基础研究投入,政府和企业的投入结构失衡。② 政府不加区别地支持所有类型的基础研究,市场因此没有发挥应有的作用。③ 考虑到国际层面统计口径的差异,我国基础研究经费数据存在被低估的可能。④ 然而,我国政府对基础研究的投入力度和强度与科技强国有较大差距是不争的事实。同时也要明确,投资基础研究的经济回报有一定的滞后期,从长久来看,我国应该向基础研究大幅提高投入水平。⑤

从资助方式和结构来看,科研资助经费的稳定性支持不足⑥,基础研究投入结构和研发活动配置不合理⑦,加上各地区基础研究发展及资源配比的不均衡,导致原始创新的数量更难大幅度提高。我国科技项目资助体系缺乏顶层设计,对涉及核心技术的项目布局不足。政府青睐大型科技计划的技术追赶方式和集体攻关方式⑧,但重大项目的立项与其他科技计划衔接并不紧密⑨,导致部分重大项目的资助定位产生偏离、重叠、竞争性不够、交叉融合不足等问题⑩。

---

① 孙早,许薛璐.前沿技术差距与科学研究的创新效应——基础研究与应用研究谁扮演了更重要的角色[J].中国工业经济,2017(3):5-23.

② 柳卸林,何郁冰.基础研究是中国产业核心技术创新的源泉[J].中国软科学,2011(4):104-117.

③ 孙昌璞.合理运用市场机制,实现基础研究多元化协同支持[J].科学与社会,2020(4):5-8.

④ 王海燕,梁洪力,周元.关于中国基础研究经费强度的几点思考[J].中国科技论坛,2017(3):5-11.

⑤ 张小筠.基于增长视角的政府R&D投资选择——基础研究或是应用研究[J].科学学研究,2019(9):1598-1608.

⑥ 龚旭.我国基础研究需要增进多样性[J].科学与社会,2017(4):20-23.

⑦ 潘士远,蒋海威.研发结构的变迁:来自OECD国家的经验证据[J].浙江学刊,2020(4):81-90.

⑧ 柳卸林,何郁冰.基础研究是中国产业核心技术创新的源泉[J].中国软科学,2011(4):104-117.

⑨ 苏楠.政府如何资助原创前沿科技成果:以日本诺贝尔科学奖得主为例[J].科技管理研究,2019(18):18-24.

⑩ 刘益宏,高阵雨,李铭禄,等.新时代国家自然科学基金资源配置机制优化研究[J].中国科学基金,2021(4):552-557.

然而,仅从经费投入角度无法完全解释原始创新不足的问题根源。

(二)规范性制度要素

学者在科研环境中面临较大的内部和外部压力,这种压力来源于科研行为的合法性约束。内部压力通常来源于科研评价制度的考核。例如,当前大多数学术研究机构推行的"不发表就出局"制度,发表论文的压力成了很多学者不得不面对的难题。外部压力是政府场域和社会场域赋予科研工作者的角色期待和责任。前者是一种规制性制度要素,后者则以道德支配方式形成规范性制度要素。规范性制度要素既包括学术性规范,也包括社会认可和社会责任。学者们认为规范产生的压力可能会影响创新结果,很多学者因此更加重视研究数量,而忽视研究质量,以完成社会期待。社会发展需要有价值的研究来解决问题,但社会与科学的界限仍十分明显。对于非科研人员来说,基础科学的价值并不总是显而易见的。①

学术性规范最突出的一点是学术优先原则,即"第一个记录某个发现的研究者或研究团队,在声誉、奖项和职业前景上具备赢者通吃的极大优势",例如牛顿和莱布尼茨的微积分发明人之争。竞争学术优先权也成为科研界广大工作者面临的普遍性难题,即如何凸显研究的突破性和新颖性。学术优先是科研评价的基本行动原则,在科研实践中,学术优先权的竞争可能带来双重影响。②

一方面,争夺学术优先权对科学界健康发展的负面效应较为明显。在有限时间内,科研人员必须在质量和数量之间进行权衡,高质量的研究成果需要投入更多时间和资金,而高产的研究模式势必会影响研究质量。在面临日益"内卷化"的科研竞争压力时,人们最简单的应对方式就是牺牲工作质量,以数量取胜。尽管科研成果的数量在持续攀升,但从长远来看,以牺牲质量为代价的做法会对科研事业带来整体性伤害,学术出版中将会充斥着低质量、重复性的研究成果以及误导性结论。争夺学术优先权的负面影响还体现在科研共同体内部的竞争加剧。例如,同一研究方向的不同团队或人员之间的竞争,由此造成重复性、低创新性的科研工作。而且,遵循该原则的科学资助过程需要耗费大量

①　Viglione G. NSF grant changes raise alarm about commitment to basic research[J]. Nature,2020,584(7820):177-178.

②　Tiokhin L, Yan M, Morgan T. Author correction: Competition for priority harms the reliability of science, but reforms can help[J]. Nature Human Behaviour,2021(5):954.

行政力量和评审资源,研究项目结题后的成果产出认定问题也容易引发争议。[①]

另一方面,学术优先原则也具有积极的影响。一是,科研工作者通过增加发表论文的数量,提高自己在其他竞争者之前率先发表成果的概率,因此更有可能获得职位晋升、科学资助或科研奖励等。于个人利益而言,学术优先权的竞争是有较大益处的,它为人数众多的科研群体提供了相对公平的竞争平台和脱颖而出的机会。二是,学术优先原则提高了资源利用效率和社会价值。它鼓励资助者将资源投入最具科研价值的研究项目中,这类项目产生的知识贡献、成果转化和社会效益等通常具有较高的社会回报性。尽管学术优先权的争夺造成了一部分科研工作的重复,但也因此筛选出价值更高的产品。例如,全球各国同时进行新冠疫苗的研发工作,以期其中一部分项目能取得成功并选出效果最佳的一类。三是,对于资助者或科研管理者而言,尽管遴选优胜者的过程需要花费时间和精力,但远远少于以官僚主义方式实现同等公平分配所需的成本,也在一定程度上避免了资助不公平的现象。

对学术优先权的争夺使得人们更关注科学研究的量化指标。当科研人员作为评审专家进行评价时,他们一方面要具有学术责任担当,另一方面更要遵循客观的学术指标。尽管学界长期强调学术共同体评价的重要性,但如果学术共同体的评价缺乏客观标准,其结果难免会被主观认知所遮蔽,从而引起质疑和争议。最常用的学术性指标包括学术生产力/出版物数量、科学影响力/引用量、期刊影响因子等。但此类量化指标的过度使用一直在学界备受争议。2012 年"旧金山科研评估宣言"(DORA)[②]和 2015 年"莱顿宣言"(The Leiden Manifesto)[③]分别对期刊计量指标评价行为和量化指标滥用做出了严厉批评,并在全球科研界引发广泛共鸣。学术指标对于科研机构和资助组织而言是一个有力的工具,因为它提供的学术信息易于获取,且具有高度相关性和公正性,可以减少同行评审中的偏见。[④] 然而,当标准化的指标被奉为最高准则

① 王悠然. 辩证看待学术文化中的优先原则[N]. 中国社会科学报. 2021-02-24(2).

② Hoppeler H. The San Francisco declaration on research assessment[J]. Journal of Experimental Biology, 2013, 216(12):2643-2644.

③ Hicks D, Wouters P, Waltman L, et al. Bibliometrics: The Leiden manifesto for research metrics[J]. Nature, 2015, 520(7548):429-431.

④ Reymert I, Jungblut J, Borlaug S B. Are evaluative cultures national or global? A cross-national study on evaluative cultures in academic recruitment processes in Europe[J]. Higher Education, 2021, 82(5):823-843.

时,就会出现"一刀切"的评价方式,导致那些不容易产出指标性成果的冷门学科和小学科的学术空间被挤压。

社会影响力作为判断项目评价标准而被广泛应用,这种现象显示了资助机构日益重视科学研究应该承担的社会责任。这一标准始于美国 NSF 评议准则的"更广泛影响"原则(broader impacts),它是从社会层面考察科学研究的价值和影响,与教育、基础设施、多样化以及社会利益等问题更加相关。"更广泛影响"原则的目标在于确保科学工作与社会之间的联系。[①] 但科学界对该原则的理解还处于较为初级的阶段,需要完善操作细节,使其在实践中落地。我国国家自然科学基金委资助项目的标准之一是面向国家经济、社会发展的需求,产生经济社会影响和社会效益[②],这表明"更广泛影响"已经成为我国评审基础研究项目的标准之一。

针对 NSF 评议准则的一项调查指出,部分科研人员认为"更广泛影响"原则很难接受[③],约一半的科学家支持新的标准(例如地理学家),还有一半左右的基础科学家表示反对(例如数学家)。科研人员认为,资助项目的标准应该是项目的学术质量而不是研究之外的东西,成果推广并不是基础研究的研究范畴,不应该算作项目申请的要求之一;有些人甚至认为,这个标准实际上鼓励科学家做更多非学术性事务而延缓了真正的研究。支持"更广泛影响"原则的学者们认为,该标准对科学家并不是一个负担。NSF 并不要求个体科研人员做出很大的社会贡献,但科学家可以往这个方向去努力。致力于符合"更广泛影响"原则的研究活动是大多数科研工作者应该做的和可以做的事情。正如 NSF 理论物理学科处的项目主任 Fred Cooper 所说,"科学家首先要做一个负责任的公民,如果科学家不做宣传,这个国家将会面临真正的危机"[④],因此该原则是合理适当的。

社会责任对科研人员的规范性要求集中表现为科学精神和科学家精神。

① Frodeman R, Briggle A. The dedisciplining of peer review[J]. Minerva,2012,50(1):3-19.

② 国家自然科学基金委员会. 2022 年度国家自然科学基金项目指南[EB/OL]. (2022-01-13) [2022-02-20]. https://www.nsfc.gov.cn/publish/portal0/tab1097/.

③ Holbrook J B, Frodeman R. Answering NSF's Question: What are the "broader impacts" of the proposed activity[J]. Professional Ethics Report,2007,20(3):1-3.

④ 周建中. 科技项目中社会影响评议准则的内涵与启示[J]. 科学学研究,2012(12):1795-1801.

坚持从事基础研究创新活动在很大程度上有赖于追求真理的科学精神支撑,以及爱国、创新、求实、奉献、协同、育人的科学家精神引导。科学精神是研究者对待科学及其学术价值的态度,科学家精神是科研群体展现出的精神气质、意识形态和价值属性,强调的是社会存在、社会意识和社会真理。科学精神和科学家精神的关系是既辩证又统一的,二者都与科研人员的创新动力密切相关;具有科学家精神一定具有科学精神,反之则不一定。科学精神是在科学研究过程中形成与发展的,是从事科学研究应当具有的精神气质;科学家精神是特定阶段科学家具有的社会属性,是科学研究成果为谁服务的价值取向;科学精神以客观事实为基础,科学家精神以价值和信仰为核心。科学家精神是科学技术的灵魂,科学精神能为科技进步和创新提供强大精神动力。①

（三）文化—认知性制度要素

社会认知对于从事基础研究的科研人员存在一定的刻板印象,一定程度上影响了科研人员的自我认同和职业热情。例如,公众认为科学家的研究与应用脱节,学界没有为社会创造足够的价值,科学家自身的研究行为不受问责。② 社会认可的科研价值通常以新技术、新产品等实物来衡量,这促使学界做出面向社会的回应,学术活动很难摆脱学术外部因素的限制。③ 实际上,大多数基础研究经费来源于任务导向型的资助机构,这种资助模式在很多国家普遍适用。例如,美国国立卫生研究院、能源部、国防部的资助项目等,获得这类经费支持的申请人必须对机构的资助偏好做出回应,在项目申请书中阐述研究与特定目标的相关性。至于"科学家自身的研究行为不受问责"的说法,显然歪曲了科研人员及其资助者。科研资助的申请和评审过程并不是随意和自由的,能够在资助程序中脱颖而出的"幸存者"必然要接受严苛的约束和监管。有学者认为,真正限制科学发挥作用的,不是科学家的假设和研究承诺,也不是科研界未能解决公众关注的问题,而是不现实的、严格的预算上限制度,这种制度抑制了未来的资助。④

---

① 陈套.弘扬科学家精神 实现科技自立自强[J].科技中国,2022(1):90-94.

② Sarewitz D. Kill the myth of the miracle machine[J].Nature,2017,547(7662):139.

③ Perez Vico E, Jacobsson S. Identifying, explaining and improving the effects of academic R&D: The case of nanotechnology in Sweden[J].Science and Public Policy,2012,39(4):513-529.

④ Baldwin T O. Federal funding: Stifled by budgets, not irrelevance[J].Nature,2017,550(7676):333.

科研制度之外的相关制度也是影响创新结果的隐性文化要素。支撑基础研究发展的制度体系不仅包含科学本身相关的因素,教育、经济、技术、文化等领域的制度影响力也不容忽视。教育制度是基础研究的塔基支撑。与发达科技强国相比,我国的教育水平有限,表现在公共教育领域的支出不足、高等教育入学率低、高等教育学科失衡等方面。这些限制了高水平人才的培育,不利于基础学科的知识积累。[1]

在社会层面,科学文化未实现真正的普及,创新还没有上升为国民的文化自觉,尤其缺乏宽容失败的科技文化[2],这导致全国层面对基础研究战略地位缺乏明确的共识,学术争鸣风气尚未树立。部分学者认为,我国自主创新思想并未深入人心,科学精神植根不深,学术思想多样性匮乏。[3] 不恰当的社会评价容易扭曲科学问题的本质,制约科研共同体的自主性发挥。[4] 在国家各部委大力开展"破四唯"行动的情境下,社会舆论仍然对论文数量事例大肆报道,引导公众产生了"论文数量多即创新绩效高"的错觉。[5] 社会层面缺少以创新论贡献的舆论氛围,创新与试错之间的必然逻辑没有形成,因而对容错的科学认定也成为难点。[6]

社会组织开展的各类学术排名仍然大行其道,对高等院校和科研人员形成了无形而紧迫的压力。社会排名系统的普及增加了公众对组织信息的获取,它不仅反映并影响了公众对价值的看法,更产生了改变组织行为的溢出效应。首先,当组织接触到排名时,其注意力往往会从排名较低的组织转移到排名较高的组织。这种位置优势的动态性增加了组织之间的不平等,而竞

① 李勃昕,韩先锋.新时代下对中国创新绩效的再思考——基于国家创新体系的"金字塔"结构分析[J].经济学家,2018(10):72-79.
② 陈雅兰,韩龙士,王金祥,等.原始性创新的影响因素及演化机理探究[J].科学学研究,2003(4):433-437;戚发轫.弥补基础研究短板的思考与建议[J].科学与社会,2017(4):8-9;徐飞.宁静致远 水滴石穿——从杰出科学家的管理说开去[J].科学与社会,2017(4):43-47.
③ 龚旭.我国基础研究需要增进多样性[J].科学与社会,2017(4):20-23.
④ 杜鹏.寻找前沿科学的突破口,促进基础研究发展的转型[J].科学与社会,2017(4):26-29.
⑤ 程津培.制约我国基础研究的主要短板之一:投入短缺之惑[J].科学与社会,2017(4):2-5.
⑥ 张媛媛.创新驱动发展理念下基础研究动力机制完善研究[J].中国特色社会主义研究,2021(2):28-36.

争优势位置成为组织努力的方向。其次,第二种可能性是由组织的"适应性"(reactivity)所引起的,组织对排名的反应会影响实践活动。组织对排名的关注引发组织资源的重新分配。由于资源是相对稀缺的,组织资源分配会更加注重产出。①

保守的文化传统也被视为阻碍原始创新产生的原因之一。有学者认为,我国创新成果不足起源于传统儒家中庸思想和应试教育体制形成的思想枷锁②,这种传统扼杀了创新精神和求索思辨的思维习惯。长久以来形成的实用主义文化惯性和功利性心态在人们心中根深蒂固③,使得创新问题长久得不到解决。我国一直以来实行以政府为主导的科技项目模式,政府干预的计划式思维与基础研究遵循的科研规律产生矛盾,教育和科研泛行政化倾向侵害了创新的本质。在这种模式下,人们更在意研究成果多的科研组织和个体,而忽视了基础研究在培养创新文化和引领科技前沿方面的重要功能。从创新生态环境来看,我国科技创新制度重激励轻监管,科研诚信教育和学风教育力度不够,科研违规的监管和惩戒机制不健全。④《全球创新指数 2020》报告中,我国制度排名较低(第 62 位)也佐证了这点,制度指标中我国的政治环境(第 47 位)、监管环境(第 102 位)和商业环境(第 39 位)指标排名也较低,其中监管环境排名最低。⑤

三、行为主义视角

在行为主义视角下,基础研究原始创新困境的相关研究主要体现在三个方面:一是评审专家的偏好和自主性,二是科研共同体的能动性,三是其他主体(包括政策制定者、科研管理者和社会公众等)的能动性。

---

① Chu J. Cameras of merit or engines of inequality? College ranking systems and the enrollment of disadvantaged students[J]. American Journal of Sociology,2021,126(6):1307-1346.

② 肖曙光.技术"无人区"的原始创新屏障与技术供给侧改革[J].社会科学,2018(1):37-44.

③ 赵文津.如何将中国的基础研究推动上去[J].科学与社会,2017(4):30-42.

④ 陈敏,刘佐菁,苏帆."三评"改革两周年回顾:取得成效、存在问题与对策建议[J].科技管理研究,2021(8):43-49.

⑤ 王珍愚,王宁,单晓光.创新 3.0 阶段我国科技创新实践问题研究[J].科学学与科学技术管理,2021(4):127-141.

（一）评审专家的偏好和自主性

同行评审专家更倾向于在已有学术指标的基础上做出评价。当学者的学术成果被纳入评价体系时，他们都希望以客观的标准得到评估。但是，目前存在许多指标滥用的现象，对科研体系造成潜在的负面影响。同行评审对科研绩效的重视显示了该制度作为资助评审手段的局限性。[①] 评审专家的影响不仅体现在科研资助方面，他们还在学术职称评聘方面具有较大的话语权。科研人员需要考虑何种研究更有助于获得科研资助。然而，如果评审专家过于重视可量化的学术指标，而不是人才的专业能力和发展潜力，就会导致拥有较多成果的科研人员更容易获得资助。为了更容易获得资助和学术职位方面的成功，年轻学者就会开展在发表和引用方面更"保险"的研究。[②]

评审专家在进行价值判断时的主观能动性影响了评审的公正客观以及创新的识别。这主要体现在专家因个人价值观不同而持有偏见[③]，由此带来各种形式的裙带关系和性别歧视[④]。还体现在专家与项目申请人存在利益相关性、专家自身的保守性、同行评审的复杂性等方面。专家偏好安全的项目而不是风险较大的项目[⑤]，评审导向更多地取决于专家的特定认知和兴趣，而不是项目方案的内在价值[⑥]。学界更倾向于批判同行评审制度和行为，而对于如何发挥同行评审作用的研究较少，包括如何对评审专家进行激励、约束和监督，保证评审质量等。[⑦] 研究表明，项目管理单位提供的资助计划和评审标准对专家评审

---

① Fang F C，Bowen A，Casadevall A. NIH peer review percentile scores are poorly predictive of grant productivity[J]. eLife，2016(5)：1-6.

② 王俊美，林跃勤. 科学运用学术指标的评价功能[N]. 中国社会科学报. 2021-12-01(2).

③ Lee C J. Bias in peer review[J]. Journal of the Association for Information Science and Technology，2013，64(1)：2-17.

④ Wennerås C，Wold A. Nepotism and sexism in peer-review[J]. Nature，1997，387 (6631)：341-343.

⑤ O'Malley M，Elliott K C，Haufe C，et al. Philosophies of funding[J]. Cell，2009(21)：611-615；Haufe C. Why do funding agencies favor hypothesis testing？[J]. Studies in History and Philosophy of Science，2013，44(3)：363-374.

⑥ Boudreau K J，Guinan E C，Lakhani，et al. Looking across and looking beyond the knowledge frontier：Intellectual distance，novelty，and resource allocation in science[J]. Manage Science，2016(62)：2765-2783.

⑦ 苏金燕. 政策视角下同行评审研究现状与问题[J]. 现代情报，2020(9)：127-132.

的影响较大。资助单位对项目预期产生的影响效果不够明确,使得专家评审时更关注过程导向而不是结果导向;更关注短期、有形和商业化的影响,而不是长期、无形和难以测量的影响。①

基于大量的实证研究,学界认为同行评审可靠性的障碍主要体现在:第一,评审专家委员会可能无法以稳健和再现的方式评估和比较项目的内在价值。第二,在当前高度竞争的科研环境中,同行评审过程需要长时间的程序性工作,意味着时间和金钱的浪费。② 如果刨除主观偏见,专家在认知或知识层面的局限也会影响创新识别结果。评审委员会或评审团的规模较小,导致知识来源具有局限性,以至于给出了狭隘的评价。③ 评审专家的个体主观性评审标准相对稳定。研究表明,在立项评审阶段,当政府管理人员试图通过提出更多规则来引导同行评审过程。例如组织同行之间的辩论并使专家开展负责任评审,结果表明,评审并未受规则变化的影响。④

很多学者认为传统的同行评审方法并非最佳选择,并提出了一些理想化的资助模型作为可替代性方案。例如,有学者认为,资源分配应该是一种集体的认知责任,不应该集中在部分专家手中,因而提出"参与性评估",即评审团中既包括科研人员,也包括群众团体或政治代表,获得评审团支持最多的项目将得到资助。再如,"彩票模型"(或"随机分配模式")也被很多人推崇,学者们认为这类资助方式很适合基础研究领域或非共识项目。⑤ 当项目方案具有高度的

① Ma L,Luo J,Feliciani T,et al. How to evaluate ex ante impact of funding proposals? An analysis of reviewers' comments on impact statements[J]. Research Evaluation,2020,29(4):431-440.

② Roumbanis L. Peer review or lottery? A critical analysis of two different forms of decision-making mechanisms for allocation of research grants[J]. Science,Technology & Human Values,2019(44):994-1019.

③ Baptiste B. Should we fund research randomly? An epistemologic criticism of the lottery model as an alternative to peer-review for the funding of science[J]. Research Evaluation,2019,29(2):150-157.

④ Reale E,Zinilli A. Evaluation for the allocation of university research project funding: Can rules improve the peer review? [J]. Research Evaluation,2017,26(3):190-198.

⑤ Brezis E S. Focal randomisation: An optimal mechanism for the evaluation of R&D projects [J]. Science and Public Policy,2007(34):691-698.

创新性,但专家无法正确评估其价值时,可以通过抽签系统随机选择资助的项目[1],这可以减少同行评审的偏见,并且提高评审效率[2]。也有学者主张应该将"彩票模型"和同行评审制度结合起来,避免随机分配与科学价值的不兼容。[3]

(二)科研共同体的能动性

科研人员及其组成的科研团队是实现基础研究原始创新的关键因素。其中,科学家和学术领军人才发挥着更为突出的作用。科研人员的好奇心和科研兴趣是其开展基础研究活动、探索前沿未知的内在驱动力。这需要科学家充分发挥创新思维和挑战精神的能动性[4],基于自身知识积累[5],提出关键科学问题[6],采用创新方法,坚持不懈地创造出新理论、新方法、新技术[7]。当然,也不能忽视发掘科技人才的"伯乐",以及推动基础研究政策改革的"政策企业家"(通常是知名科学家),正是他们给予人才脱颖而出的机会,并且自下而上地建言献策,为更大范围的科研群体优化创新生态环境。从外界因素看,限制他们发挥创新能动性的主要原因是缺乏充足支持。我国基础研究领域对顶尖人才、战略科学家和高水平研究团队的重视程度还不够。[8] 而且,我国对战略性科学家的管理缺乏合理的激励机制,导致杰出人才的创新才能未得到施展。[9] 从内在因素看,学者们认为科研共同体缺乏自主、自律和自治。当前我国尚未形成

①　Avin S. Policy considerations for random allocation of research funds[J]. A Journal on Research Policy and Evaluation,2018,6(1):1-39.

②　Avin S. Centralized funding and epistemic exploration[J]. The British Journal for the Philosophy of Science,2019,70(3):629-656.

③　Axel P. Science rules! A qualitative study of scientists' approaches to grant lottery[J]. Research Evaluation,2021,30(1):102-111.

④　苏楠.政府如何资助原创前沿科技成果:以日本诺贝尔科学奖得主为例[J].科技管理研究,2019(18):18-24.

⑤　龚旭,方新.中国基础研究改革与发展40年[J].科学学研究,2018(12):2125-2128.

⑥　周恒.加强基础研究的途径[J].科学与社会,2017(4):5-8.

⑦　张九辰.基础科学研究:基于概念的历史分析[J].自然科学史研究,2019(2):127-139.

⑧　陈劲,汪欢吉.国内高校基础研究的原始性创新:多案例研究[J].科学学研究,2015(4):490-497;赵文津.如何将中国的基础研究推动上去[J].科学与社会,2017(4):30-42.

⑨　杜鹏,李凤.是自上而下的管理还是学术共同体的自治——对我国科研评价问题的重新审视[J].科学学研究,2016(5):641-646,667;徐芳,李晓轩.跨越科技评价的"马拉河"[J].中国科学院院刊,2017(8):879-886.

健康的科研共同体组织,阻碍了原始创新的发展。科研共同体中的评审专家大多以个人身份参加评价活动,也没有实现充分的内部交流和多元开放。①

（三）其他主体的能动性

除了直接开展科研的科学家,政策制定者、科研管理者和社会公众等不同类型的群体构成了科研外部环境。他们对创新本质的认知差异以及可能的利益冲突②,会对创新产生干扰。其中,政策制定者和科研管理者对创新活动的影响最大。政策制定者通过设计政策规则为创新营造科研环境,确定了资助、管理与评价要求的条框;科研管理者负责政策执行,而政策落实与否影响了政策对象的资源获取和创新成果。学者们普遍认为,当前我国科研制度对基础性科研人员的地位还不够重视,对基础研究的保障和支持不够充足。严苛的科研环境对从事基础研究的科研人员并不友好;社会公众对科学工作和科研人员的贡献并不理解,甚至还有误解;扎根基础性学科的学者们得到的社会待遇和尊重并不像宣传得那么理想,这些都对科研人员持之以恒开展基础研究提出挑战。③

四、文献述评

（一）既有研究的启示

基于本章的文献梳理,围绕原始创新不足的问题,社会各界提供了多种解释视角。研究总结出既有的三个解释视角,分别是"结构主义视角""制度主义视角"和"行为主义视角"。学界对于基础研究科研创新的思考是深入且广泛的,对于理解如何实现基础研究原始创新、哪些因素影响原始创新等问题提供了诸多启示。

第一,结构主义视角从科研管理体制机制的设计与运行出发,阐释了可能干扰基础研究创新动力的方面,包括科研体系中的主体间冲突、科研评价体制机制固有的不足,以及科研评价政策改革的落实不畅等。结构主义视角认为社会结构由规则、资源和实践构成,强调规则的存在必然对个体的自主性形成束

---

① 方衍,田德录.中国特色科技评价体系建设研究[J].中国科技论坛,2010(7):11-15.

② 李兆友,姜艳华.政策企业家推动我国基础研究政策变迁的途径与策略分析[J].科技管理研究,2018(24):46-50.

③ 肖曙光.技术"无人区"的原始创新屏障与技术供给侧改革[J].社会科学,2018(1):37-44.

缚。关于制度规则的大量批评显示了学者们对于结构层面的关注。这些因素构成了科研创新活动的基础性环境，也启示研究应该重点关注体制机制、制度运行和制度改革等方面的问题。

第二，制度主义视角基于规制性制度要素、规范性制度要素和文化—认知性制度要素三个层面阐述基础研究制度对创新活动的影响。该视角既阐释了制度规则的设计和运行对创新活动的负面影响，也说明了内外部规范性压力，还介绍了社会层面对科研创新的认知、其他相关制度组成的大环境以及传统文化和创新生态产生的隐性效应。上述制度主义视角的学者观点体现了新制度理论的基本观点，即规制性制度要素、规范性制度要素和文化—认知性制度要素构成的包容性框架。它从制度的内涵和作用出发展现了全面的制度样态，为揭示制度如何形塑个体行为提供了可以借鉴的思路。

第三，行为主义视角介绍了相关行动者在创新活动中发挥的作用，包括评审专家、科研共同体和其他相关主体等，为分析科研个体的能动性，以及能动性的影响因素提供了参考。该视角的研究表明，相关主体能动性的负面作用值得关注，例如，专家评审行为存在主观偏见、利益关系、保守性等特征。学者们支持科研共同体将正面的能动性应用到创新实践中，如好奇心、兴趣和科学精神，"伯乐"发掘人才的眼光，科研共同体的自主、自律和自治等正面的集体效应。同时，此视角的研究也认为个体的能动性受到制度规则的限制，例如评审制度中专家数量、评审方法的不当设置等会限制专家自主性的发挥。

（二）既有研究的不足

文献综述体现的三个视角分别从结构、制度和行为对基础研究制度和科研创新活动进行了全面分析，并为本书的研究提供了有益的参考，但是这三个视角对原始创新困境的解读也存在一些不足。

一方面，既有视角没有从实践表象中进一步提炼出深层次的制度因素。围绕"基础研究""科研创新""原始创新""科研管理""科研评价"等不同主题的文献汗牛充栋，政府、学界等社会各界的立场不同，而且学者们对于基础研究和原始创新存在较大认知差异，导致相关主题的研究文献较为分散，难以对原始创新困境提供系统化的解读。从单一立场或是特定实践环节出发的研究往往强调部分制度要素产生的影响，容易忽视制度系统的全貌。

另一方面，既有视角对于如何呈现制度内部的关系还有待改进。在社会科学研究中，强调行为受结构制约与强调个体行为具有自主性的两派始终是对立的。新制度理论同时关注了结构主义视角和行为主义视角,但它优先强调结构的制约性,并相信个体行动者的能动性会对制度的变革发展产生影响。显然,在新制度理论视域中,结构主义视角下的制度规则支配作用要大于个体行为的能动性。新近的新制度理论认为,个体能够主动地利用规则和社会资源,从而实现自身的发展。① 对"能动性"的重视成为学界的流行趋势,这也为结构主义视角与行为主义视角的有机整合铺垫了前提。对于第三个视角,它所强调的三类制度要素一定程度上包含了前两个视角的内涵,规制性制度要素和规范性制度要素都认同制度对行为的制约和调节,文化—认知性制度要素更关注个体对情境的理解和角色的认知。但三个要素在既有研究中通常是单独运行的,并且在很多情境下仅由某一个要素发挥主导作用,三个要素结合在一起会造成混乱和冲突。② 这就意味着,制度主义视角的三个要素并不能同时完全涵盖结构和能动的内涵。制度的结构性功能和个体的能动性角色是原始创新实践必然要面对的两个方面。因而,日益复杂性的制度环境和多元主体交互的现实情境呼唤结构主义视角和行为主义视角的结合。

(三)本书的研究视角

立足于本书的研究问题,结合上述研究视角的启发与不足,本书试图通过整合制度、结构、行为三个层面展示基础研究原始创新活动背后的制度全貌,通过制度形塑作用和个体能动性解释原始创新困境。在制度逻辑的理论视角下,制度与行为的研究脱离了以往结构与行为的两难境地,又具象化了社会结构与能动性的内涵,同时也对制度主义视角下的制度同构形态(模仿性同构、规范性同构和强制性同构③)赋予了更多能动性色彩。因此,本书选择制度逻辑作为本书的研究视角,用于解释原始创新困境的制度性根源,其理由体现为以下四点。

第一,制度逻辑的历史权变性可以解释制度环境变化与制度变迁,以及这

---

① 斯科特.制度与组织:思想观念、利益偏好与身份认同[M].姚伟,等,译.北京:中国人民大学出版社,2020:97.

② Kraatz M S, Marc J V, Lina D. Precarious values and mundane innovations: Enrollment management in american liberal arts colleges[J]. Academy of Management Journal,2010 (53):1521-1545.

③ 河连燮.制度分析:理论与争议[M].李秀峰,柴宝勇,译.北京:中国人民大学出版社,2014:58-59.

个过程中的逻辑变化,从而揭示环境变化对制度导向产生怎样的影响,有助于探究个体如何面对复杂的制度环境。制度逻辑的历史偶然性特征强调制度所处的特定时间和空间背景,为个体行为提供动态的制度背景,克服了结构主义、行为主义和制度主义相对静止的制度分析观。

第二,制度逻辑的多重性特征展现了制度系统的不同组成要素,以及制度对个体行为的约束作用,从而为制度形塑科研行为提供合理框架。制度逻辑理论将整个世界看作是一个多重制度系统,这是制度逻辑理论的核心框架。不同制度系统的逻辑代表着特定的价值理念和行动符号,规定了哪些个体行为符合逻辑要求,因而多重制度逻辑能够对个体行为产生形塑作用,多重逻辑之间也存在相互作用关系。制度逻辑的理论框架为分析制度与行为的相互作用关系提供了实证依据,能够将抽象的制度体系具象表达出来。

第三,制度逻辑的物质性和象征性特征使得其对制度的认识更全面。制度逻辑理论认为,制度逻辑既是物质的又是象征的,物质性对应的是实践和结构,象征性意味着文化和认知。二者相互转换和作用,象征性借助实践体现,而实践则表达了象征的符号。[①] 物质性和象征性的融合意味着,结构、制度和行为被串联在一个制度系统中,三者通过实践和认知发生作用。因此,制度逻辑的理论主张可以视作对既有文献中三种视角的整合。

第四,制度逻辑重点刻画了个体能动性如何对制度产生影响。制度逻辑的视角克服了新制度理论早期研究对能动性关注不足的问题,它假设行动者嵌套在高一级的场域中,逻辑之间既是互相冲突的,又能为行动者带来机会和约束。制度逻辑理论更加关注个体的能动行为,有关个体或组织如何在复杂制度中适应和抉择的研究是近期制度逻辑研究的焦点。制度逻辑理论有关个体"嵌入能动性"的观点能够帮助分析科研人员应对多重制度逻辑的行动策略。不同于以往研究将"能动性"理解为个体对情境的适应,制度逻辑理论对此的认识进一步上升为个体的能动行为。

① 桑顿,奥卡西奥,龙思博.制度逻辑:制度如何塑造人和组织[M].汪少卿,杜运州,翟慎霄,等,译.杭州:浙江大学出版社,2020:13.

第三章 研究框架：制度逻辑与个体能动的嵌套

制度逻辑是制度分析的一种独特视角，用于分析制度、个体和组织在社会系统中的相互关系。制度逻辑解释了行动者在社会结构中的"部分自洽性"①，意为制度既约束个体又促进个体行为。制度逻辑理论的价值在于既关注了制度的结构性，又强调了个体的能动性对制度的影响。

本书应用制度逻辑理论的初衷在于，以一种整合性的视角去理解基础研究资助、管理与评价制度如何影响科研创新行为，同时解释科研个体如何能动地应对复杂且相互作用的逻辑规则。本书将中观的制度逻辑与微观的个体行动连接起来，并与动态的宏观制度环境嵌套起来，构建全书的理论分析框架。制度逻辑的抽象性特征需要具体化地观察、测量与呈现，因而，在理论验证部分，研究将计划行为理论与制度逻辑理论结合起来，借助其行为认知的相关变量说明个体的能动选择。另外，本书援引新熊彼特增长理论来佐证本书对基础研究原始创新困境的诠释。

基于上述思路，本章首先介绍了制度逻辑理论、计划行为理论以及新熊彼特增长理论等相关论点，阐释了本书所应用的主要理论观点和核心概念。在理论介绍的基础上，本章重点说明了研究分析框架的构建过程和框架内容。最后展示了与分析框架和研究问题相匹配的技术路线、研究方法和本书结构。

---

① 桑顿，奥卡西奥，龙思博.制度逻辑：制度如何塑造人和组织[M].汪少卿，杜运州，翟慎霄，等，译.杭州：浙江大学出版社，2020：2-4.

第一节 理论基础

一、制度逻辑理论

制度逻辑理论将人类世界定义为由不同的规范结构组成的制度系统,每个规范结构都有自己的逻辑,这些制度逻辑塑造了理性的、有意识的个体和组织行为,个体和组织也参与了制度逻辑的塑造和改变。[①] 制度逻辑理论从社会学的新制度理论发源而来,强调文化在制度中的作用。但与新制度理论的社会学视角的区别在于,制度逻辑理论更重视多元逻辑,而不仅关注单一文化和理性逻辑,制度逻辑理论以逻辑之间的矛盾扩展了新制度理论的"制度同构论"。

1991 年,Friedland 和 Alford 最早发表了关于制度逻辑的研究成果,他们在批判 DiMaggio 和 Powell 新制度理论的同构论基础上,主张制度是在不同的分析层级上(个体、组织和社会)运作,不同制度秩序的内容可能会产生冲突,这为个体和组织在实践中的操作提供了机会。Friedland 和 Alford 认为,场域应该具备产生矛盾、冲突和自主性的可能性,而不仅仅是同构的结果(模仿或趋同),个体和组织的行为需要被定位到制度规范系统中。[②] 1999 年,Thornton 和 Ocasio 的研究进一步将制度逻辑思想扩充和深化,并吸引了学界的广泛关注,更多学者开始应用和解释制度逻辑,促成了制度逻辑研究的快速发展。经过十多年的演化,制度逻辑理论逐渐成为制度理论研究的热门视角。[③]

制度逻辑理论的初始模型是 Friedland 和 Alford 建立的多重制度系统,他们认为制度秩序是社会制度的关键基础,每一个制度秩序体现了不同制度领域

① Thornton P H, Ocasio W. Institutional logics[M]//Greenwood R, Suddaby R, et al. The SAGE Handbook of Organizational Institutionalism. London: SAGE Publications Ltd,2008:18.

② Friedland R, Alford R R. Bringing society back in: Symbols, practices, and institutional contradictions[M]// Powell W W, DiMaggio P. The New Institutionalism in Organizational Analysis. Chicago: University of Chicago Press,1991:232-263.

③ Thornton P H, Ocasio W. Institutional logics and the historical contingency of power in organizations: Executive succession in the higher education publishing industry,1958-1990[J]. American Journal of Sociology,1999,105(3):801-843.

对文化和物质实践方面的共同认知。① 这个抽象模型被 Thornton 和 Ocasio 发展为更普遍的理论模型,该模型以 X 轴和 Y 轴分别表示制度秩序和制度逻辑要素。其中,X 轴表示每一项制度秩序,即制度秩序如何影响并塑造个体和组织的身份、动机及行动模式等;Y 轴表示制度秩序的逻辑元素,包括根隐喻、合法性、身份和规范、权威性和注意力基础等,Y 轴上的元素可以根据特定语境诠释多重制度逻辑的内涵。②

本书基于制度逻辑理论展开研究,有助于理解制度和行为之间的相互作用,包括制度规则如何形塑个体行为、个体如何能动地影响制度,以及外界情境如何塑造制度变化等三个层面。制度逻辑理论将个体和组织置于外部制度环境中,而不是孤立地考察个体行为和制度发展。它强调研究者要在社会结构的语境下观察个体行为,以动态的视角探查个体的认知与行为如何被多重制度系统所塑造。制度逻辑理论在本研究中的应用主要体现在以下几点。

第一,个体嵌入和制度逻辑多重性。制度逻辑的一个核心假定是,个体与组织的利益、身份、价值观与行动假设都嵌入在流行的制度逻辑中③,个体行动受制于不同制度秩序对个体的定位和影响。每种制度秩序拥有特定的理念,因而形成了多重性的制度逻辑,发挥主要影响力的制度秩序在特定场域中形成了主导逻辑。因此,个体行为受到不同制度秩序理念即制度逻辑的约束,其中,主导逻辑对个体行为的影响程度最深。个体想要从制度秩序中获得资源和行动策略,就要接受制度逻辑的规范,多种制度逻辑的约束构成了相互交织的规则谱系。

第二,制度的历史权变性。各类制度逻辑的重要性随着制度演变而发生变化,这也是制度逻辑理论对制度历史权变性特征的基本假定。制度变化并不会造成一项制度逻辑完全替代另一项制度逻辑,这就意味着,制度逻辑之间存在相互作用,而不是非此即彼的替代关系。近年来的实证研究表明,在制度变迁

① Friedland R, Alford R R. Bringing society back in: Symbols, practices, and institutional contradictions[M]// Powell W W, DiMaggio P. The New Institutionalism in Organizational Analysis. Chicago: University of Chicago Press,1991:232-263.

② Thornton P H. Markets from culture: Institutional logics and organizational decisions in higher education publishing[M]. Stanford C A: Stanford University Press,2004:15-18.

③ Thornton P H, Ocasio W. Institutional logics[M]//Greenwood R, Suddaby R, et al. The SAGE Handbook of Organizational Institutionalism. London: SAGE Publications Ltd,2008:21.

过程中,制度逻辑之间既存在相互冲突的张力也有稳定发展的平衡①,多重逻辑之间的相互作用引发制度内部的波动,或维持制度的稳定状态②。制度的历史权变性为研究理解制度变迁和制度发展提供了新的角度。

第三,个体行为的能动性。制度逻辑的冲突为行动者带来约束的同时也提供了机会。制度逻辑假设个体具有嵌入的能动性,即他们使用权力表达自身利益的目的和方式受到个体在制度系统中位置的影响。该理论可以解释制度逻辑的哪些要素被激活,并如何被个体所利用,成为他们行动的脚本。Friedland和 Alford 从理论建立之初就强调认知、身份、利益和权力对能动性的重要影响。③ 能动性研究也是制度逻辑理论的重要主题之一,弥补了新制度理论关注结构作用而忽视能动性的不足。解释个体行动性的关键在于,理解个体如何看待制度秩序中的逻辑,以及如何组合多重逻辑,这取决于哪些制度逻辑要素得到了行动者的特别关注。

除了上述三点之外,还要明确应用制度逻辑理论往往需要结合其他理论,以解释制度对于个体行为的调节作用,以及制度逻辑和个体行为之间的关系。因此,本研究还将借鉴计划行为理论的相关论点,与制度逻辑理论一起,作为构建分析框架的理论基础。

二、计划行为理论

计划行为理论(The theory of planned behavior,TPB)由美国学者艾克·阿赞(Icek Ajzen)提出,它在理性行为理论的基础上,增加了知觉行为控制这一变量。该理论广泛用于解释和预测人类的各种行为,如饮食行为、药物成瘾行为、临床医疗与筛检行为、运动行为、社会与学习行为等。④ 它为许多行为研究

① Cappellaro G，Tracey P，Greenwood R. From logic acceptance to logic rejection：The process of destabilization in hybrid organizations[J]. Organization Science,2020,31(2):415-438.

② Bjerregaard T，Jonasson C. Managing unstable institutional contradictions:The work of becoming[J]. Social Science Electronic Publishing,2014,35(10):1507-1536.

③ Friedland R，Alford R R. Bringing society back in：Symbols，practices，and institutional contradictions[M]//Powell W W，DiMaggio P. The New Institutionalism in Organizational Analysis. Chicago：University of Chicago Press,1991:39.

④ 段文婷,江光荣.计划行为理论述评[J].心理科学进展,2008(2):315-320.

提供了理论依据,成为个体行为研究中具有较高影响力的理论之一。[①] TPB 认为行为受实际控制条件的制约;在控制条件充分的情况下,行为受行为态度(attitudes towards the behavior)、主观规范(subjective norm)和知觉行为控制(perceived behavior control)三个主要变量的影响,它们通过行为意愿(behavioral intention)的中介作用决定行为的产生。[②]

TPB 的理论价值在于,它综合了个体内在因素(行为态度)、外部环境因素(主观规范)和个体行为特征感知(知觉行为控制)三个方面,对个体行为做出了较好的解释。[③] 在科研创新领域,TPB 主要应用于解释科研人员的个体行为,如研究生的学术不端行为[④]、科技人员创新意愿和创新行为[⑤]、新型研发机构的员工创新行为[⑥]、企业合作创新行为等[⑦]。

计划行为理论有以下几个主要观点:(1)非个人意志完全控制的行为不仅受行为意向的影响,还受个人能力、机会以及资源等实际条件的制约,在实际控制条件充分的情况下,行为意向直接决定行为;(2)准确的知觉行为控制反映了实际控制条件的状况,因此它可以直接预测行为发生的可能性,预测的准确性依赖于知觉行为控制的真实程度;(3)行为态度、主观规范和知觉行为控制是决定行为意向的三个主要变量,如果态度越积极、重要他人支持越大、知觉行为控制越强,那么行为意向就越大,反之就越小;(4)个体拥有大量有关行为的信念,但在特定的时间和环境下,只有相当少量的行为信念能被个体获取,这些信念称为"突显信念",它们是行为态度、主观规范和知觉行为控制的认知与情绪表

① Ajzen I. Perceived behavioral control, self-efficacy, locus of control and the theory of planned behavior[J]. Journal of Applied Social Psychology,2002,32(4):665-668.

② Ajzen I. Constructing a TPB questionnaire conceptual and methodologic considerations [EB/OL]. (2007-12-28)[2021-03-10]. http://www.unix.oit.umass.edu.

③ 赵斌,栾虹,李新建,等.科技人员创新行为产生机理研究——基于计划行为理论[J].科学学研究,2013(2):286-297.

④ 郝凯冰,郭菊娥.基于计划行为理论的研究生学术不端行为研究——以西安三所学科分布不同的大学为例[J].科学与社会,2020(4):113-129.

⑤ 赵斌,陈玮,李新建,等.基于计划行为理论的科技人员创新意愿影响因素模型构建[J].预测,2013(4):58-63.

⑥ 郭丽芳,崔煜雯,马家齐.创新驱动力背景下新型研发机构员工责任式创新行为研究[J].科技进步与对策,2019(16):125-132.

⑦ 李柏洲,徐广玉,苏屹.中小企业合作创新行为形成机理研究——基于计划行为理论的解释架构[J].科学学研究,2014(5):777-786,697.

达；(5)个人以及社会文化等因素(如人格、智力、经验、年龄、性别、文化背景等)通过影响行为信念，间接影响行为态度、主观规范和知觉行为控制，并最终影响行为意向和实际行为。

行为态度是个体对执行某特定行为喜爱程度的评估，以及其对行为整体的预期综合评价。① 当行动者对其行为的评价是正面时，就会产生积极的行为态度，而消极的行为评价会引发消极的行为态度。研究发现，科研人员的创新态度包括两个方面：一是发自内心的喜好，即内生态度；二是在需求激励下产生的喜好，即外生态度。② 内生态度是科研人员受自身的兴趣爱好、性格特征或责任感等影响而产生的对创新的感受；外生态度是科研人员在外界的物质或精神激励下产生的态度，受物质需求、社会地位和社会认可等影响。

主观规范是个体在执行某种行动时感受到的社会压力，它反映的是重要他人或团体对个体行为决策的影响。对于科研人员而言，主观规范指的是产生创新意愿时个体感知到的压力。这种压力往往来源于社会结构中的社会关系互动。③ 学界普遍将主观规范分为指令性规范和示范性规范两个维度④，其中，指令性规范来源于组织规定或组织中重要成员的规范性要求、倡议、期望；示范性规范来源于身边重要他者的示范行为，例如，领导、同行或同事等人的创新行为会对科研人员产生示范效应。

研究借助计划行为理论的核心概念和主要观点，以解释科研人员如何发挥个体能动性。具体体现在，运用行为态度和突显信念解释科研人员面对相互冲突的逻辑时如何进行逻辑选择，并借助主观规范说明个体能动性受限的原因，从而具象化阐述科研创新行为背后的逻辑回应与逻辑选择。

三、新熊彼特增长理论

新熊彼特增长理论是在熊彼特理论的基础上，结合演化经济学、复杂性科

---

① Patrick V, Kristof D, Sarah S. The relationship between consumers' unethical behavior and customer loyalty in a retail environment[J]. Journal of Business Ethics, 2003, 44(4): 261-278.

② 赵斌，陈玮，李新建，等. 基于计划行为理论的科技人员创新意愿影响因素模型构建[J]. 预测, 2013(4): 58-63.

③ Ajzen I. The theory of planned behavior, organizational behavior and human decision processes[J]. Journal of Leisure Research, 1991, 50(2): 176-211.

④ 黄攸立，刘张晴. 基于 TPB 模型的个体商业行贿行为研究[J]. 北京理工大学学报(社会科学版), 2010(6): 27-30.

学、系统理论等发展起来的跨学科理论体系。新熊彼特增长理论强调,企业家与企业家精神是创新的主体,着重探究创新主体间的相互关系,关注创新及其不确定性带来的问题,强调政府在创新活动中应该发挥的作用。① 新熊彼特增长理论将创新与技术进步作为促进经济增长的内生决定性因素,并将知识重组视作创新的来源,认为知识增长以及技术进步对经济发展具有根本性的影响。② 该理论认为,政府应当对经济进行适当干预③,原因是,创新的不确定性日益加剧,而知识与研发具有公共产品的性质,因此需要公共部门加强干预与引导,以克服市场失灵,打破现有格局,重塑社会对于创新的共识,推动创新的合法性形成④。

　　具体到本研究中,新熊彼特增长理论为认识基础研究原始创新和优化制度提供了启发。首先,科研个体的创新精神和冒险精神需要被高度重视。熊彼特将"企业家"概念定位为"富有冒险精神并实施创新行动的个人",而不仅仅是某种特定的社会阶级。⑤ 新熊彼特增长理论学派也同样强调企业家的重要作用,他们将企业家的创新精神作为创新活动的动力源泉,主张企业家创新精神的作用发挥需要包容、开放和鼓励的环境,这也是促进创新不断涌现的前提。⑥ 因此,我国要促进原始创新生成也同样要重视科研人员的创新精神,鼓励科研人员勇于攀登前沿高峰、勇闯研究领域的"无人区"。新熊彼特增长理论对于创新个体及其创新精神的论断,是科研人员创新能动性的有力依据。

---

① 刘志迎,朱清钰.创新认知:西方经典创新理论发展历程[J].科学学研究,2022(9):1678-1690.

② Winter S G. Toward a neo-schumpeterian theory of the firm, industrial and corporate change[J]. Lem Papers,2006,15(1):125-141.

③ Lee K,Malerba F. Catch-up cycles and changes in industrial leadership:Windows of opportunity and responses of firms and countries in the evolution of sectoral systems[J]. Research Policy,2017,46(2):338-351.

④ Liu X,Serger S S,Tagscherer U,et al. Beyond catch-up-can a new innovation policy help China overcome the middle income trap? [J]. Science and Public Policy,2017,44(5):656-669.

⑤ 张延,姜腾凯.哈耶克与熊彼特——两派奥地利学派经济周期理论介绍、对比与评价[J].经济学家,2018(7):96-104.

⑥ 柳卸林,高雨辰,丁雪辰.寻找创新驱动发展的新理论思维——基于新熊彼特增长理论的思考[J].管理世界,2017(12):8-19.

其次,创新的过程是对过去专业性认知的重塑。新熊彼特增长理论认为,实现原始创新需要打破传统研究范式和既有学科定律的限制,意味着这个过程中会产生对现有认知的颠覆和重构,这也呼应了新熊彼特增长理论将"知识重组"视作创新来源的观点。正因为如此,颠覆传统认知的原始创新想法在科研资助中更容易产生非共识现象,可能难以得到同行的认可。

最后,宏观制度因素和主体间相互作用对于基础研究原始创新的形成十分重要。① 政府需要发挥创新发展的宏观调控作用,完成政策执行监管、改善科研管理方式、优化评价方法等。政府还要引导社会公众建立"理解创新"和"支持创新"的社会共识,从而为基础研究原始创新建立友好包容的社会氛围。这也说明,政府作为管理者与其他社会主体的互动将对创新结果产生不可忽视的影响。新熊彼特增长理论对于政府角色、制度因素和主体关系的论断,为解释基础研究原始创新特征和行动者互动提供了理论依据。

第二节　分析框架

一、制度环境中的多重逻辑

(一)制度变迁与逻辑变化

制度逻辑以特定的制度环境作为应用场景,当外部情境发生变化时,逻辑导向的变化也能够被观察到。制度变迁的分析有助于理解制度逻辑在特定时期的实践特征②,历史性叙事能够展现复杂的制度逻辑③。制度逻辑的研究注意到,某一时间点的情境变化会带来制度冲击,使得制度变迁过程出现意料之外的结果、矛盾,并产生长远影响。制度变迁成为探究制度实践中逻辑变化的

---

① Soskice D W, Hall P A. Varieties of Capitalism: The Institutional Foundations of Comparative Advantage[M]. New York: Oxford University Press,2001:13-14.

② Lounsbury M. A tale of two cities: Competing logics and practice variation in the professionalizing of mutual funds[J]. Academy of Management Journal,2007,50(2):289-307.

③ Goodrick E, Reay T. Constellations of institutional logics: Changes in the professional work of pharmacists[J]. Work and Occupations,2011,38(3):372-416.

重要切口,制度变迁过程中隐含多重制度逻辑之间的关系转型。① 随着制度的演变,多重制度逻辑的存在形式发生了变化。学者们给出了逻辑间关系的两种可能。② 一类是逻辑间的关系如何变化,是从互补转向竞争还是替代;另一类是其他替代性逻辑(次要逻辑)如何影响主要逻辑间的关系。③ 研究者更多地关注多重制度逻辑之间的冲突④,也有人看到了制度逻辑在组织中的共存或者混合状态⑤。

新情境的出现会对原有主导逻辑产生影响,这是导致逻辑变化的重要标志。例如,市场化的价值理念进入高等教育场域中,高等教育的主导价值观念就会受到冲击。市场驱动因素使得高等教育管理者实行更强有力的市场问责制,用指标和结果为导向的方法来减少不确定结果。⑥ 当场域内的主导逻辑处于弱势时,相关的制度实践也会遭受负面影响。市场导向的侵入使得高等教育系统正逐渐陷入金钱价值陷阱,"学生即消费者"的观点在近年来的教育政策中获得了相当大的影响力,消费主义对学习质量、学生教育经历以及相关结果的整体价值均有潜在的有害影响。⑦ 再如,在社会企业开展社会救助和慈善事业的活动中,政府逻辑与市场逻辑与原来主导的公益逻辑形成冲突,致使社会企业面

---

① 周雪光,艾云.多重逻辑下的制度变迁:一个分析框架[J].中国社会科学,2010(4):132-150,223.

② Besharov M L, Smith W K. Multiple institutional logics in organizations: Explaining their varied nature and implications[J]. Academy of Management Review,2014,39(3):364-381.

③ Yan S, Ferraro F, Almandoz J. The rise of socially responsible investing funds: The paradoxical role of finance logic [J]. Administrative Science Quarterly,64(2):466-501.

④ Battilana J, Dorado S. Building sustainable hybrid organizations: The case of commercial microfinance organizations[J]. The Academy of Management Journal,2010,53(6):1419-1440; Zilber T B. Institutionalization as an interplay between actions, meanings, and actors: The case of a rape crisis center in Israel[J]. Academy of Management Journal,2002,45(1):234-254.

⑤ McPherson C M, Sauder M. Logics in action: Managing institutional complexity in a drug court[J]. Administrative Science Quarterly,2013,58(2):165-196;Binder A. For love and money: Organizations' creative responses to multiple environmental logics [J]. Theory and Society,2007(36):547-571.

⑥ Brown R, Carasso H. Everything for sale: The marketization of UK higher education [M]. London: Routledge,2013:7-9.

⑦ Tomlinson M. Conceptions of the value of higher education in measured markets[J]. Higher Education,2018,75(1):1-17.

临资源限制、合法性不足、专业发展滞后等现实困境。①

　　制度逻辑之间的关系是动态的，随着外部情境的变化而改变，并作用于微观层面的个体行为。基于制度的多种定义，制度是一个复合性概念，制度的实践发展使之内涵不断丰富，因而对制度的理解和研究需要从动态的视角出发。尽管制度逻辑之间存在的差异不会因为制度变迁而改变②，但在特定环境下，制度逻辑之间的相互作用可能在不同场域的实践中呈现出差别。制度环境的影响体现在两个方面：一方面，环境因素促进组织或个体采取行动改变自身结构适应环境，或者通过形塑个体或组织的身份来实现制度变迁。制度变迁的重要内涵就是环境因素影响组织或个体行动者的权力运作过程。③另一方面，制度对个体行为的作用嵌套在更大的动态环境中。学者们观察到，对于环境或情境的变化，不同个体的认知与反应存在趋同化结果，但也有差异。④这说明了制度变迁在微观层面的影响并非都是同构化结果。制度环境的变化及其作用需要关注制度变迁及其对制度逻辑的影响，从而为分析个体行为铺设前提。

　　制度逻辑嵌入在更高层次的场域中，不断变化的制度逻辑渗透到微观的个体行动。⑤在制度变迁过程中，新旧逻辑的冲突往往会打破原有的制度稳定状态。⑥情境的改变（如冲击、危机、干预等）也会触发个体对逻辑的意义构建机制，进而产生不同的制度认知和回应。⑦因此，制度逻辑的外部环境变化是个

---

①　崔月琴，母艳春.多重制度逻辑下社会企业治理策略研究——基于长春市"善满家园"的调研[J].贵州社会科学，2019(11)：44-50.

②　Hall P A. Varieties of capitalism in light of the euro crisis[J]. Journal of European Public Policy，2018，25(1)：7-30.

③　Greenwood R，Mia R，Farah K，et al. Institutional complexity and organizational responses[J]. Academy of Management Annals，2011，5(1)：317-371.

④　斯科特.制度与组织：思想观念、利益偏好与身份认同[M].姚伟，等，译.北京：中国人民大学出版社，2020：206.

⑤　März V，Kelchtermans G，Dumay X. Stability and change of mentoring practices in a capricious policy environment：Opening the "black box of institutionalization"[J]. American Journal of Education，2016，122(3)：303-336.

⑥　吴少微，魏姝.制度逻辑视角下的中国公务员分类管理改革研究[J].中国行政管理，2019(2)：29-34.

⑦　Sandberg J，Tsoukas H. Making sense of the sensemaking perspective：Its constituents，limitations，and opportunities for further development[J]. Journal of Organizational Behavior，2015，36(S1)：6-32.

体感知逻辑和应用逻辑的前提。政策变化作为环境因素需要得到重视,国家政策和宏观情境的变化使得资源在部门间被重新分配,各行各业的社会群体和个体的社会机遇相应地被影响。① 自改革开放以来,外部情境的变化如经济社会发展和世界科技范式等,都会对基础研究创新实践活动和个体科研行为产生影响,因而,纵向的历时性分析对于动态的制度逻辑研究很有必要。本书以制度变迁研究作为考察制度环境和逻辑变化的起点,重点关注外部情境变化下制度逻辑的变化规律,以及逻辑转型对制度实践和制度改革的影响。

(二)制度结构与制度实践

基础研究资助、管理与评价的制度结构体系涉及多元主体,这些行动者均嵌入在各场域内的制度逻辑,并在互动实践中受到多重逻辑的影响。

从制度结构上看,基础研究科研活动的组织体系保证了其制度的运行,中共中央、国务院及其相关部委负责制定和执行相关政策法规。其中,科技部是基础研究主要牵头部门;科技部下设的国家自然科学基金委员会是基础研究的主要资助和管理机构;财政部和教育部是辅助部门,配合科技部完成基础研究制度执行。承接中央制度指令的地方政府设有主管基础研究工作的部门,具体而言,本书指的是上海市科学技术委员会及其下属的处级单位。科研管理部门通过嵌套的委托—代理关系实现竞争性科技资源的分配,主管基础研究的政府部门作为委托人,高校和科研机构作为代理人,目标是解决国家或地方经济社会发展的科学问题,进而促进科技进步。此外,稳定性支持的委托—代理关系中,高校院所成为委托人,在组织中工作的科研人员成为代理人。② 基础研究科研创新活动涉及多元行动者,包括科研人员、评审专家、科研管理者、科技政策制定者、社会评估机构、社会公众等,这些行动者分别遵循不同的制度逻辑。因而,科研实践行为实际上是嵌入在多重制度逻辑中的。通过观察基础研究相关的管理行为、科研行为、评审行为等,研究可以追溯到各类行动者背后的制度根源,即制度逻辑。

---

① 周雪光.国家与生活机遇——中国城市中的再分配与分层[M].郝大海,等,译.北京:中国人民大学出版社,2019:19-20.

② 阿儒涵,李晓轩.我国政府科技资源配置的问题分析——基于委托代理理论视角[J].科学学研究,2014(2):276-281.

从制度实践上看,基础研究的资助机制是科研管理部门自上而下地进行科研资源的配置,管理机制是管理部门对受资助者开展科学研究过程的服务与调控,评价机制包括立项环节的同行评审机制、项目中期和结题时的绩效评价机制。当然,不可以忽略非正式制度的影响,它作为正式制度的补充和辅助,是制度体系的重要组成部分。非正式制度往往体现在个体互动过程的社交规则,如人情面子、圈子关系等;以及集体行为规范,如工作惯例、行业准则等;还有制度演变过程中生成的制度惯性,体现在制度工作的习惯中。这些非正式制度是模糊、多样、非实体化的,因而以潜移默化的方式在社会中发挥作用。

从制度结构和制度实践的特性可以看出,对于基础研究创新活动而言,最重要的两个场域是政府和科研场域,前者决定创新活动的资源,后者是创新生产的场所。因而,这两个场域分别隐含了哪些制度逻辑值得重点探究。同时,隐性的非正式规则也需要重视,例如惯习、惯例等蕴含的逻辑要素对正式制度产生不可忽视的影响。

(三)多重制度逻辑及其规则

本书结合对基础研究创新本质、我国国情等方面的思考,对原有的制度逻辑模型进行了适应性改造,提出了与本研究制度情境相匹配的制度逻辑类型。根据政策分析、文献研究和相关行动者的初步调研,本书将三类制度逻辑的具体规则总结如下。

1. 科层逻辑

科层逻辑是科研管理者在开展基础研究工作中为了履行职责和完成上级任务所遵守的行为理念。政府是基础研究的资助主体,这在全世界范围内都是通行的准则。政府部门及其基层单位在基础研究制度运行中遵循理性思维和事务本位导向,以实现资源配置和解决问题为主要目标。政府通过理性设计的一套完整而严密的制度体系,在规划布局、申请、评审、立项、开展、验收、考核和监督等完整的项目程序中,完成上级任务和资源分配,最终展示项目成果以获得纳税人认可并达到绩效合法性要求。[①] 管理者认为,科研活动的合法性来源于正式的制度规

---

① 关晓铭.项目制:国家治理现代化的技术选择——技术政治学的视角[J].甘肃行政学院学报,2020(5):87-102,127.

定,开展行动和达到绩效指标的压力来源于问责制度。① 科层逻辑主要包含以下两个规则。

其一,效率化规则是进行科技资源分配的重要原则,目的是提高财政资金使用效率,注重制度运行的结果导向。政府一般倾向于设置操作性强和可视化高的项目规划方案,并追求显示度高的成果产出,以证明项目投入—产出实现了国家或地区的战略目标。相比之下,那些显示度低、短期见效慢的项目可能会被忽视。科层逻辑引入市场化工具之后,以绩效管理为特征的制度实践更关注定量的、过去的绩效,因此在政府场域中形成了绩效导向。② 效率化规则有助于提高短期收益,但缺乏长期的整体规划;强调结果导向却忽视建设过程;追求显性指标却容易忽视制度环境的建设。③ 理性价值导向驱使政府管理者偏向于规避上级的问责从而维护自身的利益,重视完成职位赋予的任务,并将考核结果与政绩绑定。④

其二,标准化规则是以项目为载体的基础性原则。它强调自上而下的指令下达、任务分解和量化考核的目标责任制。⑤ 标准化的程序性操作能够为约束个体行为制定清晰的行动路线。⑥ 目标责任制意味着项目目标被分解为可操作性并赋予权重的指标,项目申请、评审、管理、结题等一系列流程以表格化呈现。项目任务被拆解为执行个体的对应责任,项目实施需要专业化人员和标准化操作。项目控制要求实际进度与预期目标一致,项目绩效考核是以具体量化指标衡量项目落地效果。

① Kallio T J, Kallio K, Blomberg A. From professional bureaucracy to competitive bureaucracy-redefining universities' organization principles, performance measurement criteria, and reason for being [J]. Qualitative Research in Accounting & Management,2020,17(1):82-108.

② Kallio K, Kallio T J, Grossi G. Performance measurement in universities: Ambiguities in the use of quality versus quantity in performance indicators[J]. Public Money & Management, 2017,37(4):293-300.

③ 李立国,张海生.高等教育项目治理与学术治理的张力空间——兼论教育评价改革如何促进项目制改革[J].重庆大学学报(社会科学版),2021(5):135-145.

④ 原贺贺.产业扶贫中提升型激励项目的基层治理逻辑[J].青海社会科学,2020(1):118-126.

⑤ 渠敬东,周飞舟,应星.从总体支配到技术治理——基于中国30年改革经验的社会学分析[J].中国社会科学,2009(6):104-127,207.

⑥ 戴维斯.组织理论:理性、自然与开放系统的视角[M].高俊山,译.北京:中国人民大学出版社,2011:42.

2.专业逻辑

专业逻辑是科研人员开展科学研究活动时共同遵守的价值观念和群体行为规范。专业逻辑下的行为模式承载着独特的价值，既包括科研行为区别于其他社会关系的独立、公正和中立，也包含学者推进学术自由的价值观。传统的学术工作观念强调内在动机和专业理念，其合法性的来源可以追溯到科学团体和专业协会制定的规则①，即学者们要对他们专业领域的科研共同体负责。专业逻辑的实践要求体现在以下三个方面。

首先，专业逻辑在价值判断实践中体现为**"价值中立原则"**。② 学术探究的本质是发现事实背后的科学规律，因此需要评审专家秉持客观的价值判断，而不能掺杂主观情感。专业逻辑对科研成果的判断原则是发展性和面向未来的③，要求专家们对创新更具有包容性。因而，在专业逻辑原则下，同行评审专家要以客观公正、包容审慎的态度开展项目评审工作。

其次，科研群体的学术研究行为需要尊重"知识生产规律"。在基础研究的实践活动中，知识生产规律体现为高度不确定性和高失败率的特性。因而，原始创新的发现需要"灵感、努力和毅力"等因素共同作用，三者缺一不可。其中，灵感起着决定性作用，原始创新通常需要借助灵感，这与学者对科学研究的兴趣、天赋、潜能等密不可分，持之以恒的努力是激发灵感的基础。④ 但是，灵感并不以个人努力为转移，它的产生是随机和偶然的，难以准确预测，也无法进行事先计划。⑤

最后，专业逻辑不仅与科学研究本身的性质有关，科研群体内部形成的**"科研共同体行为规范"**也是影响科研行为的重要理念。⑥ 科研共同体行为规

---

① Greenwood R，Suddaby R，Hinings C R A. Theorizing change：The role of professional associations in the transformation of institutional fields[J]. Academy of Management Journal，2002，45(1)：58-80.

② 韦伯，等.科学作为天职：韦伯与我们时代的命运[M].李康，译.北京：生活·读书·新知三联书店，2018：5.

③ Ter Bogt H J，Scapens R W. Performance management in universities：Effects of the transition to more quantitative measurement systems[J]. European Accounting Review，2012，21(3)：451-497.

④ 刘东.我们的学术生态：被污染与被损害的[M].杭州：浙江大学出版社，2012：5-7.

⑤ 方竹兰.中国原始型创新与超常型知识的治理体制改革[M].北京：科学出版社，2019：33.

⑥ 操太圣.为何"案牍劳形"——时间政治视角下的大学教师学术规训[J].教育研究，2020(6)：106-114.

范通常表现为承担发展本学科领域的责任,坚守学术底线和学术操守[1],秉持科学精神和科学家精神,等等。科学精神体现在"普遍主义、共有性、无私利性和有组织的怀疑态度"四个规范[2],以及奉行"学术优先"原则。

3. 商业逻辑

商业逻辑是社会场域[3]中行动者的主要行动原则。科研场域是影响基础研究制度运行的本场域,制度系统中还存在一些其他场域,它们对基础研究科研活动也产生了难以忽视的作用。研究将这些场域的集合界定为"外部场域",包括政府场域和社会场域。在社会场域中,主要的行动者是社会评估机构、社会公众和媒体等,商业逻辑的行动原则体现在以下两个方面。

其一,对于社会公众而言,是否满足"公共需求"是他们判断基础研究科研创新价值的基本原则。他们是基础研究创新成果的最终受众,基础研究制度的设计和实施的根本目标是为社会大众更好地生活提供科技支撑。因此,社会公众对于基础研究的认可主要取决于实际的社会效益和效果,如新产品或重大技术突破等显性的科研成果。而这些只是在前端基础研究成果之上创造的后端价值,与基础研究本身的科学发现还有一定距离。

其二,社会公众对于基础研究的认识需要借助一个重要渠道,即媒体的报道。媒体的行动逻辑遵循"功利化导向"规则,即关注显示度更高的科研成果信息。媒体需要报道能够博得大众好感的科学贡献,如高校院所的排名上升、科研经费数量上涨、国际顶尖期刊论文的发表,或者容易引发驳斥的负面消息,如科研诚信问题和科研人员师德作风问题等。以上两种极端新闻都能获得较高的社会关注度,媒体借助这样的方式凸显自身的传播价值。

独立开展评估活动的社会性评估机构也将"功利化导向"作为行动原则。普遍反映在他们对科研机构、学术群体、学科发展等量身设计的各类社会性排名。社会性排名主要以论文数量、引用量等量化指标为依据,排名的快速传播

① 操太圣.规范与理性的失去:高校教师代表作同行评审制度的迷与思[J].大学教育科学,2022(2):83-90.

② 默顿.科学社会学[M].鲁旭东,林聚任,译.北京:商务印书馆,2003:8.

③ 这里所说的社会场域中的"社会"是狭义概念,与广义的"社会"对比,狭义的"社会"强调的是科研场域和政府场域之外的社会范围。使用"社会场域"可以与社会公众、社会性评估机构的主体范畴更匹配,方便读者理解研究所传达的本意。

提高社会接受度和认可度，进而扩展了社会性排名在科研场域中的合法性地位，加剧了科研机构和科研人员为争得更好名次而开展的竞争程度。

基于上述三类制度逻辑导向和规则的阐述，可以看出外部场域的商业逻辑和科层逻辑对于基础研究创新存在片面的认识，其行为原则与科学规律也存在矛盾，这也为后面阐述逻辑间的冲突关系和个体能动性奠定了基础。

二、逻辑嵌入和制度逻辑对行为的形塑

(一)制度逻辑的嵌入

个体嵌入在制度逻辑中意味着其认知和行为受到特定理论的约束、限制和促进，嵌入视角揭示了制度如何影响个体行为。"嵌入"概念最早出现于格兰诺维特(Granovetter)1985年发表的文章中，他从社会学的角度挑战了理性选择理论(他认为理性选择理论对能动性的作用解释有限)。通过假设个体嵌入社会网络，他认为个体的选择与实践尽管具有目的性，但都受到了个体所嵌入的网络的限制。Zukin 和 DiMaggio 发展了格兰诺维特的结构嵌入理论，进一步解释了其他三种嵌入：认知的、文化的和政治的嵌入。[①] "认知嵌入"指的是心理过程中结构化的规律限制经济活动的方式。"文化嵌入"指共享的集体共识塑造经济战略和目标的作用。"政治嵌入"意思是经济活动者与非市场化的制度在争夺权力中塑造经济制度和决策的方式(非市场化的制度包括政府)。Thornton 和 Ocasio 较早地系统阐述了制度逻辑和个体行动之间的关系，即制度逻辑塑造了理性的、有意识的行为，个人和组织行动者反过来也影响了制度逻辑。[②] 不同的行动主体在特定制度约束下，将会遵循不同的制度逻辑。

逻辑嵌入反映了制度逻辑对个体行为的形塑作用，这种作用通过多元主体互动的制度实践表现出来。当个体与其他主体发生互动时，意味着他们和主体背后的制度逻辑产生了关联。社会职业的多变性实践证明，个体行为暴露在不止一个逻辑中。除了职业和教育生活之外，个体也参与到社会生活的各方面，因而接触到多重制度逻辑的可能性增大。个体可能在与父母、合作伙伴、朋友

---

① Zukin S, DiMaggio P J. Structures of Capital: The Social Organization of the Economy [M]. New York: Cambridge University Press, 1990:28-30.

② Thornton P H, Ocasio W. Institutional logics[M]// Greenwood R, Suddaby R, et al. The SAGE Handbook of Organizational Institutionalism. London: SAGE Publications Ltd, 2008:19.

等人的交往经历中嵌入某一个逻辑中①,他们也可能借助多种活动如娱乐或志愿服务等嵌入某些逻辑中。在制度实践中,科研人员与多类行动者互动交流,因此其行为受到这些主体背后的制度逻辑的制约。由于角色目标的差异,科研人员与不同主体及其背后逻辑的关联程度不同,因而呈现多样的逻辑嵌入情况。通过多元行动者在项目开展过程中的实践行为和创新认知,可以洞察个体行为如何受到所嵌入的多重制度逻辑的影响。

(二)多重制度逻辑之间相互作用

制度逻辑之间的相互作用是影响个体行为的重要前提,逻辑之间的作用为能动性建立可能,探究逻辑间作用是分析能动性的必要工作。制度逻辑通过界定个体认知图式而发生作用,主导逻辑的规则和惯习对个体和组织的行为发挥最突出的规范作用,并影响他们关注的问题、解决问题的方法以及在什么情况下使用什么方法。当多重制度逻辑在实践中的应用发生错位和冲突时,会为人们提供新的问题界定、动机组合、行动逻辑和自我认同。② 新旧逻辑的交叉还会加剧制度的复杂性,个体通过合法化自身行为应对制度复杂性。当旧的制度逻辑没有完全被新规则所取代,而是继续影响行动者的行为和理念时,制度的复杂性就会进一步加剧。行动者可能会使用相互矛盾的制度逻辑来合法化他们的偏好,从而应对制度交替期间的混乱状态。③

分析逻辑之间的作用关系能够寻找制度结果的根源,这是因为多重制度逻辑之间的互动影响制度的落实效果。例如,在乡村教师队伍建设政策场域下,中央政府逻辑、地方政府逻辑和乡村学校逻辑的互动引发政策执行的现实困境,导致"政策失衡""机会主义""道德风险""责任逃避""政策变通"等预期之外的结果。④ 再如,在独立学院制度改革中,政府、市场、教育和家庭四类逻辑的相互作用对独立学院的制度改革产生了制约效应,由此导致其"独立性"不强,

---

① Thornton P H, Ocasio W, Lounsbury M. The Institutional Logics Perspective: A New Approach to Culture, Structure and Process[M]. New York: Oxford University Press, 2012:15.

② Thornton P H. Markets from Culture: Institutional Logics and Organizational Decisions in Higher Education Publishing[M]. Stanford: Stanford University Press, 2004:3.

③ Pemer F, Skjølsvik T. Adopt or adapt? Unpacking the role of institutional work processes in the implementation of new regulations[J]. Journal of Public Administration Research and Theory, 2018,28(1):138-154.

④ 邓亮,赵敏.我国乡村教师队伍建设政策执行困境与突破路径——基于多重制度逻辑的视角[J].教育理论与实践,2019(34):42-46.

难以发展为稳定的制度模式。① 这类负面影响可以通过其他方面体现出来，如政策改革落实中的行政负担反映了内在逻辑的紧张关系，以及政策支撑体系内部存在的理念冲突。② 有的学者将运动式治理看作是逻辑冲突的结果，其背后是地方党委政府（绩效逻辑和合法性逻辑）、运动式治理的主持部门（商业逻辑）与配合部门（配合逻辑）三者之间的矛盾作用。③

协调制度逻辑之间的关系需要寻找逻辑间的共通点，或发现逻辑冲突的积极作用。有研究证实，不同的制度逻辑有助于推动不同机构和行动者之间的协作。制度逻辑方法为理解地方变化和潜在的国家—地方政策冲突提供了有用的框架，对德国、英国和瑞典的 9 个城市的案例研究表明，地方政策的优势在于与国家政策相辅相成的制度逻辑，这有助于获得与国家制度框架有关的网络、经验和动机。④ 研究也表明，多元或混合逻辑可能是制度创新的一种来源，强大的规范性逻辑并不限制能动性和组织创造力的发挥空间。⑤ 逻辑之间的相互作用能够分析个体能动性、解释制度结果以及平衡制度环境，是制度逻辑分析的一项重要内容。本书将透过个体的制度实践，还原多重制度逻辑之间关系的本来面貌，揭示逻辑规则之间的相互作用机理。

有关逻辑冲突的研究发现，逻辑之间除了对立关系之外，还存在走向兼容的可能。制度逻辑理论框架在经验研究中存在多样性⑥，学者们呼吁对多个逻辑之间的个性化关系保持敏感和包容的态度⑦。在早期的制度逻辑研究中，学

① 王富伟.独立学院的制度化困境——多重逻辑下的政策变迁[J].北京大学教育评论，2012(2)：79-96，189-190.

② Carey G，Dickinson H，Malbon E，et al. Burdensome administration and its risks：Competing logics in policy implementation[J]. Administration & Society，2020，52(9)：1-20.

③ 刘梦岳.治理如何"运动"起来？——多重逻辑视角下的运动式治理与地方政府行为[J].社会发展研究，2019(1)：121-142，244-245.

④ Fuertes V，Mcquaid R W，Heidenreich M. Institutional logics of service provision：The national and urban governance of activation policies in three European countries[J]. Journal of European Social Policy，2020，31(1)：92-107.

⑤ Carey G，Dickinson H，Malbon E，et al. Burdensome administration and its risks：Competing logics in policy implementation[J]. Administration & Society，2020，52(9)：1-20.

⑥ Reay T，Hinings C R. Managing the rivalry of competing institutional logics[J]. Organization Studies，2009，30(6)：629-652.

⑦ Currie G，Spyridonidis D. Interpretation of multiple institutional logics on the ground：Actors' position，their agency and situational constraints in professionalized contexts[J]. Organization Studies，2016，37(1)：77-97.

者们提出逻辑之间存在对立关系,近年来学者们开始发掘出更多关系,例如合作、混合(hybrid)、拼凑(bricolage)等。① 然而,既有研究中较少关注到多个逻辑之间的兼容性,即逻辑规则之间存在一定程度上的吻合。本书认为,制度逻辑之间的兼容性将为个体进行逻辑选择打开行动窗口,因而,有必要重视这种异乎寻常的逻辑关系。另外,制度实践中的多重逻辑互动通常在逻辑规则层面展开,任何一类制度逻辑都并非"铁板一块",而是由多个细分的逻辑规则所构成,探究逻辑规则层面的互动有利于具象化解释逻辑间关系。

三、个体能动的逻辑回应、选择与使用

(一)个体能动性的解释

本书以"能动性"概念说明基础研究科研行为如何回应复杂的制度环境。能动性(agency)是指行动者具有影响社会的能力,即行动者能够对日常生活情境进行理解、思考和反思,并习惯性地观察和比较自己与他人的行为结果。能动性使得个体具有独立的理解和思考能力,可以与身边情境持续地展开对话,并归纳出各种行动方案,通过评估各类方案的优缺点做出选择。吉登斯(Giddens)的结构化理论认为,行动者的能动性体现在创造、遵守制度规则并利用制度资源。② 马奇(March)和奥尔森(Olsen)认为,社会结构中供人们选择的制度规则不止一条,但人们做出选择的前提一定是理解规则并能适应现实情境的需要。③ DiMaggio 等用"制度企业家精神"来形容能动性,即行动者动员资源来创造制度规则,并实现他们认为有价值的目标。④

个体发挥能动性的目的是利用规则和资源形成行动策略,并努力实现策略的成功。个体对规则的理解将会成为未来行动的图式,也会沉淀为集体的行动符号,既能为他们过去的行为提供合理解释,又可以用来指导当下的行为。行

---

① Perkmann M, Mckelvey M, Phillips N. Protecting scientists from gordon gekko: How organizations use hybrid spaces to engage with multiple institutional logics[J]. Organization Science, 2019, 30(2): 298-318.

② 吉登斯. 社会的构成[M]. 李康,李猛,译. 北京:中国人民大学出版社,2016:37.

③ 彼得斯. 政治科学中的制度理论:新制度主义[M]. 王向民,段红伟,译. 上海:上海人民出版社,2016:16.

④ DiMaggio P, Powell W. The iron cage revisited: Institutional isomorphism and collective rationality[J]. American Sociologic Review, 1983(48): 147-160.

动者的能动创造性意味着,他们的行为不是无意识的,也不是总遵照群体中的习惯,而是在受到规则支配的同时,创造出新的应对方式。处在不同社会结构中的行动者所具有的能动性程度存在较大差异①,也就是说,个体的能动性受其嵌入的制度逻辑所影响。

行动者的逻辑选择体现为,有意识地从给定的逻辑中选取某些规则要素作为行动准则,而忽略其他逻辑。行动者在决定使用何种逻辑,以及出于何种目的使用逻辑等方面,都发挥了很大的能动性。他们在使用逻辑时通常会有很大的自由裁量权,行动者可能会偏离他们的"本家"逻辑,"劫持"其他行动者的逻辑,从而更顺利地开展制度性工作。② 行动者通过发挥能动性,在他们的微观实践中塑造、抵制、选择和转换可用的逻辑,而不是全盘接受既有的制度逻辑。③ 在这个层面上,多重制度逻辑能够促使个体形成独特的认知图式,进而形成个性化行为。当逻辑之间发生冲突时,个体可以援引其他逻辑作为行为导向。例如,周雪光提出地方政府"共谋"的概念,以解释地方政府在政策执行中产生重大和持续的目标偏差的原因,"共谋"是地方政府执行国家政策的妥协行为。④ 有学者认为,制度逻辑冲突是因为行动者同时运用多种逻辑,而多种制度逻辑的核心价值互相矛盾、不相容或不一致。当多重制度逻辑之间的冲突无法调和时,个体行动者往往会偏向代表其制度身份的核心价值观,例如私人行动者往往会坚持市场化逻辑。

(二)个体能动的有限性

个体的能动性存在一定边界,表明能动性是"嵌入式能动"或"有限的能动性"⑤,即嵌入在社会制度中的个体行为受到结构与文化的约束。个体的嵌入

① 斯科特,戴维斯.组织理论:理性、自然与开放系统的视角[M].高俊山,译.北京:中国人民大学出版社,2011:98.

② McPherson C M, Sauder M. Logics in action: Managing institutional complexity in a drug court[J]. Administrative Science Quarterly,2013,58(2):165-196.

③ Lok J. Institutional logics as identity projects[J]. Academy of Management Journal, 2010,53(6): 1305-1335.

④ Zhou X. The institutional logic of collusion among local governments in China[J]. Modern China,2010,36(1):47-78.

⑤ 桑顿,奥卡西奥,龙思博.制度逻辑:制度如何塑造人和组织[M].汪少卿,杜运州,翟慎霄,等,译.杭州:浙江大学出版社,2020:91-92.

能动性表现为,在多重制度逻辑中选择最符合身份或者角色的一种逻辑,其目的在于追求自身利益或满足他人的需求。有研究将制度逻辑的嵌入程度分为三个层次:新手、熟悉和认同。个体的能动性行为可以分为五种响应:忽略(ignore)、遵从(comply)、违抗(defy)、划分(compartmentalize)、合并(combine)。因此,个体的能动性受到了逻辑嵌入程度的影响,逻辑嵌入和个体能动性的关联得到了验证。

个体的能动性不仅受到逻辑嵌入程度的影响,还会因为多重目标和身份冲突而被限制。人类有多重的、松散耦合的、经常相互矛盾的社会身份和角色目标,包括其对组织、工作团体、专业领域、政党、同龄人和族群的认同[1],社会认同在人际关系网络缺乏或者互动不足的情况下也会产生[2]。角色认同(role identity)是"制度逻辑和个人行为之间的重要联系",个体为完成身份目标而做出的努力是一种混合体[3],因为他们通常面临着不止一种制度逻辑的需求。个体为了制度逻辑相关的身份而做出身份性努力(identity work),这就可以解释个体为什么只接受部分逻辑,但对其他逻辑却产生争议、抵制、转译或是礼仪上的接纳。[4]

上述论证说明,影响行动者能动性的不仅是嵌入的逻辑类型,行动者能动性也受到社会身份或角色目标等社会性规则性的影响。在本书中,个体能动性驱使科研人员对多重制度逻辑做出回应、选择与使用。个体的社会身份、认知图式影响其科研实践的注意力,而不同身份的行动者在创新目标和行动策略上存在差异,导致其注意力配置不同。因而,行动者在做出行为选择时存在偏好,他们认为某些逻辑规则重要,而忽视其他类型的逻辑要求。

① Ocasio W, Radoynovska N. Strategy and commitments to institutional logics: Organizational heterogeneity in business models and governance[J]. Strategic Organization,2016, 14(4):287-309.

② Ocasio W, Pozner J, Milner D. Varieties of political capital and power in organizations: A review and integrative framework[J]. Academy of Management Annals,2019,14(1):303-338.

③ Skelcher C, Smith S R. Theorizing hybridity: Institutional logics, complex organizations, and actor identities: The case of nonprofits[J]. Public Administration,2015,93 (2):433-448.

④ Lok J. Institutional logics as identity projects[J]. Academy of Management Journal, 2010,53(6): 1305-1335.

(三)个体能动的行为选择

如何呈现个体对于制度逻辑的能动选择,这是本书要重点解决的问题。以往的制度逻辑研究对此提供的可行性方案并不多,或者在基础研究科研创新场景下无法应用,因此需要其他理论的操作性变量提供佐证。通过多方面的理论比较,本书选择了计划行为理论作为制度逻辑经验研究的辅助工具。具体实施方案如下。

首先,本书迁移了计划行为理论的"行为态度"概念,将其调整为"创新态度"。该概念用于呈现科研人员面对多重制度逻辑和新旧逻辑冲突时的偏好,通过积极或消极的创新态度总结科研人员在开展基础研究创新活动时的总体行为倾向。

其次,借助计划行为理论的"突显信念"概念,表达科研人员所选择的主导逻辑要素。个体的能动性使之能够在多重逻辑要素中进行选择。制度逻辑理论的相关研究缺乏对逻辑选择的实践勾画,因而,本书援引"突显信念"作为科研人员做出逻辑选择的标志。当访谈结果中出现主导其创新行为的关键逻辑要素时,本书将其定义为逻辑选择的"突显信念",判断"突显信念"的方法是识别受访者表达喜好程度的词语,或观察受访者的表情和语气。

最后,本书以"主观规范"概念来阐述科研人员能动地选择逻辑时受到的制度化影响。本书通过总结重要他者的期待或压力以及团体成员的示范行为,来归纳科研人员能动性的有限性。科研人员对新旧制度的态度反映了他们如何利用逻辑,并最终作用于科研创新活动的结果。这些创新效应表现了原始创新困境的具体特征。

四、分析框架的呈现

基于本章第一节的阐述,本书提出,基础研究原始创新困境主要涉及三重逻辑,即"科层逻辑""专业逻辑"和"商业逻辑",分别包含三类行动主体和八项行动原则,制度逻辑的实践特征见表3-1。这些逻辑要素呈现了制度逻辑塑造个体行为偏好的基本理念。意味着个体受到任何一类逻辑影响时,如何理解他们的身份目标和行动方式,即他们是什么角色、哪种动机最重要以及应该如何行动等。该框架将作为操作脚本,用来验证个体在科研实践中所嵌入的多重制度逻辑,本书将通过实证研究捕捉更多行为特征,从而丰富框架的内涵。

表 3-1　原始创新困境中的多重制度逻辑

逻辑类别	行动主体	行动原则	实践特征
科层逻辑	科研管理者	标准化规则 效率化规则	制定标准化的管理和控制细则; 考察项目的短期成果,关注财政预算绩效 考核目标,规避问责风险
专业逻辑	科研人员	价值中立原则 知识生产规律 科研共同体行为规范	客观公平的价值判断;集合"灵感、积累和 努力"开展学术研究和产生创新成果;坚 持学术责任、职业操守和科学精神等
商业逻辑	社会评估机构、 社会大众、媒体	绩效导向 功利化导向 公共需求	以成本—收益判断项目效果; 关注显示度高的量化科研指标; 社会认可能够产生实际效益的科研成果

　　综合本章第二节的论述,本书构建了"逻辑嵌入—能动选择分析框架"(见图 3-1)。框架的内容解释如下:制度变迁过程中,外部情境的更迭、新旧逻辑冲突将作为制度复杂性的来源之一,为解释制度逻辑的历史性变化和个体能动回应奠定基础。在本书所关注的基础研究科研创新活动议题中,各场域的主体及其背后支撑的制度逻辑构成宏观环境,个体角色的多元性和主体之间的互动为逻辑的嵌入提供了实践渠道。多重逻辑之间的相互作用是解释制度对个体行为形塑作用的基础,也为个体的能动性发挥建立前提,还是解释制度结果的异质性和同质性的必要条件。此外,本书在分析框架中融入计划行为理论的三个主要概念,分别用于说明科研人员的逻辑回应、选择和使用。最后,针对基础研究原始创新困境的问题,本书将其归纳为三个制度结果,即原始创新动力不足、学术竞争内卷和改革落实难。映射到制度逻辑分析层面,以上结果分别对应了制度逻辑对科研行为的激励作用,科研人员的能动性选择行为,以及制度环境对制度改革的影响。本书将以逻辑嵌入、个体能动和外部情境的相互作用对制度结果进行分析。

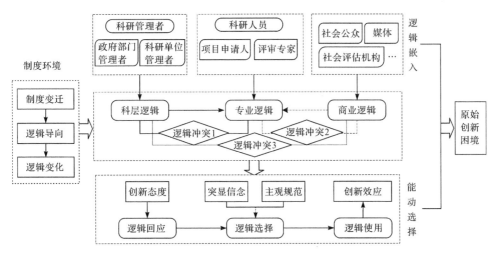

图 3-1 逻辑嵌入—能动选择分析框架

第三节 研究方法与研究内容

一、研究设计与方法实施

（一）研究设计

本书的研究设计如图 3-2 所示，具体实施过程如下。

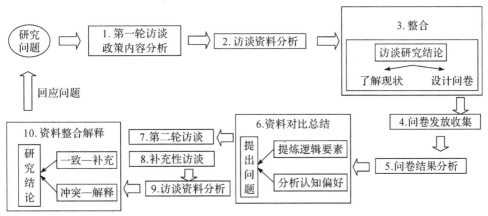

图 3-2 研究设计

第一步，借助政策内容分析法，梳理中央层面改革开放以来基础研究科研资助、管理与评价政策的变迁历程，总结历年的政府工作报告中与基础研究相关的政府注意力导向。首先，描述40余年政策的外部特征，厘清政策目标的变化，判断变迁节点和变迁阶段。其次，通过词频分析挖掘政策文本中的制度要素变化，总结各阶段基础研究资助、管理与评价制度的变迁特征。最后，从政府工作报告的"回顾"与"展望"两个部分提炼关键事件和制度实践，结合前两步的政策变迁特征，归纳各阶段制度变迁中隐含的逻辑变化。

第二步，进行样本资料收集和第一轮半结构化访谈。首先，收集整理上海市基础研究资助体系、项目管理与评审的相关文件，了解上海市基础研究制度安排的基本情况。其次，在前一步工作的基础上设计访谈提纲，面向上海市基础研究科研管理相关部门的主要负责人和项目管理人员，开展第一轮访谈工作。最后，将以上两项工作的分析结果进行整合，总结上海市基础研究项目资助、科研管理、项目评审的制度体系、实践机制，以及管理者反映的现实问题。

第三步，以制度变迁分析结果和上海市制度实践情况为参考，面向项目申请人和评审专家两类主体，分别编制了基础研究项目资助与管理有效性调查问卷，以及基础研究项目评审专家调查问卷，问卷的设计与实施将在第五章第二节详细介绍。在问卷发放、收集和初步整理之后，本书基于问卷结果分析两类主体对于科研实践活动和评审活动的观点，从中总结出他们的创新认知与行动偏好。进一步比较两类问卷结果的差异性和同质性结果，为下一步访谈工作提供访谈思路。

第四步，参照问卷分析结果开展第二轮访谈。首先，在前述工作的基础上凝练需要访谈的具体问题，分别针对管理者、评审专家和项目申请人设计访谈提纲。其中，管理者访谈对象包括基础研究项目管理人员、高校科研管理者和基础研究管理部门的中层管理者，评审专家和申请人的访谈对象采用选择性抽样和滚雪球的方式确定，访谈设计与实施情况将在第五章第二节详细介绍。其次，对访谈结果进行转录、人工整理和编码分析，总结访谈中不同行动者的行为认知与偏好。最后，通过比较问卷与两轮访谈结果，分析两类资料可能存在的一致性和冲突性，并以访谈编码结果对差异性结果进行解释，从而得出研究结论，回应研究问题。

（二）研究方法

1. 内容分析法

内容分析是对各种信息交流形式的明显内容进行客观、系统和定量描述的方法,内容分析的对象包括文本、艺术作品、视频资料等形式的材料。[①] 本书借助内容分析法开展基础研究资助、管理与评价制度的演变分析,分析的对象包含政策文件和政府工作报告两类文本。政策文本是映射政府注意力的载体,能够传达决策者在某一领域的制度导向。政府工作报告作为政策纲领性文件,凝聚了经济、社会、文化、科技等方面的国家意志和人民意愿,两类资料为分析制度变迁和逻辑变化提供基础。

首先,本书对收集的政策文本进行历时性梳理,总结其变迁特征、重要政策和政策总体目标,判断变迁节点和发展阶段;其次,对政策文本关键词进行编码,统计各阶段的政策关键词词频,分析隐含的制度逻辑;最后,横向对比各阶段词频变化,总结制度逻辑的变化情况。针对政府工作报告,首先提取报告中"回顾"和"展望"两个部分与基础研究相关的内容,其次分析相关内容关键词隐含的逻辑关系变化。

2. 问卷调查法

问卷法是现代社会研究中最常用的资料收集方法,美国社会学家艾尔·巴比称问卷是"社会调查的支柱"。[②] 问卷是社会研究中搜集资料的一种工具,它以精心设计的问题形式测量人们的特征、行为和态度等。以问卷的形式调查有利于节省时间,提高调研效率,而且以匿名方式开展,较为适合调研从事保密性工作及工作繁忙的科研人员,能够减少对受访者日常工作的干扰,获取较少偏见的真实信息。

本书借助问卷调查法对上海市基础研究的项目申请人和评审专家两类群体展开调研(两类调查问卷详见附录二),以此获取基础研究项目申报、开展与评审活动中的个体认知和行为取向。问卷结果反映了项目资助评审各个环节的制度性工作,为总结科研人员嵌入的各类制度逻辑及其要求,以及能动的回应和选择行为提供证据。本书通过对比两类问卷结果,能够分析不同主体的认知差异和趋同结果,刻画科研群体的行动取向。

[①]　袁方.社会研究方法教程[M].北京:北京大学出版社,2016:302.

[②]　巴比.社会研究方法(第13版)[M].邱泽奇,译.北京:清华大学出版社,2020:5.

3. 半结构化访谈法

访谈法是最普遍的资料收集方法,访谈过程实际上是访问者与被访问者双方面对面的互动过程,访问资料正是这种社会互动的产物。[①] 半结构化访谈的方法有利于调动被访者回答问题的积极性,鼓励被访者围绕研究主题交流与讨论更多的事件、现象与感受。这种方式适合探索性研究,能够收集受访者对自身动机、行为等原因的解读,也会为研究者提供意料之外的结果和启发,从而为验证和发展理论框架提供现实依据。

本书采用半结构化访谈方式,在前期资料收集与问卷分析的基础上,分别编制了适用于各层级科研管理者和科研人员(项目申请人和评审专家)的半结构化访谈提纲(访谈提纲见附录一,访谈对象信息见表 3-2 和表 3-3)。在访谈过程中,研究者还会根据受访者的回答情况进行追问,以得到更多可用信息。访谈结果用于分析上海市基础研究资助、项目管理与评审的制度实践情况,从中总结各类主体对创新活动的认知和偏好。

表 3-2　访谈对象 1:科研管理者

访谈对象	访谈时间	被访者单位	访谈持续时间/时	内容编号
HXJ	2021-11-17	政府部门	1.5	G01
LLX	2021-03-25	政府部门	1.5	G02
KBJ	2021-03-25	政府部门	2.0	G03
QJY	2021-03-15	政府部门	3.0	G04
CFR	2021-05-17	政府部门	1.5	G05
ZJY	2021-06-05	政府部门	1.0	G06
HB	2021-09-31	高校	2.5	G07
ZHY	2021-10-05	高校	1.5	G08
XYT	2021-10-17	高校	2.0	G09
WH	2021-10-18	高校	1.5	G10
CXY	2021-11-09	高校	1.0	G11

---

① 袁方.社会研究方法教程[M].北京:北京大学出版社,2016:202.

表 3-3　访谈对象 2:科研人员

访谈对象	访谈时间	被访者职称	被访者年龄/岁	内容编号
FGF	2021-11-23	副教授	31—40	S01
MTM	2021-11-16	副教授	31—40	S02
ZZ	2021-11-30	教授	41—50	S03
ZZJ	2021-11-20	教授	41—50	S04
YCF	2021-11-17	教授	51—60	S05
ZHH	2021-11-18	讲师	31—40	S06
LCF	2021-11-24	讲师	31—40	S07
CW	2021-11-16	讲师	31—40	S08
GYQ	2021-11-28	教授	51—60	S09
ZK	2022-04-10	副教授	31—40	S10
MZ	2022-01-03	教授	41—50	S11
ZYC	2021-09-12	教授	51—60	S12
MHR	2021-07-25	讲师	31—40	S13
LJ	2021-10-04	副教授	31—40	S14
GHB	2021-12-29	教授	51—60	S15
MDW	2021-12-27	教授	41—50	S16
WJK	2021-12-27	副教授	31—40	S17
FXP	2021-11-17	讲师	31—40	S18
NLZ	2021-11-17	讲师	31—40	S19
FZD	2021-11-17	教授	51—60	S20
QTY	2021-11-15	讲师	31—40	S21
WT	2021-11-15	副教授	31—40	S22
DF	2021-11-12	教授	51—60	S23
LK	2021-11-09	教授	51—60	S24
WS	2021-11-08	讲师	31—40	S25
CST	2021-11-07	教授	41—50	S26
ZF	2021-11-06	教授	41—50	S27
TC	2021-11-03	副教授	31—40	S28
CH	2021-11-03	讲师	31—40	S29
CXP	2021-11-01	副教授	31—40	S30
LX	2021-10-25	副教授	31—40	S31
WQH	2021-10-24	教授	41—50	S32
LX	2021-10-23	教授	51—60	S33

续表

访谈对象	访谈时间	被访者职称	被访者年龄/岁	内容编号
XKH	2021-10-12	讲师	31—40	S34
WXD	2021-09-24	讲师	31—40	S35
QBY	2021-08-31	讲师	31—40	S36
ZMW	2021-08-11	教授	51—60	S37
LYD	2021-08-03	副教授	31—40	S38
CPH	2021-06-05	副教授	31—40	S39
YZC	2021-04-16	教授	41—50	S40
DK	2022-03-13	教授	51—60	S41
YZL	2022-01-16	教授	41—50	S42
HDL	2022-01-05	副教授	31—40	S43
XLW	2022-03-01	教授	41—50	S44
XQ	2021-12-22	教授	41—50	S45
FXD	2021-12-21	副教授	31—40	S46
WYF	2021-11-27	教授	51—60	S47
SBY	2021-10-26	副教授	31—40	S48
WJX	2021-10-19	教授	51—60	S49
DW	2021-10-13	教授	51—60	S50
ZH	2021-10-13	讲师	31—40	S51
LDY	2021-09-13	教授	51—60	S52
ZDS	2021-09-10	副教授	31—40	S53
CN	2021-09-08	教授	31—40	S54
WYX	2021-08-21	讲师	31—40	S55
ZBG	2021-08-12	教授	51—60	S56
QJC	2021-08-07	教授	41—50	S57
YCH	2021-06-11	教授	31—40	S58
BLZ	2021-06-02	副教授	31—40	S59
WLF	2022-05-08	教授	51—60	S60
XY	2022-01-18	副教授	31—40	S61
YJJ	2021-04-28	副教授	31—40	S62
CX	2022-04-13	教授	41—50	S63
WLX	2022-03-01	讲师	31—40	S64
YHL	2022-02-27	副教授	31—40	S65
JT	2022-01-05	副教授	31—40	S66

4.扎根理论

制度研究中普遍以扎根理论分析抽象的制度逻辑。扎根理论方法的特色是持续比较分析原则,指的是收集资料及分析同时发生,而且自搜集到的第一份资料起,每一组数据的项目是和其他数据的项目相比。研究者通过比较以刺激思考,继而能全面扼要地抓住研究现象的主要特质,同时描述和诠释研究的现象,并以此作为数据系统性地收集和分析,找出现象间的关系,直至发展出理论。

本书采用扎根理论总结科研人员对于制度逻辑的能动性实践。通过对访谈资料的编码,分析科研人员与其他主体的互动,所嵌入的多重制度逻辑及实践表征,以及他们应对多重制度逻辑的态度。采用扎根理论处理数据的过程中,本书遵循了三级编码原则:(1)开放编码,按资料本身的状态自由呈现主题和概念。本书以访谈结果和问卷开放性问题为编码资料,并以原始创新困境中的多重制度逻辑(见表 3-1)为脚本进行开放编码,得出逻辑规则在制度实践中的具体状态。(2)主轴编码,发现、建立概念类属之间的各种联系,包括因果、情境、差异、类型、过程、策略、功能等方面。本书的类属之间关系即逻辑要素从属于制度逻辑的关系。(3)选择编码,在已有类属的基础上选择或提炼一个最能覆盖和概括所有类属和现象的核心类属,同时理顺核心类属和其他类属的联系。[①] 本书通过选择编码提炼出制度实践中的多重制度逻辑,总结其相互之间的作用关系。

二、研究内容与结构安排

研究内容结构如图 3-3 所示。本书共分为七章,具体篇章结构安排如下。

第一章为绪论,包括研究背景和问题提出。

第二章为相关研究回顾及文献综述,包括核心概念解释、关于原始创新困境的研究两节。

第三章呈现了本书的理论分析框架。第一节介绍了本书所应用的三个理论,第二节阐述本研究构建的分析框架及其构建过程,第三节是本书的研究方法和研究内容。

---

① 王亚南.高职院校专业带头人能力模型构建及发展研究[D].上海:华东师范大学,2018:52-53.

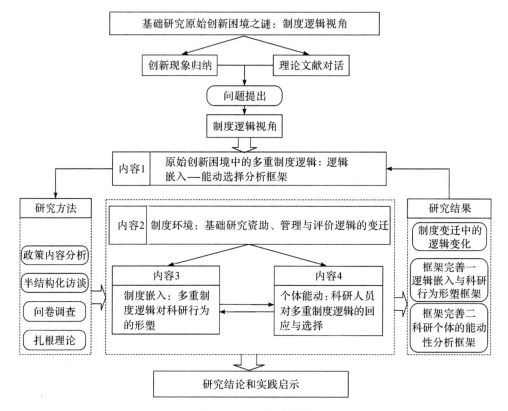

图 3-3　研究内容结构

第四章是对制度环境即基础研究资助、管理与评价逻辑的变迁分析。本章内容包含四节,第一节介绍了两类文本的数据收集与处理过程,梳理了制度变迁中的政策目标变化、变迁节点和变迁阶段。第二节分析了五个阶段的制度逻辑特征。第三节总结了制度变迁中的逻辑变化。第四节是对第四章的总结。

第五章为嵌入视角下多重制度逻辑对科研行为的形塑分析。本章内容分为五节,第一节是对案例的介绍,描述了上海市基础研究的制度环境与实践情况。第二节是对研究设计与调研样本的概述。第三节分析了多重制度逻辑及其规则对科研个体的要求。第四节阐释了多重制度逻辑之间的兼容和冲突关系及其对科研行为的影响。第五节是对第五章的概括。

第六章是能动视角下科研人员对多重制度逻辑的回应与选择分析。本章内容包含五节。第一节概述了科研人员对多重制度逻辑和新旧逻辑更迭的回应态度。第二节对比分析了科研人员面对多重制度逻辑时的应然性突显信念和实然性突显信念。第三节论述了主观规范对科研人员能动性造成的限制,包括科研环境、重要他者、科研惯习和不良风气等方面。第四节说明了科研人员对多重制度逻辑进行拼凑组合所产生的负面创新效应。第五节是对全章的总结。

第七章为研究结论与展望。本章包括三节,内容分别为研究结论、实践启示、研究局限与展望。

第四章 制度环境:基础研究资助、
管理与评价逻辑的变迁

根据制度逻辑的历史权变性,特定的时间和空间背景赋予了制度逻辑不同的表现形式,变化的制度逻辑对组织和个体行为产生不同的影响。既有研究表明,制度逻辑之间的关系是动态的,随着社会情境的变化而改变。制度逻辑的变化是个体理解逻辑和做出决策的前提,制度逻辑嵌入在更广泛的场域中,不断变化的制度逻辑渗透到个体的活动中。① 纵览改革开放以来的基础研究制度发展,不难发现,制度变迁呈现出"变化—稳定"的周期性规律。在规律背后,变化的制度环境促成新的逻辑关系形成,同时也在悄然塑造着个体行动者的认知与行为。因而,有必要对基础研究资助、管理与评价制度的变迁进行梳理,探讨制度逻辑及其关系在变迁的环境中如何发生转型。

本章需要解决的问题有三个:其一,在改革开放 40 余年不断变化的情境中,基础研究的资助、管理与评价制度经历了哪些关键节点?其二,各阶段的制度演变呈现怎样的实践特征?其三,制度变迁历程中隐含了怎样的逻辑关系变化?回答这些问题有助于刻画动态的制度环境,明确多重制度逻辑在宏观层面的变化,为下一章探究制度对行为的形塑做好铺垫。

---

① März V, Kelchtermans G, Dumay X. Stability and change of mentoring practices in a capricious policy environment: Opening the "black box of institutionalization" [J]. American Journal of Education,2016,122(3):303-336.

第一节 政策数据分析

一、数据收集与处理

为了提高政策的广度和数据完整度,本书将两类政策性文件作为研究制度变迁的基本数据,一类是与基础研究资助、管理与评价工作相关的科技政策,另一类是历年来中央政府发布的政府工作报告。政府工作报告的分析结果将作为对政策文本分析的补充数据,共同阐述制度环境变化对逻辑变化的影响。

(一)政策文本

科技政策的搜集主要通过上海市政府及各部门官方网站、专业政策数据库(如北大法宝、清华大学政府文献中心数据库、中国法律法规信息系统等网站)、统计年鉴和相关报告资料等渠道完成。政策搜集时间范围为 1978 年 1 月 1 日至 2021 年 12 月 31 日,搜索关键词限定在"基础研究资助、管理和评价"相关主题范围内。政策发布主体为中共中央、国务院、科技部、财政部、教育部、国家自然科学基金委员会等,政策类别为意见、办法、方案、规划等,不包括组织申报各类计划项目的通知、指南以及转发文件。本书对搜集的政策文本进行人工筛选、评议和补充,删除与基础研究无直接关系以及文本信息不全的政策,共得到261 份中央层面基础研究相关政策。

政策数据的处理和分析分为三步:首先,按照政策名称、发布时间、发文主体等维度梳理政策基本信息,总结政策总体的外部性特征,从而建立基础研究资助、管理与评价政策数据库。其次,在初步完成政策数据处理的基础上,明确政策情境中对政策导向具有明显作用的关键事件和主要政策,剖析情境所映射的政策目标变化。以政策目标和关键事件为依据,明确政策变迁节点,划分政策变迁阶段,说明政策演进的整体趋势。最后,对各阶段政策文本的关键词进行词频统计和分析,阐述政策在基础研究资助、评价和创新方面的变化特征,总结其中隐含的逻辑导向。

(二)政府工作报告

国务院政府工作报告作为政策纲领性文件,凝聚了国家意志和人民意愿,涵盖了经济、社会、文化、科技等方面的工作成果和未来规划,高度浓缩的报告文本是观察中央政府注意力配置的重要文本材料。① 因此,本章将1978—2021年的政府工作报告作为数据来源之一。

政府工作报告材料来源于中央政府网站,本书采集了1978—2021年的政府工作报告,共计44份。纵观各年度报告的文本结构,可知每年度政府工作报告均含有"回顾"和"展望"两个部分,这两块内容分别表现了政府部门对于各领域公共事务的执行情况和战略规划。政府工作报告的数据处理分为三步:首先,提炼政府工作报告的"回顾"和"展望"内容,分别在两个部分的文本中筛选出与"基础研究""科技创新""原始创新""科技管理""科研评价"等主题直接相关的内容,并按照时间顺序排列,形成第二类文本分析材料。其次,采用内容分析法,解析"回顾"和"展望"两个部分的关键词分布情况,按照制度变迁阶段阐述基础研究科研创新活动的关键事件和制度实践特征。最后,在前两步的基础上,解释基础研究资助、管理和评价制度中隐含的逻辑如何随着外部情境发生变化。

二、政策目标与变迁节点

改革开放以来,围绕基础研究的相关政策共经历了五次目标转变:改革开放初期,国家科技政策尚未针对基础研究提出明确指示,1978年,邓小平同志在全国科学大会上指出,正确认识科学技术是生产力,奠定了改革开放初期的科技工作方针,科技工作的总目标是全面恢复科技工作。1985年,随着科技体制改革的开展,面向经济建设成为发挥科技作为生产力的目标。1995年,科教兴国成为战略性目标,中央政策明确提出,基础性研究要把国家目标放在重要位置,从而带动高技术和新兴产业发展,促进经济结构变革。国家开始颁布科研评价相关的办法,对科研评价活动提出规范性要求。2003年,政策明确规定了科研评价作为科技管理手段的性质,自此,建立健全科研评价机制成为科研评价工作的目标。2006年,国家提出增强自主创新能力、建设创新型国家的新目标,进一步明确基础研究需要围绕这个目标开展。2012年至今,加快实施创新驱动发展战略成为新的科技发展导向,推动基础研究实现"从0到1"的原始

---

① 文宏,杜菲菲.注意力、政策动机与政策行为的演进逻辑——基于中央政府环境保护政策进程(2008—2015年)的考察[J].行政论坛,2018(2):80-87.

创新,对基础研究的政策关注和资助力度都大大提升,深化科技体制改革、落实科研管理自主权下放、破除制约创新的体制障碍、促进科技创新生态环境的改善是制度建设重点(见表 4-1)。

表 4-1　1978—2021 年中央层面基础研究重要政策和政策目标

年份	重要政策	政策目标	政策总体性目标
1978	1978—1985 年全国科学技术发展规划纲要	正确认识科学技术是生产力	全面恢复科技工作和科技奖励
1985	关于科学技术体制改革的决定	面向经济建设,改革科学技术体制,改革政府财政拨款制度	科学技术面向经济建设,运用市场手段改革科技体制
1993	中华人民共和国科学技术进步法	发挥科学技术第一生产力的作用,推动科学技术为经济建设服务	
1995	关于加速科学技术进步的决定	实施科教兴国战略,基础性研究要把国家目标放在重要位置,发展高技术和新兴产业	实施科教兴国战略,发展高技术和新型产业,规范开展科研评价活动
2000	关于加强基础研究工作的若干意见 科技评估管理暂行办法	统观全局,突出重点,有所为,有所不为;进一步强化竞争机制 对科研评价活动提出规范性要求	
2002	关于进一步增强原始性创新能力的意见	增强原始性创新能力,促进新兴产业和经济结构变革 改进评价体系	
2003	科学技术评价办法(试行) 关于改进科学技术评价工作的决定	建立健全科研评价机制,促进科技资源优化配置,提高科技管理水平	增强自主创新能力,建设创新型国家,建立健全科研评价机制
2006	关于实施科技规划纲要增强自主创新能力的决定 国家中长期科学和技术发展规划纲要(2006—2020 年)	增强自主创新能力,建设创新型国家 要把提高自主创新能力摆在全部科技工作的突出位置,发展基础研究要坚持服务国家目标与鼓励自由探索相结合	
2007	中华人民共和国科学技术进步法(修订)	促进科学技术成果向现实生产力转化,推动科学技术为经济建设和社会发展服务,构建国家创新体系,建设创新型国家	
2011	关于印发进一步加强基础研究若干意见的通知	进一步加强基础研究,提高自主创新能力,加快建设创新型国家	

续表

年份	重要政策	政策目标	政策总体性目标
2012	关于深化科技体制改革加快国家创新体系建设的意见	深化科技体制改革，着力解决制约科技创新的突出问题	
2015	关于深化体制机制改革加快实施创新驱动发展战略的若干意见 国务院办公厅关于优化学术环境的指导意见	深化体制机制改革，加快实施创新驱动发展战略，破除一切制约创新的思想障碍和制度藩篱	
2016	科技评估工作规定（试行）	有效支撑和服务国家创新驱动发展战略实施，加强科技评估管理，建立健全科技评估体系，推动我国科技评估工作科学化、规范化	
2018	关于全面加强基础科学研究的若干意见 关于深化项目评审、人才评价、机构评估改革的意见 关于优化科研管理提升科研绩效若干措施的通知	大幅提升原始创新能力，夯实建设创新型国家和世界科技强国的基础 实施创新驱动发展战略，深化科技体制改革，构建科学、规范、高效、诚信的科研评价体系 建立完善以信任为前提的科研管理机制，赋予科研人员更大的人财物自主支配权	实施创新驱动发展战略，深化科技体制改革，破除制约创新的体制障碍
2019	关于进一步弘扬科学家精神加强作风和学风建设的意见	改进作风学风，优化科技创新生态，加强学术道德建设，大力弘扬新时代科学家精神	
2020	加强"从0到1"基础研究工作方案 关于破除科技评价中"唯论文"不良导向的若干措施（试行） 新形势下加强基础研究若干重点举措	切实解决我国基础研究缺少"从0到1"的原始创新的问题 改进科研评价体系，破除科研评价中"唯论文"不良导向 深化体制机制改革，营造创新环境，提升原始创新能力	
2021	中华人民共和国国民经济和社会发展第十四个五年规划和2035年远景目标纲要	坚持创新驱动发展，完善国家创新体系，加快建设科技强国，持之以恒加强基础研究	

　　从政策分布数量来看（见图4-1），在重要政策颁布和关键事件发生的节点，政策数量都出现了不同以往的瞬时波动，如1985年、2003年和2012年对应的政策数量均位于波谷段，而在节点之后年份如1986年、1992年、2002年、2006年、2018年前后均出现发文小高峰。政策数量的增加意味着政府注意力提高，说明在节点处发生了政策间断式变迁。2016—2021年间，政策数量均处于高位，说明政府近年来对基础研究相关制度投入了更多的关注。进一步总结政策数量的变化可以得知，政策数量往往在节点处出现短时间的停滞，随后引发密集的跳跃式增长，直到新的节点出现，政策数量再次出现停滞，这种循环在几个节点间不断重复。

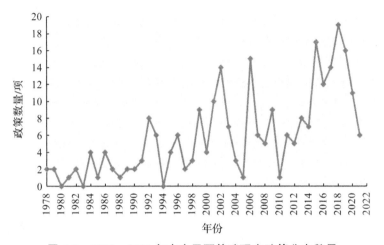

图4-1　1978—2021年中央层面基础研究政策分布数量

　　在政策变迁过程中，有些节点的政策数量变化剧烈，但没有对政策目标变化产生重大影响，因而本书并没有将其作为"变迁节点"。结合上一节中对政策目标的分析，研究认为，改革开放以来40余年间共有四个主要的变迁节点，分别是1985年、1995年、2003年和2012年（见图4-2）。节点之间的政策演变以均衡变迁为主，政策总体性目标并没有改变。如1992年党的十四大召开、南方谈话等拉开了社会主义市场经济建设的帷幕，同年颁布的政策数量达到了该阶段的最高点，各类科技政策均以"稳住一头，放开一片"界定科研发展方向，政策目标意在进一步通过市场竞争机制，发挥科技对经济建设的促进作用，与1985年以来"科技面向经济建设"的总体目标保持一致。同理，2006年是政策发文的井喷期,但政策聚焦于科技计划或项目管理方面,是对规划实施的细化落实,而没有改变基础研究政策的总体目标,对于基础研究的评价工作也依然遵循2003年制定的评价办法。因而1992年、2006年不作为本书中的政策变迁节点。

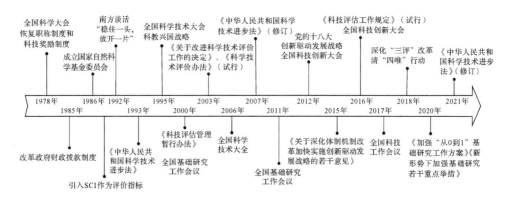

图 4-2 1978—2021 年基础研究资助、管理与评价制度变迁的关键事件

第二节 制度变迁的阶段性特点

在梳理中央层面40余年的政策外部特征基础上,本书确定了改革开放以来我国基础研究资助、管理与评价制度的五个变迁时段,分别是1978—1984年、1985—1995年、1996—2002年、2003—2011年和2012—2021年。变迁阶段的划分将作为研究下一步分析逻辑导向和逻辑变化的基础。在本节中,本书将采用内容分析法对政策文本关键主题词进行深入解析,从而呈现各阶段基础研究资助、管理与评价制度发展的主要方向和重点工作,阐释制度变迁过程的纵向变化。

一、1978—1984 年:恢复重建

第一阶段(1978—1984年)的整体制度导向为"恢复重建",政策文本关键主题词如表4-2所示。经历了思想上的拨乱反正,国家和社会对知识分子和科学知识的歧视逐渐得到纠正,此阶段科技发展的突出特征为"科学技术面向经

济建设"。知识分子的积极性得到激发,推动了科学研究热潮,一些领域的科学研究和推广应用取得一定成果。为了尽早实现四个现代化建设的目标,此阶段的科学工作主要为经济建设服务。国家更注重发展应用研究和成果推广,做好国外先进技术的消化、吸收和推广工作,大力开展技术革新,并将新技术运用到行业和企业的改造中。国家对基础理论研究十分重视,但由于国家财力物力不足,科技工作遵循抓住重点、集中力量、合理使用资金的基本要求。因而,国家将更多的精力用于解决现代化建设中迫切需要解决的科技课题,基础研究为解决国民经济中具有重大经济效益的关键问题服务。科技工作的主要任务是将科学技术转化为生产力,产生经济效益。

表 4-2　1978—1984 年政策文本关键主题词

词频	属性	政策文本主题词(示例)
18	科技发展目标	科学事业发展、科学技术进步、社会主义建设、现代化
13	基础研究导向	基础研究、突破发现、国内首创、填补空白
11	学术性标准	学术思想、学术水平、研究基础、科学技术新成就、科学意义、科学价值
11	社会性标准	实际意义、社会效益、应用推广、市场调节、经济杠杆、经济建设、经济效益
7	评价方式	同行评审、同行审议、技术鉴定
5	项目管理模式	计划管理、计划指南、分配比例、分级管理
5	管理性标准	可行性、合理性、研究实力
5	个人行为规范	协作精神、科学态度、教师职责、政治表现
5	评价规则	择优支持、限项申报、定期报告、延时评审
4	资助模式	国家财政拨款、分类管理

(一)制度环境:"科学的春天"

1978 年之前,我国没有专门支持基础研究的机构和计划,从事基础研究的科研工作者数量也十分有限。1978 年,邓小平同志在全国科学大会上重申正确认识科学技术是生产力,这之后,我国迎来了"科学的春天"。在百废俱兴的恢复期,科技制度建设较为薄弱,科技政策主要集中在科技成果管理、发明奖励等方面,科技发展的总体目标是促进"四个现代化",推进科学技术进步。此阶段的政策较少提及"基础研究",与之相关的表述主要为"科学技术研究",政策文本中如"国内首创"和"填补空白"等词语显示出基础研究还处于初步探索阶段。

（二）基础研究资助与管理：计划分配

这一阶段与基础研究相关的政策文件数量较少，其资助导向散见于文献研究中。较为明显的趋势是，我国正逐步从政府计划分配式资助科研工作向规范管理式资助转变，并探索实行科学基金制。此阶段的基础研究资助与管理模式以计划分配为主，体现为计划指南、分配比例、分级管理等具体举措，评价基础研究项目的管理性标准主要有可行性和合理性。1981年，89位中国科学院院士致信党中央、国务院，建议借鉴"由政府出资和监督，成立第三方机构"支持基础研究的国际经验，设立面向全国的自然科学基金，资助我国的基础研究工作。国家据此设立了中国科学院科学基金，并颁布了规范科学基金管理的科学基金试行条例、实施办法和课题经费管理办法。截至1985年，中国科学院科学基金共受理项目申请9344项，批准资助4426项，对于当时的科研人员而言，科学基金项目不仅是科研经费支持，还是一种学术荣誉。[①]

（三）基础研究科研评价：科技奖励为主

1978年，全国科学大会对7000多项科技成果进行了奖励，此举意味着我国中断了十多年的科技奖励制度得以恢复。由于当时我国整体科技水平相对较低，科技管理部门还无法实现规范性开展评价活动，科研评价活动中的人情因素较为泛滥。因而，在成果评审结果中常见"国际先进"或"国内领先"等词语，奖励名目五花八门，科技奖励产生了较大负面影响。[②]

从政策文本中与评价标准相关的关键词来看，对基础研究评价的学术性标准侧重学术思想、学术水平、研究基础、科学意义、科学价值等，社会性标准体现在实际意义、社会效益、应用推广、经济效益等，且学术性标准和社会性标准的关键词词频基本相当，政策目标中更加侧重科学研究产生的经济效益。

---

① 李静海. 国家自然科学基金支持我国基础研究的回顾与展望[J]. 中国科学院院刊,2018(4):390-395.

② 李真真. 怎样评价基础科学研究? [J]. 中国高校技术市场,2001(9):20-21.

（四）科技体制机制改革：职称评定改革

改革开放初期，在恢复重建科技工作的同时，国家开始研究建立职称制度以适应当时经济、科技、教育体制改革需要，科技界也在探索如何开展科研评价。1978 年，国务院颁布《关于高等学校教师职务名称及其确定与提升办法的暂行规定》，率先在高校范围内正式批准开展教师职称评定工作，恢复职称制度和科技奖励制度的正常运作。政策规定，对于科研人员的奖励与职称评定工作主要根据"协作精神、科学态度、教师职责、政治表现"等方面进行判断。

二、1985—1994 年：探索学习

制度情境在第二阶段（1985—1994 年）的显著变化是科学基金制的建立、量化评价和市场竞争机制的引入。这一阶段，我国开始探索竞争性分配的模式以激发科研创新动力，政策文本关键主题词如表 4-3 所示。1985 年起，国家规定，主要从事基础研究的机构，在保证基本事业费的同时，试行科学基金制，即通过同行评审、择优支持发放基金，允许科研人员自主申请项目。国家减少了事业费，通过科学基金制的资助方式，使得基础研究和一部分应用研究开启竞争择优模式，也借此改变了过去计划分配模式，激发了广大科技工作者的积极性。

在这一阶段，随着我国社会主义市场经济体制的建立和发展，科技领域的市场化改革力度明显加大，我国科技体系开始引入市场竞争机制。1987 年，科研场域开始引入科学计量学，用于科学研究成果与水平的评价工作。国家科学技术委员会开始每年公布"学术榜"，即各大学被 SCI 等期刊目录收录、检索的学术论文数排名。20 世纪 80 年代末，以南京大学为首的高校开始以 SCI 作为评价科研人员学术水平的工具。[①] 随后的十几年里，以 SCI 为代表的量化评价指标迅速成为政府开展评价工作和衡量科研人员学术水平的有力工具。量化评价模式提高了科研人员产出成果的积极性，也为我国积累科研成果并在国际层面提高科研竞争力立下了汗马功劳。

---

① 龚放,曲铭峰.南京大学个案 SCI 引入评价体系对中国大陆大学基础研究的影响[J].高等理科教育,2010(3):4-17.

表 4-3　1985—1994 年政策文本关键主题词

词频	属性	政策文本主题词（示例）
36	基础研究导向	基础研究、基础性研究、稳定一头、探索研究、突出重点、有限目标、鼓励探索、新兴科学技术、支持交叉研究、世界水平成果、创造性成果、高水平研究、高水平基础性研究、短期成果、科学理论成果、突破性成就、国内首创、国际前沿
21	学术性标准	学科前沿、科学前沿、科学意义、学术思想新颖、科学价值、学术水平、创新学术思想、学术发现
17	科技发展目标	面向经济、现代化、科学事业发展、技术创新、培养人才、学科发展、社会主义建设、科学技术进步
14	社会性标准	社会效益、重大效益、与生产结合、应用前景、应用推广、经济效益、经济合理性、经济或社会效益
10	评价方式	同行评审、学科评审、同行评审、综合评审、综合评估
10	管理性标准	可行性、研究能力、研究条件、合理性、公正合理
10	评价规则	择优支持、限项申报、定期验收、定期评估、定期汇报、定期审计、定期评议
9	项目管理模式	计划管理与间接管理结合、合同管理、计划组织实施、计划管理、分级归口管理、自主选择课题、项目变更、回避制度、分类管理
8	评审专家管理	专家委员会、专家评审、学术委员会、依靠专家
7	资助模式	稳定支持、竞争机制、改革拨款制度、经费与任务挂钩、包干经费
4	科研环境	科学作风、科研环境、学术自由、百家争鸣
3	体制改革	科技体制改革、科技人才分流、科技系统结构调整

（一）制度环境："面向经济建设"

伴随新技术革命的迅猛发展，我国逐渐意识到，经济建设中许多重大问题依赖科学技术的重大突破。1986 年起，重视科技进步成为科技工作的战略导向，中央层面明确，要将经济社会发展转到依靠科技进步的轨道上来，坚持"经济建设必须依靠科学技术，科学技术工作必须面向经济建设"的基本方针。科研机构要进一步面向经济建设，调整机构结构，改变长期以来科研和生产相互脱节的状况，促进经济和科技的协调发展。1986 年，国家自然科学基金会的成立，标志着我国科研经费配置方式从计划分配向竞争择优过渡。1992 年，我国经济体制开始迈入社会主义市场经济新阶段,邓小平同志提出"面向""依靠""攀高峰"的科技体制改革指导思想,即科技不仅要面向经济建设,也要攀登世界科学高峰。1993 年,《中共中央关于建立社会主义市场经济体制若干问题的决定》指出,科技体制改革的目标,是建立适应社会主义市场经济发展,符合科技自身发展规律,科技与经济密切结合的新型体制。深化科技体制改革要遵循"稳住一头,放开一片"的指导方针,"稳住一头"即加强基础研究、发展高新技术研究,"放开一片"即放开技术开发和科技服务机构的研究开发经营活动。该方针强调,既要稳定和保证重大基础研究,同时又要调动大批科技力量进入经济建设的主战场。

(二)基础研究资助与管理:"稳住一头"和分类改革

在"稳住一头,放开一片"的指导方针下,基础研究在科技发展中的地位得到进一步提升,此阶段的基础研究政策目标在于解决关乎国民经济发展的重大问题,促进具有重要应用前景的领域发展。政策文本中与基础研究相关的词语明显增多,包括"有限目标""突出重点""鼓励探索""创造性成果""国际前沿"等。改革拨款制度是这一时期的科研体制改革重点,也集中体现了是政府资助基础研究模式的转向。政策文本中与资助相关的主题词主要有三个。一是"改革拨款制度",即国家改革政府财政拨款制度,通过减少事业费,扩大科研单位自主权,放活科研机构和科技人员。二是"分类管理",即根据科研机构的功能,实行科研经费分类管理。如削减应用技术科研机构事业费;对从事基础研究的科研院所试行科学基金制。三是"包干经费",政策规定公益研究科研机构和农业科研机构实行事业费包干。

相比于上一阶段,1985 年之后的基础研究政策导向更注重分类设定。对有应用前景的高新技术研究,政策要提供重点支持和大力扶植,要以解决经济、社会发展中的重大科技问题为目标。政策对于基础研究的发展导向更关注科学规律和前沿探索,并给予稳定支持,积极培育人才,建设高水平研究队伍,促进学科发展。1994 年,国家设立国家杰出青年科学基金,鼓励海外学者回国投身前沿研究。在加快科技进步对经济发展的目标之下,政策文本中多次出现"短期成果""突破性研究"等目标性词语,侧面显示出我国在当时国内外经济发展局势挑战下的压力,以及努力加快科技发展的决心。

此阶段的管理模式呈现出计划与市场结合的混合性特征。政策设置了更加具体的计划管理细则,包括定期的验收、汇报、审计、评议等活动。评审专家的管理制度开始规范起来,国家自然科学基金各类项目的管理办法均会对专家遴选、项目评审和专家委员会的管理做出规定。科学、公平成为同行评审制度的主要原则。对于基础研究的项目管理,实行计划管理与间接管理相结合的模式,政策文本中与之相关的词语包括计划管理、分级归口管理等。自科学基金制设立之后,国家开始采用合同管理的方式管理项目,政策还对项目过程的细节如项目变更、回避、保密制度等做了明确规定。

(三)基础研究科研评价:同行评审和量化评价

科学基金制的实施和国家自然科学基金委员会的成立,使得科研项目从任务分配变为自主申请,选题上充分尊重科研人员的学术意愿;项目遴选采用同行评审,尊重学术共同体意见,减少行政干预;项目实施过程中,科研人员有权自行组织研究,科研人员的自主性提到提升。自此,科研共同体自主开展科研评价的模式逐渐建立起来。[①] 与此同时,市场导向的竞争机制逐渐渗透进科研体系中,政策中出现了经费与任务挂钩等凸显竞争导向的词语。科学界开始借鉴国际通用的科学计量指标,将其用于科研机构的评估工作。南京大学最早将SCI指标引入科研评价和职称评审,带动了全国高校、科研院所的评价新潮,科研评价也进入蓬勃发展的兴盛期。我国的机构评估模式也开始建立起来,1993年,中国科学院启动研究所评价,国家自然科学基金委员会组织开展同行评审方法论研究并改进评议系统;1999年,国务院设立五大国家科学技术奖,科技部启动国家重点实验室评估。

这一阶段,基础研究的评价制度对学术性标准更加看重。科学基金设立之后,基础研究的评价开始采用同行评审制度,政策规定的评价规则主要包含择优支持、限项申报、定期报告等。从政策关键词的词频分布来看,在学术性标准方面,政策更加强调遵循科学规律,注重探索前沿领域,鼓励创新思想等。在社会性标准方面,科技与生产结合是政策重点,更强调应用科研成果以及产生经济效益和社会效益。在评价方式上,同行评审制度成为基础研究项目的规范性评价方式。重大项目和重点实验室的管理办法中增加了综合评审或评估方式,国家自然科学基金的面上项目中设置了学科评审组评审方式。

---

① 徐芳,龚旭,李晓轩.科研评价改革与发展 40 年——以基金委同行评审和中科院研究所综合评价为例[J].科学学与科学技术管理,2018(12):17-27.

（四）科技体制机制改革:引入市场竞争机制

为了与社会主义市场经济体制相协调,科技体制的改革要按照经济发展客观要求配套进行。这一阶段科技体制改革的核心在于,将计划管理和市场调节有机集合起来,引入竞争机制,促进科技人才合理分流,调整科研院所布局结构,促进科研和生产的联合,包括调整国家科技计划、组织实施"攀登计划"和建设国家重点实验室等。对基础研究和应用基础研究、公益性科学技术工作,实行计划管理,引入必要的竞争机制,充分发挥市场调节作用,开展技术开发和应用推广工作。同时开始注重对中青年学术带头人的培养,吸引海外优秀科研人员回国工作,稳定基础研究队伍。这一阶段基础研究制度开始关注科研环境的建设,"科学作风""科研环境""学术自由""百家争鸣"等政策用语显示出国家对良好科研生态的目标追求。

三、1995—2002 年:规范建设

1995—2002 年,高新技术产业迅速发展,基础研究在一些前沿领域取得可喜的进展。关键性技术的攻关研究取得一批新成果,我国开始实施科技攻关计划和重点基础研究计划,政策文本关键主题词如表 4-4 所示。此阶段科技工作的重点是技术开发和应用、高新技术及其产业、基础性科学研究三个方面,其中技术开发和应用是关键环节。国家按照市场需求和国家重点工程建设规划,确定科技攻关课题。国家希望通过关键技术的研发,实现产业升级、加快产业化进程,从而提升国家创新体系建设在成果转化和推广方面的速度,努力提高自主创新能力。

表 4-4　1995—2002 年政策文本关键主题词

词频	属性	政策文本主题词(示例)
45	评价规则	定期评估、择优支持、中期评估、择优遴选、项目验收、预算评估、专题审计、跟踪评估、现场评估、综合评估
45	基础研究导向	稳住一头、突出重点、原始性创新、探索性研究、非共识、风险性高、学科交叉、突破性进展、新方向探索、科学前沿
33	科技创新目标	科教兴国战略、科技创新、自主创新、可持续发展战略、科技进步、技术创新
24	项目管理模式	回避制度、课题制、基金项目库、理事会制、动态调整、跟踪管理、追踪反馈、归口管理

续表

词频	属性	政策文本主题词（示例）
20	社会性标准	社会效益、社会形象、经济效益、市场需求、市场作用、市场机制、市场导向
19	学术性标准	科学问题、国际科学前沿、科学性、科技问题、前沿突破、前瞻、重大科学发现、科学价值、论文质量
19	评审专家管理	专家信誉制度、专家信誉档案、专家咨询委员会、专家咨询机制、专家顾问组、学术委员会、依靠专家、评审委员会
17	评价方式	同行评审、定性评估为主、学界自我评价、社会化科研评价、中介评估、政府评价、专家评议和政府决策结合
17	体制改革	科技体制改革、管理体制改革、调整结构、分流人才、分配激励机制、人事制度改革、体制改革、新型科研机制
13	管理性标准	可行性、公正、客观、项目管理效率、资源配置
11	科研环境	创新文化、勇于创新、尊重人才、自由探索、学风、尊重知识、新技术革命、知识经济、学术民主
9	教育评价	高等学校、"211工程"、学科评审、学科建设
9	资助模式	竞争机制、科学事业费、政府投入、政府资助、专款专用
8	容错机制	宽容失败、延长项目时间、延长评价周期、申请延期
4	个体行为规范	行为规范、社会公德、职业道德修养
4	外部评估	社会监督、外部评估、舆论监督
3	绩效评估	绩效考评

（一）制度环境：科教兴国战略

1995年，科教兴国战略成为科技发展的新指导思想，以科技创新和技术创新为主的创新类词语成为政策焦点。这一阶段，基础研究的定位以国家目标为首，"有所为、有所不为""紧紧围绕国家战略需求和国际科学前沿"是基础研究工作的方针。此阶段，国家对于基础研究的重视程度更上一个台阶。1996年，中国科协第五次全国代表大会提出加强基础研究的号召。同年，科学技术体制改革确立了国家创新体系的基本框架，强调了科学研究体系由科研机构和高等学校组成。此阶段的科技体制改革核心是1999—2002年的科研院所分类改革，包括促进国家各部门的行业科研院所转制为企业，社会公益类科研机构实行分类改革，以及地方层面的相应机构调整等工作。

在这一时期,基础研究的资助、管理与评价工作更加规范化和专业化。1997 年,国家建立了科研机构绩效考评制度,科技部正式批准成立国家科技评估中心;1998 年,全国各地相继建立科技评估机构,第三方评估机构兴起;1999 年,国家科研计划实行课题制,大力推行项目招投标和中介评估制度,高校对科研人员和专业技术人员实行专业技术职务聘任制;2000 年和 2001 年,国家分别颁布了《科技评估管理暂行办法》和《科技评估规范》(第一版)。21 世纪以来,国家对之前部署的"863""973"等重大计划进行阶段性评估,加强了对国家重点实验室的管理,同时,国家自然科学基金委员会进一步强化了对基础研究项目的规范管理。上述一系列制度的建立表明,我国基础研究科研评价活动正走向科学化和专业化。

（二）基础研究资助与管理:健全科学基金制

基础研究的发展导向承袭了前一阶段的"稳住一头"方针,即突出重点、围绕科学前沿。政策文本中出现了诸如"原始性创新""探索性研究""风险性高""学科交叉"等更能反映基础性科研规律的新词语。这表明决策层对基础研究的认知更加深入,也反映了基础研究科研工作上升到新的高度,产生了不同以往的挑战与困境,如"非共识"问题等。"竞争机制""政府资助""专款专用"等词语意味着基础研究的资助以政府投入的基金制为主。这一时期设立了"973"计划(1997 年)和知识创新工程(1999 年),促进基础研究在重大科学问题和国际科技前沿上实现突破。此阶段,对基础研究的管理性标准发生较大改变。在以往的可行性和合理性基础上,增加了"公正""客观""项目管理效率""资源配置"等更具规范性和市场导向的词语。

（三）基础研究科研评价:规范评价制度

在评价规则方面,评估体系日益成型,逐步建立起包含事前(如预算评估、择优支持)、事中(如中期评估)、事后(如项目验收、专题审计、跟踪评估)的完整环节。定期评估仍然是主要的项目评估规则。针对实验室实行现场评估、综合评估等方法。此外,教育评价制度建立起来,具有重要影响的制度包括 1995 年设立"211 工程"、1998 年设立"985 工程"、2002 年教育部启动首轮学科评估等。这时期的政策关键词中与"高等学校""学科评审""学科建设"相关的词语逐渐增多。评审专家管理制度更加规范化和严格化,落实专家信誉制度、专家咨询机制,建立专家信誉档案、专家咨询委员会、专家顾问组,规范专家评审工作,约束专家评审行为。

在评价方式方面,同行评审制度更加专业和科学,逐步建立起以定性评估为主、专家评议和政府决策结合、学界自我评价和外部评估相结合的评议体系,其中,外部评估包括社会化科研评价、中介评估、社会监督、舆论监督等。相比之前仅有学术共同体参与的同行评审制度,增加外部评估的意图在于,保证评价工作的公平、公正与公开,改善一直以来被诟病的评审规范性问题。

在评价标准方面,随着科学技术的进步和科技成果的积累,我国基础研究的学术性标准开始对标国际科学前沿水平,更加瞄准科研项目中的科学问题和科学价值,旨在实现前沿突破、重大科学发现。在文献计量等数量指标广泛应用之后,学界开始关注科研成果质量的重要性。社会性标准依然以实现经济效益和社会效益为主,市场化的导向、需求和机制等方面在这一阶段的作用更加凸显。

(四)科技体制机制改革:趋向优化宽松

这一阶段加大了科技体制改革力度,集中体现在"优化科研组织结构、合理分流人才、分配激励机制、人事制度改革、新型科研机制、高等教育体制改革"等方面。政策对科研环境建设的重视程度大大提高。具体在政策文本中,"创新文化""勇于创新""尊重人才""学风""尊重知识""学术民主"等关键词的词频数量有所增长。不同以往的是,基础研究计划或项目管理规定中新增了"宽容失败""延长项目时间""延长评价周期"等政策词语。这表明我国基础研究对于失败的宽容机制出现萌芽,意味着基础研究发展的外部科研环境趋向自由和宽松。同时,政策对科研人员的行为规范进行约束,政策文本中出现了如"行为规范""社会公德""职业道德修养"等词语,体现了制度约束个体科研活动的内在标准。因此,该阶段科研环境的发展趋势是"外松内紧"。

四、2003—2011 年:优化完善

2003—2011 年,我国基础研究、战略高技术研究和高新技术产业化取得重要进展,基础研究领域产出了一批具有重大国际影响的科技创新成果,政策文本关键主题词如表 4-5 所示。这一阶段,我国自主创新能力增强,国家创新体系建设积极推进。政府开始反思科技创新存在的问题:一是自主创新能力不强;二是制约科学发展的体制机制障碍依然较多。此时,我国已进入必须更多地依靠科技进步和创新推动经济社会发展的历史阶段。

表 4-5　2003—2011 年政策文本关键主题词

词频	属　　性	政策文本主题词（示例）
92	基础研究导向	自由探索、非共识项目、重点突破、原始性创新、学科交叉、鼓励探索、鼓励创新、学科生长点、突破性进展、重大科学发现
61	科技创新目标	自主创新、科技创新、创新型国家、科教兴国战略、国家创新体系、科学发展观、可持续发展、持续创新、人才强国、科技强国
46	评审专家管理	评审委员会、信用管理、专家库、专家遴选、专家信誉记录制度、专家资格审查、专家信誉制度、依靠专家、国际同行专家
43	项目管理模式	回避、动态调整、追踪问效、异议制度、限额申报、项目库、有限规模、合同制管理、保密、评价结果使用、目标责任制
41	管理性标准	可行、公正、合理、经费使用效益、分类管理、注重实效、资金使用效果、资源优化配置、宏观监测分析
36	评价规则	择优支持、预算评估、独立评估、综合评估、独立验收、中期检查、网上评审、信用评价、务实评价、整体评估、专题评估
33	学术性标准	创新性、科学价值、研究基础、创新学术思想、学术价值、有显示度的国际奖项、学术影响、研究贡献、科学发展规律
31	评价方式	同行评审、学术委员会、定性评价为主、定性和定量结合、学术评价、自评、政府决策与专家评审结合
26	外部评估	第三方评估、申诉举报、社会监督、专业评估机构、中介机构
24	科研环境	学术环境、学风建设、科研诚信、创新文化、学术不端、学术风气、师德表现、学术自由、急功近利、过度量化
18	科研评价改革	代表性成果、高水平学术论文、分类评价、放宽申请限制、基础研究评价体系、品德能力、业绩、创新、质量、避免频繁考核
17	资助模式	稳定支持、中央财政拨款、平等竞争、稳定支持和竞争择优结合、追加资助、基本科研业务费、科学事业费、科技计划经费
16	教育评价	"985 工程"、"211 工程"、世界一流大学、研究型大学、高等教育
15	社会性标准	社会影响、社会效益、经济社会影响、经济全球化、经济社会关联性、经济效益、社会共识
14	绩效评估	绩效评价、综合绩效评估、绩效目标、财政经费绩效评价
13	个体行为规范	社会责任感、探索精神、学术道德、勇于承担风险、学术行为规范、职业道德、忠于职守、科学精神、廉洁自律、科学道德
12	体制改革	深化科技体制改革、项目基地人才结合、转变政府职能、改革试点、聘任制度、科研院所制度、人事制度改革
10	容错机制	宽容失败、延期结题、延期
5	问责机制	责任追究、问责问效、问责、问责制度
5	评价指标	被引用数、平均被引用率、高水平专利、高质量论文、SCI

（一）制度环境："自主创新、建设创新型国家"

2006 年 1 月，在北京召开的全国科学技术大会上，中共中央、国务院发布了《关于实施科技规划纲要增强自主创新能力的决定》，确立了"自主创新、建设创新型国家"的科技创新战略，部署了以后 15 年科技工作的方针，即"自主创新、重点跨越、支撑发展、引领未来"。同年 2 月，国务院正式发布《国家中长期科学和技术发展规划纲要（2006—2020 年）》，强调发展基础研究要坚持服务国家目标与鼓励自由探索相结合的原则，力争取得一批在国际上产生重大影响的原始性创新成果，提高我国原始创新能力。2011 年，北京召开的第三次全国基础研究工作会议强调，我国基础研究已进入从量的扩张向质的提高的重要跃升期，要总结经验，正视差距，抢抓科学突破的先机，在新的起点上加快发展基础研究。这意味着，一方面，要围绕科学前沿和国家战略需求做好规划布局，选择若干重点科学领域加强支持，鼓励科学家自由探索，强化学科建设基础地位；另一方面，要深化科技体制改革，改进和创新科技管理制度，加快人才工作体制机制创新，弘扬科学精神，构建鼓励探索、宽容失败的良好氛围。

这一时期也是我国科研评价体系不断健全优化的时期。2003 年，科技部颁布了两项有关科研评价的重要政策，分别是《关于改进科学技术评价工作的决定》（以下简称《决定》）和《科学技术评价办法》（试行）（以下简称《办法》）。《决定》明确了科学技术评价作为科学技术管理重要手段的性质，并提出科学技术评价工作"目标导向、分类实施、客观公正、注重实效"的基本要求，重点指出了科研评价中的主要问题，明确改进科研评价工作的基本思路。在《决定》的指导意见下，《办法》详细规定了科研评价的主管部门、评价行为主体、基本程序和要求、评价专家遴选、科技计划评价、科技项目评价、机构评价、人员评价、成果评价等等，是我国规范管理科研评价工作的第一份系统性政策文件。调整科研评价导向成为这一时期科研评价工作的焦点。随着 SCI 指标在科研评价领域的深入应用，量化评价模式逐渐成为科技界流行的评价导向。项目申请、人才评聘、科技奖励等评价活动对于量化评价指标日益依赖，量化评价导向下的"重量轻质""一刀切""急功近利"和"人情关系"等不良风气也引起科技界和政府管理部门的普遍关注。

（二）基础研究资助与管理:稳定支持和竞争择优相结合

2011 年 9 月,科技部联合教育部、中国科学院、中国工程院和国家自然科学基金委员会共同发布了《关于印发进一步加强基础研究若干意见的通知》(以下简称《意见》),提出基础研究的发展路径:首先,推动服务国家目标和开展自由探索的有机结合,在基础研究资助方面加大中央和地方的财政投入力度,完善稳定支持和竞争择优相结合的机制;其次,在科技计划建设方面,推进科学研究与高等教育紧密结合的知识创新体系建设,继续组织实施"创新 2020"和"985 工程""211 工程",加强国家科技计划的顶层设计,优化基础研究布局。

对这一阶段政策文本的关键词进行分析发现,基础研究相关政策在"自由探索""鼓励创新""原始性创新"等促进创新动力的词语使用上更加积极,"学科交叉""学科生长点""突破性进展""重大科学发现"等呈现科学规律的词语也有所增多。这样的政策词频分布与本阶段"自主创新、创新型国家、国家创新体系、科学发展观和持续创新"等战略导向是一致的,即充分发挥科学系统服务国家目标和自由探索的"双轮驱动"作用。科技创新和基础研究的战略导向决定了基础研究的资助模式从"政府为主的项目制投入"转向"稳定支持和竞争择优结合"。其中,稳定支持体现在保障基本科研业务费、科学事业费等,竞争择优体现在补充科技计划经费和追加资助等形式。在基础研究的项目管理方面,可行、公正、合理依然是政策规定的主要标准。经费使用管理从过去注重精打细算的节俭模式转变为财政经费科学管理模式。政策文本中出现了例如"项目经费使用效益""资金使用效果""资源优化配置"等词语,还建立起了责任追究、问责问效等相关的问责制度。

（三）基础研究科研评价:改善评价体系

依据 2003 年两份评价政策的精神,2006 年《国家"十一五"基础研究发展规划》提出改进和完善基础研究评价体系,从评价体系、科学研究信用体系和科技信用管理体系的建立健全入手,更加重视论文、专利和奖励的质量,克服浮躁和急功近利,坚持实事求是,倡导科研道德和科学家的社会责任感。2007 年修订《中华人民共和国科学技术进步法》,将提高自主创新能力、保护知识产权、建立激励创新容忍失败的机制等新思想纳入其中,并规定按照不同科技活动的特点实行分类评价。2011 年的《意见》中强调,完善基础研究评价体系,改进评价和奖励办法,发挥学术团体在评价中的作用。避免单纯以成果数量评价机构和个人的学术水平;积极营造风清气正的科研文化,鼓励探索,宽容失败。

这一时期的评价规则反映在政策内容中,体现为"择优支持""预算评估""独立评估""综合评估""中期检查""专题评估"等常规性词语,并增加了"独立验收""网上评审""信用评价""务实评价和整体评估"等词语,更能体现科研信用建设和创新管理特征。评审专家的管理制度除了常规设置的评审委员会等,更强调专家资格审查、建立专家库、加强国际同行专家的管理方式。

在评价方式方面,基础研究以同行评价(或评审/评议)为主,评价方法以定性评价为主、定性和定量结合、自评与外部评估相结合、政府决策与专家评审结合,倡导开展后评估,外部评估新增第三方评估等方式。高校是基础研究的中坚力量,因而教育评价是评价工作中的重点一环。自 2002 年教育部开展第一次学科评估以来,评估高校院所的体系更加系统和完整。随着"211 工程"和"985 工程"的开展,世界一流大学成为高校发展的目标。

进入 21 世纪后,科研评价工作更多使用被引用数、平均被引用率等量化导向的指标。2011 年之后,旨在改善科研评价风气的政策要求注重科研质量,于是此后的政策中"高水平专利""高质量论文"等代表高质量科研成果的词语逐渐增多。在学术性的评价标准上,21 世纪最初十年的科技政策中强调,基础研究项目立项评审主要看创新性标准,包括创新学术思想、学术价值、研究贡献等,评价其成果时以科学价值为主,例如学术影响、有显示度的国际奖项等。自2006 年起,我国逐步建立科研项目经费的绩效评价制度。在过去的绩效考评基础上设立了综合绩效评估、财政经费绩效评价。针对不同项目的特点制定绩效目标,绩效评价结果成为单位和个人日后申请立项的重要依据。在社会性标准上,科学普及工作得到大力发扬,科研活动产生的社会影响在政策中被多次提及,如促进公众对科学的理解和支持、提高公众的科学素质等。

(四)科技体制机制改革:改善不良风气

这一阶段的科技体制改革主要针对急功近利的短期行为和学术不端等不良风气,具体包括科技评审与评估制度、科技成果评价和奖励制度的改革工作,还涉及人才聘任制度改革、科研院所制度改革等方面。对基础研究的评价改革,更加侧重创新、质量和人才的品德能力等标准,将代表性成果、高水平学术论文等作为评价指标,设置分类评价体系,放宽项目申请限制,避免频繁考核。

塑造良好科研文化环境是本阶段的政策要点之一。与前一阶段相比，此阶段的政策内容中出现"急功近利""学术不端""过度量化"等描述不良风气的词语，并以"学风建设""科研诚信""创新文化""师德表现""学术自由"等词语来说明风清气正的科研环境建设目标。个体行为规范在这一阶段得到了更多的政策注意力。政策文本中出现了多类规范，一类如"科学道德""探索精神""科学精神""学术道德""勇于承担风险"等学术行为规范，还有一类如"社会责任感""职业道德""忠于职守""廉洁自律"等社会道德规范。相比上一阶段，这一阶段政策更强调学术和社会的双重约束。

五、2012—2021 年：深化改革

2012 年至 2021 年，我国科技创新能力得到持续提升，政策文本关键主题词如表 4-6 所示。一批关键技术和重大科研项目实现重大突破，科技人员创新活力不断释放，基础研究取得一批原始创新成果，如屠呦呦获得诺贝尔生理学或医学奖，原始创新对发展的支撑作用明显增强。国家在这一时期将创新视作引领发展的第一动力，并把创新摆在国家发展全局的核心位置，科技自立自强成为国家发展的战略支撑。在世界新一轮科技革命和产业变革大势之下，政府反思了此阶段科技发展存在的问题，主要是自主创新能力不强，发展质量和效益不够高，关键核心技术短板问题凸显。

表 4-6　2012—2021 年政策文本关键主题词

词频	属　性	政策文本主题词（示例）
146	科技创新目标	创新驱动、原始创新、科技创新、创新型国家、自主创新、科技强国、国家创新体系、人才强国、科教兴国、科技治理、协同创新、全面创新、原始创新导向
95	基础研究导向	自由探索、非共识、学科交叉、鼓励探索、"从 0 到 1"、有限目标、好奇心驱动、颠覆性、共识项目、学科生长点
88	外部评估	社会监督、第三方评价、用户评价、排名、社会评价
87	评价规则	分类评价、综合评价、长周期评价、后评估、整体性评价、信用评价、差别化评价、多元评价、公开择优、弹性评估、影响力评价、发展性评价、非常规评审

续表

词频	属性	政策文本主题词（示例）
85	项目管理模式	动态调整、科研财务助理、结果运用、结余资金盘活、决策执行评价分开、意见反馈、评价结果运用、简化预算编制、放宽申请限制、分类管理、项目数据库
80	学术性标准	科学价值、创新质量、学术贡献、学术影响力、基础前沿、科学规律、知识价值、关键科学问题、学术水平
69	科研环境	科学精神、科学家精神、创新文化、学风、科学道德、黑名单、学术环境、科研信用体系、科研生态、师德师风、"打招呼"、学术监督、学术氛围、学术不端、科研诚信
63	评价导向	质量、贡献、实际贡献、绩效导向、科技创新规律、结果导向、注重绩效、市场导向、学术自由、效能
62	科研评价改革	代表作评价、"五唯"、"四唯"、科研评价改革、信任、分类评价、减少评估/评价、分类改革
60	教育评价	"双一流"、学科评估、科教结合、学科发展、聘期评价、高校创新、学术排名、学科排名、职称评审
49	绩效评估	综合绩效评价、绩效评估、科技计划绩效评估、中长期绩效评价、绩效目标、绩效工资、绩效管理
40	评价方式	同行评审、机构评估、国际同行评价、"小同行"、科学界公认、定量与定性结合、单位自评、学术同行评价
35	评审专家管理	专家遴选、信用记录、专家数据库、专家库、信誉制度、专家责任、专家自律、专家评价信誉、尊重专家意见
34	资助模式	稳定支持、后补助、包干制、定向择优、多元化投入、竞争性支持、延续资助
28	管理性标准	可行性、资金使用效益、资源配置、简化、结果反馈
25	科技体制改革	科技体制改革、职称制度改革、"放管服"改革
24	个体行为规范	自律、科研道德、使命感、学术自律、荣誉感、诚信承诺、诚信意识、学术诚信档案、学术道德、学术声誉
23	自主权	技术路线决策权、学术自主权、单位评价自主权、学术自治、学术自主、预算调剂权、用人主体自主权
17	容错机制	宽容失败、宽松包容、延长评价周期、延长考核期限
15	社会性标准	社会影响、社会价值、社会经济效益、舆论氛围
10	共同体	学术/科研共同体、科技社团、学术团体、学会、行业自律
4	问责机制	责任追究、问责

国家更加注重强化基础研究、应用基础研究和原始创新。一方面，在基础研究资助方面，加大基础研究和应用基础研究的支持力度，健全基础研究稳定支持机制，引导企业增加研发投入。另一方面，在战略布局上，启动一批科技创新重大项目，高标准建设国家实验室，发展社会研发机构，加强关键核心技术攻关。加快构建以国家实验室为引领的战略科技力量，制定实施基础研究十年行动方案。

（一）制度环境：创新驱动发展战略

2012年，党的十八大提出实施创新驱动发展战略。2015年，中共中央、国务院发布《关于深化体制机制改革加快实施创新驱动发展战略的若干意见》，出台了一系列科技体制改革措施。2016年，中共中央、国务院印发《国家创新驱动发展战略纲要》，提出2050年建成世界科技创新强国的"三步走"战略目标，对创新驱动发展做出顶层设计和整体部署。2017年，党的十九大提出中国特色社会主义进入新时代，创新成为引领发展的第一动力，是建设现代化经济体系的战略支撑，对实施创新驱动发展战略提出更新、更高的要求。2020年，党的十九届五中全会进一步提出，把科技自立自强作为国家发展的战略支撑。改革开放以来，我国创新能力从"跟跑"为主转向"跟跑、并跑、领跑"并存，国际上新一轮科技革命和产业变革加快推进，科技创新作为核心竞争力成为国家间竞争的焦点。2012年至2021年这一时期，科技政策对于科技创新的目标设定为建设科技强国。

（二）基础研究资助与管理：加大原始创新支持

党的十八大以来，国家进一步加强对基础性、战略性、前瞻性科学研究和颠覆性技术研究的支持。2017年，国家提出"双一流"战略，用于重点资助一流大学和一流学科，并设置特色发展引导专项资金，资助高校发展科研和培养人才。2018年《关于全面加强基础科学研究的若干意见》颁布，中央通过布局前沿科学中心、珠峰计划等激励科研机构进行基础研究与创新突破，2019年提高了国家科学技术奖奖金标准。2021年修订的《中华人民共和国科学技术进步法》将基础研究单列一章，置于第二章的突出位置，基础研究在我国科技领域的法律地位得到正式确立。

以上举措都意味着我国对基础研究的重视程度上升到前所未有的高度。在创新驱动发展战略和建设科技强国的目标引导下，2012年至2021年间的基础研究发展以实现"从 0 到 1"的原始创新为目标,旨在发挥基础研究对科技创新的源头供给和引领作用。实现原始创新,既需要对基础研究长期稳定支持,鼓励科学家自由探索,也需要集中力量发展优势领域。因而,政策资助政策关键词中同时存在两类导向,一类是自由探索、非共识、学科交叉、鼓励探索等满足科学家好奇心驱动的资助导向,另一类是有限目标、颠覆性等国家战略需求导向的资助导向。这两类导向对应的资助模式分别是稳定支持和竞争性支持,在竞争性支持中还设立了后补助、包干制、定向择优、多元化投入等多种资助方式。

在管理方式上,基础研究的管理性评价标准依然看重项目的可行性、资金使用效益、问责机制,更注重简化项目流程和评审结果的反馈。对于基础研究项目管理,政策强调数字管理,建立项目数据库,注重项目评价结果的运用,动态调整项目资助经费;并且设置科研财务助理岗位,通过结余资金盘活、简化预算编制、放宽申请限制、分类管理等措施,释放科研人员创新活力和减轻其科研负担。

(三)基础研究科研评价:深化评价改革

科研评价改革是深化体制机制改革的重要一环。在 2016 年召开的全国科技创新大会上,习近平总书记强调,要改革科技评价制度,建立以科技创新质量、贡献、绩效为导向的分类评价体系。[①] 这一阶段的核心政策包括《国家创新驱动发展战略纲要》《关于深化人才发展体制机制改革的意见》《深化科技体制改革实施方案》等,对深入推进科研评价改革做出了系统部署。2018 年,科研评价改革政策密集出台,《关于深化项目评审、人才评价、机构评估改革的意见》提出深化开展"三评"改革,构建科学、规范、高效、诚信的科研评价体系,推进分类评价制度建设。作为"三评"改革的具体措施,科技部等五部委联合下发《关于开展清理"唯论文、唯职称、唯学历、唯奖项"专项行动的通知》,科技部又专门颁布了《关于破除科技评价中"唯论文"不良导向的若干措施(试行)》,这些文件直面当前我国科技评价面临的"四唯"问题,标志着我国科研评价工作进入深化改革期。

这一阶段的相关政策在评价导向上更注重质量、贡献和实效等符合科技创

① 习近平.为建设世界科技强国而奋斗:在全国科技创新大会、两院院士大会、中国科协第九次全国代表大会上的讲话[M].北京:人民出版社,2016:14.

新规律的标准。在评价规则方面,以分类评价为核心的科研评价模式逐渐形成,对于基础研究的评价更侧重长周期评价、整体性评价、非常规评审、影响力评价、发展性评价和弹性评估,更加注重科技计划的后评估、信用评价、中长期绩效评价和综合绩效评价等。

在评价方式上,基础研究评价工作仍然以同行评审为主,定量与定性方法结合的方式进行,政策要求加强国际同行评价、"小同行"评审、单位自评和学术同行评价,以社会监督、第三方评价、社会排名为主的外部评估对基础研究的影响也日益增强。对于评审专家的管理,专家遴选、专家信用记录、专家数据库、专家库、信誉制度等常规管理依然是政策重点。专家责任、专家自律、专家评价信誉和尊重专家意见等内容的出现,表明政策对评审专家提出了更高的角色要求,在制度规范专家行为的外在约束基础上,更需要提高专家自身的责任意识和自律意识,同时还要求科研管理者更加重视和尊重专家意见。此举也间接促进了专家参与评审的积极性,有助于提高评审质量。

在评价标准上,学术性标准成为评价基础研究的主导性标准。相关政策关键词的出现频次远远高于管理性标准和社会性标准,其中最为突出的是"科学价值""创新质量""学术贡献""学术影响力""基础前沿""科学规律"等词语。"容错机制"成为基础研究评价的常规原则,包括宽容失败、宽松包容、延长评价周期和延长考核期限等要求。在社会性标准方面,除了基础研究产生的社会价值和社会经济效益之外,这一阶段的政策更注重社会影响、舆论氛围和公民认知等因素。

(四)科技体制机制改革:优化创新生态

党的十八大以后,我国科技创新体系建设进入提升和完善阶段,加强创新生态环境建设,激发全社会创新活力是这一阶段体制机制改革的重要任务。深化体制机制改革首先体现在科技领域的"放管服"改革,推动政府职能从研发管理向科技治理和创新服务转变。其次体现在调整优化科技计划布局。2014年,中央财政科技计划从过去近百个分散的科技计划(专项、基金等)整合为五大类科技计划。再次体现在逐步落实符合基础研究规律的科研项目和经费管理改革,简化项目流程,赋予科研机构和科研人员更多管理和学术方面的自主权。与此关联的政策词语包含"技术路线决策权""学术自主权""单位评价自主权""学术自治""学术自主""预算调剂权""用人主体自主权"等。最后体现在建立健全符合基础研究特点和规律、有利于原始创新的评价机制。完善分类评价制度,对基础研究探索实行长周期评价,创造有利于基础研究的良好科研生态。政策文本主要包含"分类评价""代表作评价"等词语。与科研环境优化相关的词汇主要包括三类:一是表征不良风气,如"黑名单""学术不端"等;二是形容科研生态的相关词语,如"创新文化""学风""师德师风""学术氛围""学术环境"等;三是制度规范类词语,包括"科学精神""科学家精神""科研信用体系""学术监督""科研诚信"等。

这一阶段的政策对于个体行为规范更加强调如学术自律、使命感、荣誉感、诚信意识、学术声誉、学术道德和科研道德等内生性规范。政策对行为的规范不仅体现在个体层面,而且延伸到共同体层面。对于学术或科研共同体、科技社团和学术团体等,政策要求提高行业自律,学术共同体要加强学术自律和监督。

第三节　制度变迁中的逻辑变化

自 1978 年以来,我国科技体制机制改革一直在进行,但各阶段的侧重点有所不同。基础研究发展的制度环境也因此呈现出多次转变,每一次变迁都会为制度逻辑的实践带来机会和挑战。多重制度逻辑之间的关系在情境变化下发生了转型,这种改变对科研管理者开展基础研究资助、管理与评价工作,以及科研人员的研究活动都产生深刻影响。

为了明确宏观制度情境更迭对制度逻辑的影响,本书以 1978—2021 年的政府工作报告为基础材料,通过解读报告的"回顾"和"展望"中与基础研究相关的内容,透过报告中重点提及的关键事件与政策举措,总结基础研究资助、管理与评价相关的制度逻辑在实践中变化的过程。

一、从单一逻辑主导到多重逻辑合作

1978—1984 年,以计划管理模式为特征的科层逻辑是这一阶段的主导逻辑(见表 4-7)。由于国家经济建设对于技术进步的急切需求,改革开放初期的科学研究主要以为经济建设服务为原则,科技工作的组织模式是科技规划和攻关。与此同时,科技工作者也"迎来了春天",鼓励科研人员开展科学研究的专业逻辑开始萌发。在实践中表现为恢复发展科技奖励、学术和技术

职称评定工作。"尊重知识、尊重人才"的社会共识开始达成，一批重点科研机构得以恢复、加强、新建。国家通过改善科技发展条件、增加科技人员收入等举措调动科技人员的积极性和创造性。在实践需要和资源有限的情境下，基础研究的相关工作还处于较为薄弱的环节，这也决定了专业逻辑处于关注度较少的次要地位。

表 4-7　1978—1984 年单一逻辑的主导

年份	报告中的关键事件和制度实践	逻辑变化
1978	全国科技大会召开，科技奖励制度得到恢复，启动职称制度的恢复与重建	①以计划管理模式为特征的科层逻辑占主导地位；②鼓励科研人员开展科学研究的专业逻辑萌发，但基础研究相关的专业逻辑还比较薄弱
1979	恢复、加强和新建一批重点科研机构	
1983	科学技术的重大作用得到认识和重视	
1984	邓小平同志指出"科学技术是生产力"，倡导"尊重知识、尊重人才"	

1985—2002 年，商业逻辑和科层逻辑开始出现合作关系，表现为商业逻辑帮助科层逻辑实现提高自主创新能力的目标（见表 4-8）。专业逻辑的制度实践突出表现为设立"科学基金制"的资助模式，这意味着商业逻辑开始进入政府场域和科研场域，并融入科层逻辑的制度实践中，呈现出三重逻辑共存的局面。1992 年，邓小平提出"稳住一头，放开一片"的原则，其中"稳住一头"为基础研究发展指明方向。在此原则指引下，国家计划继续加强基础性研究的资助和攻关力度，包括重点支持一批国家级的研究机构和实验室、建立高水平的研究队伍、设立"863 计划"、筹办中国工程院等行动。对于基础研究的发展导向，国家政策明确提出要"瞄准世界科技前沿，攀登科技高峰，力争在优势领域有所突破"，加强基础研究、应用基础研究和具有战略意义的高新技术研究，集中力量抓好重点基础研究项目计划的实施。1995 年，中共中央提出科教兴国战略和可持续发展战略，应用基础研究、重点基础研究项目计划和优秀科技人才成为政府关注的重点。

相比第一阶段，上述战略和举措表明，专业逻辑得到国家层面更多的注意力。竞争性项目和量化评价的引入促使科研成果数量迅速增加，提高了我国科研资源的产出效率。从该结果看，商业逻辑和科层逻辑的合作在此阶段实现了双赢。

表 4-8 1985—2002 年多重逻辑的合作关系

年份	报告中的关键事件和制度实践	逻辑变化
1986	建立科学基金制,成立国家自然科学基金委员会,开展科技拨款制度的改革	①市场化导向的商业逻辑开始从进入政府和科研场域,并融入科层逻辑中,商业逻辑与科层逻辑达成合作关系;②专业逻辑得到国家的重视,并逐渐在科研场域中凸显
1987	开始引入科学计量学用于科学研究成果与水平的评价工作	
1992	邓小平南方谈话提出"面向""依靠""攀高峰""稳住一头、放开一片"	
1995	全国科技大会提出科教兴国战略	
2000	全国基础研究工作会议召开,颁布《科技评估管理暂行办法》	

二、从多重逻辑合作到多重逻辑冲突

2003—2011 年,多重逻辑之间的合作关系开始出现冲突(如表 4-9 所示)。经过 10 余年的制度实践和科研发展,商业逻辑下的资助、管理和评价模式逐渐产生较多问题,例如盲目攀比、急功近利的风气、科学研究受到行政的过多干预等。这些问题表明,过度依赖市场化导向的商业逻辑并不完全有利于科层逻辑的规范管理和专业逻辑的健康发展。政府科研管理部门开始反思商业逻辑与科层逻辑合作的问题。

随着制度改革的深化开展,商业逻辑与科层逻辑之间的合作关系出现裂痕,并逐渐形成三重逻辑混合相处的状态。政府开始介入科研创新管理工作中,建立更加规范化和专业化的管理与评价模式。这意味着政府部门开始重塑多重制度逻辑的关系,降低商业逻辑对科层逻辑的影响。这一时期深化科技体制改革的重点是,加快建立与社会主义市场经济体制相适应的科技管理体制、创新机制和现代院所制度,完善国家科研评价体系和奖励制度。为了进一步激发广大科技工作者和全社会的创新活力,在科研机构内部积极推行聘用制,激励高校优秀青年教师。积极引进海外高层次人才,加强各类人才队伍建设。国家更加注重科技资源的优化配置、高效利用和开放共享,并强调保持财政科技投入稳定增长,提高科研经费使用效率。以上举措表明,科层逻辑实践日益规范化,基础研究的资助、管理与评价机制建设正朝向专业逻辑的要求发展。

表 4-9　2003—2011 年多重逻辑的冲突关系

年份	报告中的关键事件和制度实践	逻辑变化
2003	深化科技体制改革;量化评价模式在科研领域盛行;政府开始扭转科研管理导向	①科层逻辑的评价机制和科技管理机制日益规范化,专业逻辑的重要性日益提高,商业逻辑流行;②商业逻辑、专业逻辑和科层逻辑混合在场域中,同时商业逻辑与专业之间的紧张关系开始出现,科层逻辑介入逻辑关系的管理中;③科层逻辑和专业逻辑日益强调原始创新的重要性,基础研究的发展导向得到界定,专业逻辑与科层逻辑的合作关系达成
2006	"中长期发展规划"和全国科学技术大会提出自主创新、建设创新型国家的战略导向,把原始创新能力放在更加突出的位置	
2008	实施基础研究、高技术研究和科技支撑计划	
2010	全面实施科教兴国战略和人才强国战略	

专业逻辑的重要性日益提高,科层逻辑的制度实践逐渐规范,并且对原始创新的重视程度大大提升。这表明,专业逻辑与科层逻辑的合作关系开始建立。这一阶段的科技工作以建设创新型国家为目标,贯彻自主创新方针,认真实施科教兴国战略、可持续发展战略和人才强国战略。基础研究得到进一步加强,重点针对基础科学研究、前沿技术研究和关键技术研究,旨在增强原始创新能力、科技创新能力和竞争力,在关键领域和若干科技前沿掌握核心技术和拥有一批自主知识产权。基础研究科研活动的组织模式以基础研究、高技术研究和科技支撑计划为主,自 2006 年起开始加快实施国家中长期科技发展规划纲要和科技重大专项,一批国家实验室、国家工程中心得到重点建设。2008 年至 2011 年间,大批前沿领域基础研究、核心技术和关键共性技术通过计划或项目的形式陆续部署和投入实践。

三、从多重逻辑冲突走向多重逻辑协调

2012—2021 年,多重逻辑之间的冲突走向协调,政府对专业逻辑的重视程度最高,针对商业逻辑弊病的改革力度加大(见表 4-10)。专业逻辑在这一阶段得到空前的重视,在这十年间的政府工作报告中,"基础研究"一词出现的频次(共 19 次)显著多于前几个阶段。在科技体制改革不断深化的过程中,科层逻辑、商业逻辑与专业逻辑的冲突关系也更加剧烈,政府试图调整逻辑间关系的举措力度也不断加大。与上一阶段相比,科技体制机制改革重点是破除有碍于创新的制度藩篱,建立更符合科学规律的基础研究资助、管理与评价体系,包括

完善科研评价和奖励制度、扩大科研机构科研自主权、改进科研项目和经费管理机制、优化科研创新生态等。这些举措旨在放宽对专业逻辑的束缚,加强对科研人员开展创新活动的物质支持和精神激励。

国家更强调加快推动改革举措落地,改善政策实施效果。例如,加大对基础研究的投入力度、推行更加灵活的人才激励方式、落实科研机构和科研人员的管理和学术自主权、扩大项目经费"包干制"改革试点范围、优化项目申报评审等流程的数字化管理等。上述改革措施的目的在于,改革科层逻辑中与专业逻辑相悖的制度因素,推动科层逻辑的制度实践向更有利于原始创新形成的方向发展。同时也改善制度工作中利用商业逻辑的方式,剔除不符合科学规律的竞争性激励模式,创造以尊重和信任为基础的科研生态环境,从而培育科层逻辑、专业逻辑与商业逻辑之间的和谐关系。

表 4-10   2012—2021 年多重逻辑关系走向协调

年份	报告中的关键事件和制度实践	逻辑变化
2012	党的十八大提出创新驱动发展战略,注重对基础学科的资助,基础研究的法律地位确立;国家确立好奇心驱动和战略需求导向的资助导向,并倡导多元化投入方式	①专业逻辑的重要性达到历史性最高水平;②科层逻辑的制度改革力度增强,改变对商业逻辑的过度依赖,解决商业逻辑与专业逻辑、科层逻辑之间的矛盾,协调逻辑关系
2015	深化科技体制改革,建立符合基础研究科研规律的科研评价体系、优化科研创新生态、破除体制机制障碍,鼓励创新、宽容失败	
2016	全国科技创新大会召开,强调要改革科研评价制度,强调建立以科技创新质量、贡献、绩效为导向的分类评价体系	
2018	我国关键核心技术短板问题,创新能力不足;"破四唯"行动和"三评"改革标志着我国科研评价进入深化改革期	
2020	强调实现"从0到1"的原始创新,建立有利于原始创新的评价制度	
2021	"基础研究"列入《中华人民共和国科学技术进步法》第二章	

基于上述对政府工作报告中制度逻辑关系的历时性分析,本书进一步概括出近 40 年来制度逻辑变化的三点特征。

其一,与基础研究原始创新相关的专业逻辑在各场域的地位越来越高。专业逻辑的重要性来源于科层逻辑的行动主体的认可。在制度实践中表现为,国家层面不断颁布政策,促进以原始创新为目标的专业逻辑发展。

其二,科层逻辑、专业逻辑与商业逻辑之间的关系由单一主导到共存合作、再到产生冲突、矛盾调解。这种变化反映了商业逻辑对科层逻辑和专业逻辑的作用从促进逐渐演变为阻碍。这种变化一方面是因为行动者对基础研究和原始创新的规律认识更加深刻;另一方面,制度实践工作中的反思和国际科技竞争的冲击也证明了,依赖竞争导向激励科研个体开展创新活动与基础研究科研规律不符。

其三,多重制度逻辑之间并不是非此即彼的竞争关系,而是努力寻找平衡的逻辑共存关系。在制度设计所提供的包容的环境下,逻辑之间能够形成相互支持、为同一制度目标而努力的状态。当外部场域的商业逻辑逐渐侵入并成为流行趋势时,科层逻辑的规范性制度建设还没有跟进,专业逻辑的作用没有得到充分重视。然而,商业逻辑的行动原则与促进原始创新的制度目标有较大分歧,由此,三种逻辑之间的冲突便会显现出来。因此,协调逻辑之间冲突关系需要理性看待商业逻辑的作用边界,并提高专业逻辑的包容程度和科层逻辑的规范程度。

第四节　本章小结

本章以中央层面261份政策和44份政府工作报告为基础数据,诠释了我国改革开放以来基础研究资助、管理与评价制度变迁历程。首先,根据政策目标的变化,确立了四个变迁节点和五个变迁阶段。其次,借助内容分析法梳理总结了基础研究制度演变中的阶段性政策特征,具体呈现在基础研究的制度环境、资助与管理、科研评价、体制机制改革等方面。最后,通过纵向的各阶段比较,分析了多重逻辑在变迁过程中的特征和关系。本书发现,宏观层面上的多重逻辑之间的关系经历了三次转型,分别是从单一逻辑主导到多重逻辑的合作关系,从多重逻辑的合作到多重逻辑的冲突,由多重逻辑的合作走向逻辑协调。基于本章的研究,40余年基础研究的制度发展历程和内涵变化得以展现出全貌,并对制度的动态性发展、制度变迁和制度逻辑的关系有了更深的理解。

第五章　制度嵌入：多重制度逻辑对科研行为的形塑

　　在上海市基础研究制度体系中,嵌入在制度逻辑中的个体具有多元性。其中,政府场域中的行动者是中央政府、地方政府和基层科研机构的科研管理人员;科研场域中的行动者包含高校、科研院所中从事基础研究的科研人员、同行评审专家;社会场域中的行动者由社会评估机构(包括第三方评估机构和社会性评估组织)、媒体和公众等组成。行动者之间的联系使得科研人员有机会接触他们背后的制度逻辑。因而,科研人员的个体行为既受到本场域的专业逻辑约束,又受到科层逻辑与商业逻辑的影响。从逻辑嵌入的角度来说,科研人员通过与其他行动者的互动嵌入了三重逻辑中,而逻辑之间本身存在的相互作用关系则会进一步影响科研人员的能动性认知。为了解释科研人员如何嵌入多重制度逻辑中,又是如何受到逻辑关系的影响。本书通过对科研人员(项目申请人)、科研管理者和评审专家三类行动者的问卷调查和访谈,从逻辑嵌入角度探究制度逻辑对科研行为的形塑作用。

　　本章需要回答的问题包括:一是科研人员与其他场域的主体互动嵌入了哪些制度逻辑;二是这些逻辑规则分别对科研人员提出怎样的要求;三是科研人员嵌入的多重制度逻辑要求之间存在怎样的关系。

第一节　上海市基础研究制度环境与实践

一、上海市基础研究制度环境

　　中央层面的制度演变、环境更迭和逻辑变化直接影响地方层面的制度设计和运行。本书以上海市基础研究制度实践为例,着重考察了上海市自改革开放以来的相关政策变化，并分析上海市层面政策与中央层面政策的关联。

改革开放初期，与基础研究相关的专业逻辑在中央层面还比较薄弱，但在恢复发展中。上海市也展现出相似的样态。1978年，上海市科学大会提出，大力开展应用研究，促使科学技术成果迅速转化为生产力，同时加强新兴科学技术的开拓和基础研究。这一阶段的上海市科研资源主要集中在有利于工农业快速发展的技术方向。例如，1981年起，上海市资助了15个重点研究所，开展重点领域的科研项目攻关会战，投入大量专项资金开展"星火计划"用于成果推广和高技术发展。

1985—1994年，上海市的科技工作重心是加强科研和生产的结合。在基础研究方面，按照市场化导向的商业逻辑调整了自然科学基金的资助模式。根据中央1985年开展的科技体制改革要求，上海市制定了相应的科学技术拨款管理办法，规定基础研究的经费来源主要是自然科学基金和一定额度的事业经费。各类科研机构减下来的事业经费划入上海市科技发展基金和上海市自然科学基金，通过竞争择优的方式分配，这类项目均采用合同制的方式进行管理。之后又制定了《上海市自然科学基金试行条例》以及自然科学基金、青年科学基金的经费管理办法，规定了自然科学基金资助的项目按照"专家评议、择优支持、签订合同、专项管理"的原则进行评审、管理。1992年，邓小平同志提出基础研究要按照"稳住一头"的原则开展，国家开始加强对基础研究的投入。在专业逻辑得到加强的情境下，上海市于1993年修改补充了自然科学基金条例，强调优先支持"科学前沿"和具有长远战略意义的研究项目。自此，基础研究类项目作为一项重点内容被列入上海市自然科学基金以及青年科技启明星计划等资助项目中。

1995—2002年，上海市科技工作对市场化导向的商业逻辑更加依赖。商业逻辑有助于发展高新技术产业，促进科层逻辑在经济社会效益方面的价值实现。此阶段，商业逻辑与科层逻辑的合作度较为密切。进入21世纪，市场机制在科技发展中的重要性进一步提高。上海市科技创新政策转向成果转化和高新技术产业化，重点实施自主创新战略。与商业逻辑在实践中的白热化相比，基础研究的专业逻辑在实践中的关注度并不高。自1995年科教兴国战略的提出后，同年上海市提出"科教兴市"战略，确立了以市场为导向的科技经济一体化战略，在修改的"科学技术进步条例"中，"基础研究"仍排在"科技成果转化和产业化"后面。

2003—2011 年,上海市有关科研计划或项目的管理办法密集出台,不断完善科层逻辑在经费资助、项目管理与评价方面的规范化与专业化。商业逻辑进一步扎根在制度实践中,对从事基础研究的科研人员实行以项目为载体的资助模式,如浦江人才、启明星计划、优秀学科带头人、地方领军人才等。对于国家自然科学基金重大或重点科技计划等资助的重点项目,上海市均提供地方匹配资金,从而鼓励上海市的科研人员更多地申请符合国家战略目标的项目。这一时期,上海市也在反思制约科技发展的问题。上海市在 2006 年的《上海市中长期科学和技术发展规划纲要(2006—2020 年)》中指出,自主知识产权的核心技术在数量和质量上还远远落后,产业竞争和社会发展对科技创新提出更高要求,立足国情和市情,通过开展原始创新等活动增强自主创新能力十分重要。据此,上海市制定了提高知识竞争力的战略目标和阶段目标,促进原始创新的专业逻辑开始凸显。这两类目标均以国际科技论文年收录数量、专利授权数量等量化指标表示,显示了商业逻辑对科层逻辑的影响日益深入。

2012—2021 年,国家层面对基础研究的高度重视提高了专业逻辑的重要性,并通过深化科技体制机制改革,调整多重制度逻辑之间的冲突关系。上海市更加注重基础研究的持续投入、科学管理和科研环境建设。这一阶段,建设具有全球影响力的科技创新中心,是新时代国家赋予上海市的重要战略任务,因此上海市更加依靠基础研究提升创新策源能力。在资助方面,上海市大幅增加基础研究的投入是主要制度措施,并试点实施基础研究长周期择优稳定资助机制。2021 年《上海市"十四五"年规划和二〇三五年远景目标纲要》提出,基础研究经费支出目标定为 R&D 的 12%。在管理和评价层面上,推行各类有利于激励创新的政策方案,例如扩大经费"包干制"试点范围,构建与基础研究规律相适应的选题立项、经费投入、项目管理、人才评价等全周期管理机制,对基础研究类科技项目试行代表作论文评价制度,试点设立"基础研究特区"等。除此之外,科层逻辑的实践更加注重尊重科学规律和人才发展规律,加强"从 0 到1"的基础研究,鼓励跨领域、跨学科交叉研究。也更加注重价值层面的需求,如科研诚信建设、作风和学风建设、弘扬科学家精神等。

二、上海市基础研究资助、管理与评价实践

本书的研究对象是原始创新活动及其资助、管理与评价制度,因而选取上海市自然科学基金的一般项目、人才计划和原创探索项目作为具体的调研样

本。因为上述项目较少设置明确的指南方向，给予了项目申请人开展创新活动的自由空间。从知识生产规律而言，上述类型的项目更有可能产生原始创新想法和成果。故而，研究在确定访谈对象时重点挑选了承担或评审过此三类项目的科研人员，以及负责管理这些项目的科研管理者，从而针对性地获取原始创新活动的相关感受和实践经验。

在具体介绍上述基础研究项目的资助、管理与评价实践之前，本书有必要对上海市基础研究资助体系、项目布局与组织架构进行介绍，从而明确上述项目所处的定位，最后针对性地对其实践规则进行简要概述。

（一）上海市基础研究经费投入与资助体系

上海市基础研究项目经费来源包括中央财政经费、上海市财政经费以及社会力量投入。依据资助方式来划分，上海市基础研究主要包括竞争性支持、机构建设支持和学科建设支持三类项目。如图 5-1 所示，研究将以这三类项目为例，对上海市基础研究经费投入与资助体系进行梳理和总结。

其一，竞争性支持是通过竞争性选拔，以项目资助形式对科研机构、团队或科技人员提供经费。按照项目类型，主要包括战略导向型与自由探索型两类。其中，战略导向型项目主要有承接国家重大项目和国家科技重大任务、国际大科学计划和大科学工程、上海市市级科技重大专项、上海市基础前沿研究类项目。自由探索型项目包括国家自然科学基金项目、上海市自然科学基金项目、上海市优秀科技创新人才培育计划、上海市促进人才发展专项资金、上海市教育委员会科研创新计划等。[①]

在资助方法层面，上海市基础研究的竞争性支持以事前资助为主，多采取竞争择优和机构式资助的方式提供资金。其竞争性支持的资金来源有四种[②]：第一种是上海市财政的专项经费独立支持，或结合国内外个人和团体的捐赠；第二种是中央财政拨款与市级匹配资金结合；第三种是政府购买服务、政府奖励、贷款贴息等方式；第四种是市委局级定额补助科研费用，同时依托单位或地区或行业主管部门匹配资金，拨款方式为一次性拨付或按一定周期拨付。

---

① 上海市基础研究资助体系中的各类项目、计划等信息来源于上海市科学技术委员会、市教育委员会、市人力资源与社会保障局、市卫生与计划生育委员会等官方网站。

② 资助方式来源于上海市各类项目、计划、专项等的管理办法、实施细则等政策文件，由于文件较多，此处不一一列举。

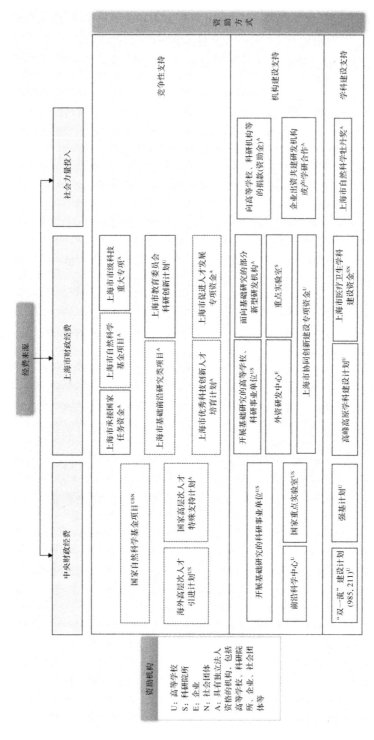

图5-1 上海市基础研究经费投入与资助体系

其二，机构建设支持体现在上海市财政和相关政府部门对开展基础研究的科研院所提供支持，以促进其建设发展。资助方法较为多样，可以通过上海市财政下拨给依托单位专项经费、经费配套（如重点实验室）；或实行经费投入"包干制"，由试点科研机构自主立项、自主管理经费；或实行免税或减税的税收优惠政策（如外资研发中心）；或给予租房补助、专项资金支持（如市级企业技术中心）；或以"后补助"的形式发放等。

其三，学科建设支持是上海市政府通过向高校提供专项资助或依托高校开展面向学科发展的资助计划。上海市的学科建设项目主要包括"双一流"建设计划、高峰高原学科建设计划、强基计划、上海市医疗卫生学科建设资金、基础科学中心建设项目等。资助方法为市级财政统筹安排资金，或者财政补助资金（含中央财政补助资金）和建设单位自筹配套资金共同资助。学科建设项目旨在积极引导和鼓励各高等学校多渠道筹措经费，促进资金来源的多元化，例如，由社会力量资助的上海市自然科学牡丹奖等。

（二）上海市基础研究资助与管理组织架构

上海市基础研究资助与管理的组织运行受到中央行业主管部门和上海市委、市政府的双重领导。一方面，在中共中央的领导下，以科技部为核心的中央组织体系发布一系列基础研究相关政策指令。上海市科技发展相关的委办局也相应出台各政策的实施细则，并在管理实践中落实。另一方面，在市委、市政府的战略部署下，基础研究相关的委办局协同发力，形成各相关部门辅助的基础研究资助与管理体系，共同完成市级重大战略要求。上海市科学技术委员会、教育委员会、人力资源和社会保障局、发展和改革委员会、卫生健康委员会等是基础研究资助管理的相关部门。上海市科学技术委员会是资助管理基础研究的中坚力量，通过下设的基础研究处、人才工作处、综合规划处等相关子部门实施各类科技计划，引导全市的基础研究工作。如基础研究处管理上海市自然科学基金和上海市基础前沿研究类项目，主要面向基础研究和科学前沿探索，人才工作处负责上海市优秀科技创新人才培育计划，选拔和培养科技人员进行原始创新和大胆探索。

对于委办局层面的项目管理者而言，他们的核心任务是完成项目服务工作。他们的日常项目管理工作体现在三个层面：向下对科研人员做好项目服务与政策宣讲，帮助科研人员完成项目申报；向上定期开展绩效评估，向部门领导汇报项目成果的数量和质量情况；向外完成项目管理的规范性要求，管理者需要做好全流程合规操作，从而保障项目过程公平公正，项目的每一管理环节都要接受社会监督。

相对于基层项目管理者，委办局层面的中高层管理者拥有更高的决策权。他们的主要任务是理解上级政策要求、安排下级执行操作，包括探索优化项目体系的方案、完善项目资助模式、监控项目完成质量、开展有利于激发科研机构和优秀人才的改革等。

高校院所是科技项目的依托单位，也是开展基础研究活动和培养基础研究人才的主体，既肩负项目管理责任主体责任，也承担着生产基础性科研成果的重任。因此，高校院所的科研管理者既要承担项目管理职责，落实相关的政策方案；还要考核科研人员的绩效，这也是高校院所用以完成机构评估和学科评估的指标。

（三）调研项目的资助、管理与评审规则

上海市自然科学基金的一般项目、人才计划和原创探索项目①的定位是支持自由探索和原始创新，选拔和培养高水平科技人才，服务于国家战略需求和地方科技发展需求，全面培育源头创新能力。通过与上海市自然科学基金的项目管理者多次交流，本书从立项评审、过程管理和结题考核三个方面分别概括了调研项目的基本规则。详细的实践细则将在下一节展开。

在立项评审规则上，基金类项目立项后，资助经费一次性核拨或按年度拨付，依托单位择优遴选后向上推荐申报。人才计划需要依托单位给予经费配套支持，不得对同一个申请人重复支持。上海市以分类管理的原则开展各类基础研究项目的立项评审，对于原创探索项目采用第一轮通讯评审、第二轮面对面会评的模式；上海市自然科学基金一般项目和扬帆计划都采用一轮通讯评审的方式，而没有设置会评环节；其他人才计划（包括启明星计划、学术带头人、浦江人才计划）的评审均采用两轮评审方法，即第一轮通讯评审不分组，每个项目由系统匹配研究方向相关的七位同行专家，由专家判定项目所属级别（A级、B级和C级），然后在专家判定结果上加权计算，得出第二轮会评的项目。

在过程管理规则上，项目依托单位（即具有资历的高校和科研院所等机构）

① 上海市科学技术委员会2020年启动了原创探索项目，该项目相较于以往的自然科学基金一般项目更关注创新性，项目资助额度更高，每个单位限报一个。

为管理责任主体，它们需要支持并督促项目负责人按照规定开展项目工作。依托单位和主管部门共同进行年度考核、中期评估和最终考核。项目开展中期可以调整研究内容和技术路线等，由于客观原因导致无法按时完成或成果不够时，将延长研究周期或以专家验收意见为准。其中，人才计划不设中期考核。为了促进科研人员相互交流和学习，上海市科学技术委员会采用搭建平台和开展活动的形式，将优秀人才集中起来，开展座谈会、务虚会等活动，了解其科研进展，增进学术沟通。

在结题考核规则上，依托单位审核集体报告报送上海市科学技术委员会，由上海市科学技术委员会组织专家验收或者由依托单位自行组织验收。结题考核的结果作为日后资助、奖励等活动的依据，绩效评价结果也作为下一年度科研单位预算安排的重要依据。一般而言，本研究所关注的基础类项目的结题考核重点是团队建设、人才培养、创新能力和领衔作用。结题考核包括两个方面：一是财务审计，财务考核指标的完成由依托单位负责管理和监督；二是完成立项要求，对基础研究项目成果的考核尊重论文发表周期长和科研实验不确定性等科研规律，专家认可项目成果即可通过考核。

第二节　研究设计与调研样本

面向三类行动者，本书分别采取不同类型的调研方式。对于科研管理者，本书主要采用半结构化访谈的方式，访谈对象是负责上海市自然科学基金项目的主要管理者以及部分代表性高校的科研管理者。针对科研人员（具体指项目申请人或负责人）和同行评审专家，本书采用问卷调查和半结构化访谈结合的方式。

一、问卷设计与实施

问卷调查分为两个部分：一是基础研究项目的申报与开展情况调查，面向基础研究项目申请人或项目负责人；二是基础研究项目评审专家调查，面向基础研究项目的评审专家。问卷调查对象为三类：一是上海市高校、科研院所和企事业单位的科研人员（受访者共计219位）；二是参与过上海市基础研究类项目评审的专家(受访者共计 125 位);三是上海市基础研究类项目的政府管理者和高校科研管理人员。

受访项目申请者共计 219 位。89.5% 的受访者的年龄在 50 岁以下;89.5% 的受访者来自高校;拥有正高职称的人数占比为 40.2%。受访项目申请者的基本信息如表 5-1 所示。除此之外,受访者的学科来源分布较为均衡,占比最高的是材料与工程科学(25.8%),最少的是地球科学(3.2%),信息科学、数理科学、生命科学、医学科学和化学科学平均占比约为 10%。2019 年至 2021 年间,67.6% 的受访者承担过上海市级项目,78.1% 的受访者承担过基础研究项目。

表 5-1 受访项目申请者的基本信息

基本信息类型	特 征	占比/%
性别	男性	71.7
	女性	28.3
年龄	30 岁以下	4.1
	31—40 岁	56.2
	41—50 岁	29.2
	50 岁以上	10.5
单位	高校	89.5
	研究院/所	10.0
	医院	0.5
	其他	0.0
职称	正高	40.2
	副高	37.0
	中级	20.6
	初级	2.2

受访评审专家共计 125 位。76.8% 的受访者年龄在 50 岁以下;来自教研单位(高校,研究院/所)的受访者占 78.4%,其余来自各类企事业单位;73.6% 受访者拥有正高职称。受访评审专家的基本信息如表 5-2 所示。受访者来源比例最高的三个学科门类分别是——医学(23.2%)、材料与工程科学(16.9%)、生命科学(12.3%)。

表 5-2　受访评审专家的基本信息

基本信息类型	特征	占比/%
性别	男性	71.2
	女性	28.8
年龄	30 岁以下	0.8
	31—40 岁	28.0
	41—50 岁	48.0
	50 岁以上	23.2
单位	高校	72.8
	研究院/所	5.6
	医院	21.6
	其他	0.0
职称	正高	73.6
	副高	20.8
	中级	5.6
	初级	0.0

2019 年至 2021 年间，61.5％的受访评审专家参与过上海市自然科学基金项目（包括一般项目和原创探索项目）的评审工作。此外受访评审专家还参与过其他上海市级基础研究相关的项目评审。

问卷设计遵循基础研究项目开展的过程视角，按照"项目规划—指南征集—立项申请—专家评审—结果公布—项目管理—中期评估—项目验收—后期评估"的流程，全面调查上海市基础研究项目的资助、管理、评价实践情况。基于项目申请人和评审专家两类主体层面，考察不同环节的制度实践行为，探索个体层面认知和行为对创新活动的作用，分析阻碍原始创新和成果产出的制度原因和个体因素。

问卷调查内容涵盖了与上海市基础研究项目开展相关的多个主题：包括立项申报、项目过程管理和结题验收评审等环节中的实践目标、项目开展情况、行动策略、对现行科研政策和最新改革的感受等。问卷中的定量部分使用李克特五点量表或多项排序等方式，考察受访者的项目实践情况和认知偏好。问卷还设置了开放式问题和补充回答部分，从开放式问题中收集的定性数据将按照扎根理论方法进行主题分析。

"项目申请人问卷"由基本信息、项目立项申请、项目开展过程、项目结题验收四个部分组成。基本信息共计 9 道题(包含单选、填空和排序);项目立项申请部分共计 12 道题(包含单选、多选和排序);项目开展过程部分共计 5 道题(包含单选和多选);项目结题验收部分共计 9 道题(包含单选、多选和填空)。问卷内容涉及项目实践情况、项目申请人的偏好、政策效果、实践问题和原因、政策建议等方面(详见附录二中的第一部分)。

"评审专家问卷"由基本信息、项目立项评审、项目中期评估和项目验收评审四部分共 29 道题组成。基本信息共计 7 题(单选和多选);项目立项评审部分共计 10 题(单选、多选、排序),主要围绕项目指南、评审依据、评审经验与感受、评审指标、工作建议等要素进行设计;项目中期评估部分共计 4 道题(单选和多选),包括评估形式、评估感受和评估工作建议等问题;项目验收评审部分包含 8 道题(单选、多选、排序、填空),包含评估经验与感受、政策认知、工作建议等问题(详见附录二中的第二部分)。

问卷调查法的开展过程包括三个环节:首先,组建了涵盖两位博士和两位硕士在内的四人调研小组,选取上海市 12 所理工类和综合类高校作为样本,遴选基础学科院系的高校教师(包括教授、副教授和讲师)作为调研对象。然后,分工合作发放问卷,通过微信群发推送、邮件发送两种方式完成问卷收集。问卷收集过程共开展了三轮,历时四个月左右。第一轮主要通过科研单位管理群推送的方式进行,但效果并不理想,仅收到十几份问卷。因而,通过邮件推送的方式进行第二轮收集工作,邮件发送后得到的回应较多。为了防止邮件未读或受访者不愿回答的情况,借助管理者进行了第三次补充问卷收集。通过三轮的问卷发放,总计发放 5000 余份,回收 344 份,其中专家问卷 125 份,申请人问卷219 份。

问卷回收率较低的可能原因是:第一,受访者的科研工作繁忙,因而无暇回复;第二,由于发放问卷时以 163 邮箱和 126 邮箱为主(通过学校邮箱所发送的邮件数量受限),很多受访者的邮箱显示拒收,还有部分受访者将问卷邮件视为垃圾邮件或者自动屏蔽;第三,受访者对于频繁开展的问卷访谈产生厌烦,所以回答问卷的积极性并不高;第四,受访者对于问卷的研究内容并不感兴趣,因此回答问卷的意愿不强。

二、访谈设计与实施

访谈数据收集。本书的质性研究数据主要来源于上述三类对象的访谈结果，辅之以其他政策文件、操作性文件、政府门户网站信息等资料。访谈过程历时 13 个月，访谈资料共计约 32 万字。访谈过程分为三轮访谈。第一轮访谈针对上海市科研管理部门负责人和项目管理者，目的在于了解上海市基础研究总体发展情况、项目资助管理现状与问题，为问卷调查的设计与开展奠定基础。第二轮的访谈对象是问卷调查中的抽样受访者，访谈结果作为对问卷结果的补充与解释。第三轮访谈以项目管理者为主，目的在于补充完善部分未解答问题。

其中，科研管理者访谈对象包括上海市基础研究项目管理部门和高校科技管理部门的管理人员。研究根据上海市基础研究项目管理实际运作情况，确定管理者访谈对象，样本范围包括与基础研究发展直接相关的政府管理部门的处级管理者三位，负责基础研究项目管理流程的管理者三位，还有代表性高校的管理者五位，科研管理者访谈对象共 11 位（见表 3-2）。在访谈方式上，针对政府部门的管理者均以面对面访谈的方式开展，高校管理者的访谈采用面对面访谈和电话访谈两种方式，单个访谈对象的访谈时长均在一小时以上。访谈之前告知访谈对象调研目的和录音请求，在访谈结束后对录音进行人工转录和整理。在进行下一次访谈时，根据前一次访谈活动中遇到的问题对访谈提纲进行调整和优化。

科研人员访谈对象包括两种类型，一是承担过上海市基础类项目或人才类项目的科研人员，即"项目申请人"，二是担任过上述项目评审专家的科研人员，即"评审专家"。以上两类访谈对象分别来源于"项目申请人"和"评审专家"问卷调查中填写联系方式的参与者，以及借助"滚雪球"方式获得的其他科研人员。根据其问卷信息中负责/评审的项目类型（一般项目、人才计划、原创探索项目）、职称（讲师、副教授和教授）、年龄（35—60 岁）等标准，访谈共抽取了 66 名代表性访谈对象。访谈方式为电话访谈和网络在线访谈等方式，科研人员访谈对象的具体个人信息见表 3-3。

第三节　逻辑嵌入与科研行为的形塑

根据第三章提出的原始创新困境中的多重制度逻辑体系,科层逻辑、专业逻辑和商业逻辑是科研人员开展基础研究活动主要关联的逻辑类型。通过与多方主体的互动机制,科研人员就会不自觉地嵌入这些主体背后的制度逻辑中,从而被相应的逻辑规则所约束和影响。本书的问卷调查结果显示,科研人员与同行或同事的联系最为紧密;科研人员由于依赖政府提供的科研资源,因此与管理者的互动频次也较多;与评审专家的交流机会较少,互动方式较为隐蔽。据此,科研人员嵌入不同制度逻辑的程度存在差异。本书将以科研人员的实践行为和感知为基础,总结提炼他们所嵌入的各类制度逻辑和具体规则。

一、专业逻辑:遵循科研规律

(一)价值中立原则:公正、独立和固有偏好

当科研人员作为评审专家时,他们的评审行为既要遵循专业逻辑的价值中立原则,还要受到科层逻辑的约束。价值中立原则对评审专家的行为约束主要体现为"客观公正判断""独立的评审标准"和"固定的评审偏好"三个规则。

1. 客观公正判断

评审专家需要履行中立的价值判断责任,客观公平地为项目方案、申请人或成果打分。在专业逻辑的约束下,专家在基础研究项目评审工作中面临较多压力。问卷调查发现,这些压力大多来源于作为评审专家的责任(60%),还有自身学科知识需要不断更新的压力(52.8%)。专家们普遍认为,对于颠覆一般性认知的创新性项目,需要更高水平的评审专家才能识别,而大部分专家或学者对于原始创新的鉴别能力较低。科学家认为,在科学世界里,往往是多数服从少数。顶级科学家视野广阔、眼光独到,对于超出寻常的原始创新想法宽容度更高,普通级别的专家囿于传统方法和研究视角,容易否定原始创新想法的可行性,或者对颠覆性项目打低分。

2. 独立的评审标准

专家们坚持独立的评审标准，这种独立性体现在三个方面。

第一，专家之间的评审标准是独立的，相互之间不受干扰。专家们在参与评审活动时很少交流，不仅管理规则要求专家独立做出评审判断，从而保证评审行为的公正公平，而且每个专家都有各自的评审偏好和对创新的认知。问卷调查结果显示，专家与管理者、同行之间的沟通频率并不高，"偶尔"和"很少"在沟通情况中占比最高。

第二，独立性体现在专家的评审标准不受资助机构影响。专家们普遍遵守资助机构制定的评审标准，然而绝大多数受访专家在访谈中提到，他们主要依据自身的评审经验进行评审。问卷调查结果显示，在通讯评审环节中，77.6%的专家主要依据资助机构提供的评审标准进行判断；32.8%的专家认为资助机构给出的评审标准过于宽泛和抽象，他们主要依赖自身学术判断；52.8%的人选择依据过去的评审经验；学术圈同行共识（46.4%）对专家评审也会产生较大影响。根据管理者提供的信息，资助机构的评审标准通过打分表的多个指标呈现，如创新性、可行性、重要性等。在会议评审环节，管理者会向专家提供通讯评审环节的专家意见及结果，以及项目依托单位给的推荐项目名单。前者对专家判断的影响最大，后者对专家的影响非常小，这表明他们相信同行的判断而不太受科研管理者的行为影响。

第三，独立性还表现为评审专家不受项目申请人的干扰。评审专家与申请人的互动以私下交流为主，会评阶段一般不允许交流。可能的互动方式体现在项目申报前，很多申请人特别是年轻科研人员会向专家们请教和咨询。还有一种方式是线上答疑和经验总结，学界经常开展以"项目申请攻略""基金申请指南"为主题的研讨会。专家与申请人保持距离能够减少专家判断受到影响，从而保障评审结果的公平公正。然而，这种独立性也会拉大二者的认知距离。比如，上海市自然科学基金立项评审中缺少意见反馈①，专家与申请人无法就项目方案的学术问题进行讨论，可能导致专家难以识别申请人的创新性想法，也可能令申请人产生对评审结果的误解，或者使申请人失去受资助机会。调查显示，专家的评审意见是项目申请人落选后最想获得的信息，大多数受访者认为

---

① 评审意见不反馈是上海市自然科学基金项目评审的常规流程，与国家自然科学基金项目流程不同。

有必要提供专家评审意见。这意味着意见反馈是科层逻辑在实践中较为薄弱和缺失的环节。以一位受访者申请国家自然科学基金项目的经历（S36）为例，他说道："我去年申请的一个国家自然科学基金项目落选了，有个专家跟我提议，说这个项目应该申请原创探索项目。后来我就听了他的建议，今年在原创探索项目评审中，我拿到了很高的分数并入选了，两次申请时几乎是一模一样的本子。"该案例表明，有效的意见反馈能够帮助项目申请人找到适合的申请渠道，也能够帮助专家识别创新。上海市自2020年来设立了原创探索项目，并规定该项目的立项评审中允许评审专家和项目申请人一起参加会评，面对面交流项目方案，为科研人员自证项目创新性提供了机会，一定程度上促进了评审专家对原始创新的支持。

在价值中立原则导向下，专家普遍将"创新性"作为主要评审标准，以保障判断结果符合科学价值。如图5-2所示，绝大多数的专家（80.8%）认为，"项目立意的原创性（"从0到1"的创新）"是评审基础研究类项目的主要标准；69.6%的专家认为"项目立意的前沿性"是主要标准；"项目的前期成果积累和研究基础"（44.8%）也是专家关注的重要标准。"符合国家战略需求和重点支持领域"是专家选择最少的一项，这意味着，项目指南在专家评审基础研究项目中的参考性较低。

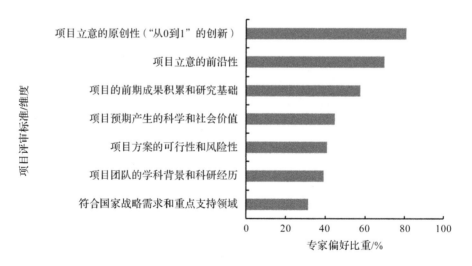

图 5-2　专家对评审标准的偏好

3. 固定的评审偏好

专家存在固定的评审偏好，如容易否定原始创新、歧视弱势平台等。评审专家对于如何客观地做出判断已经达成共识，形成较为一致的"挑错型"评审模式，即通过择优排序和综合评价遴选符合要求的项目，而对颠覆认知的项目或者作为"大同行"评审时倾向于给出保守的打分。当出现不太熟悉的项目方案时，专家为了价值中立的实现只能依靠可视化指标。因此，专家一般会参考前期成果、项目申请人的研究能力、科研单位的平台条件等。评审专家认为，前期研究基础是最能体现其研究可行性的指标。项目依托单位的平台效应也能够证明项目的可行性，专家既要避免优势单位的"晕轮效应"导致打分过高，也不能忽视在相对弱势平台中可能出现的创新性方案。下面的访谈原文反映了上述否定原始创新的评审偏好：面对可能的原始创新，专家们不愿意当"伯乐"，而是作为旁观者，这种心态与实际需要之间必然存在极大的矛盾（S28）。利益既得者会利用同行评审的主观性和非共识，来排斥、压制原始创新（S38）。原始创新想法一般都是因为同行的不理解或利益冲突被否定，他们不反省自己的认识是不是有问题，而是武断地认为原始创新想法是错的（S63）。

（二）知识生产规律：科学规律、科学精神和研究定位

知识生产规律影响科研群体如何认识创新、如何开展创新以及如何评价创新。

首先，基础研究科学规律决定了科研实践中的原始创新较少。问卷结果表明（见表5-3），上海市基础研究项目评审结果中的原始创新项目比例并不高，甚至有些专家认为基本没有原始创新项目。专家们参与评审的基础研究项目中，46.4％的专家认为原始创新项目的比例不超过20％，27.2％的专家认为原始创新项目比例在21％—40％，16.8％的专家认为原始创新项目比例在41％—60％，只有9.6％的专家认为该比例超过了60％。这项结果表明，评审专家认为当前遴选出的上海市基础研究项目中的原始创新项目的比例较低。

表5-3 评审结果中原始创新项目数量的专家认知

专家认为的原始创新项目数量占申请总数比重/％	选择该比重的专家数/人
0—20	58
21—40	34
41—60	21
61—80	11
81—100	1

为什么原始创新项目很少？专家认为，原始创新项目难以发现主要受知识生产规律的影响。如图5-3所示，受访的专家认为，首要因素是"本身具有原始创新性的项目申报就少"，即科研人员的申请积极性低；其次，申请人过于依赖前期积累。事实上，尽管前期积累是可行性的基础，但积累多的项目并一定满足原始创新要求。项目类别规划和定位、专家匹配、项目申请书设计等科层逻辑的规则对原始创新项目的影响较小。

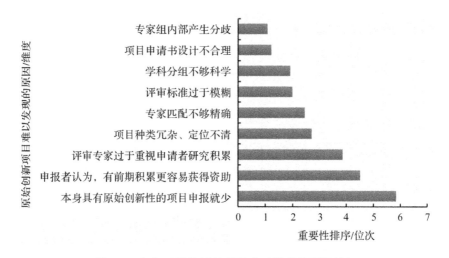

图5-3 专家对原始创新项目难以发现的原因认知

注：图中横轴数值是纵轴选项的综合排名情况，得分越高表示专家认为该选项更重要。

基于上述结果，知识生产规律尤其是基础研究科学规律决定了原始创新想法的稀缺性。原始创新是实现从无到有的过程，要求科研人员推翻自身的前期研究，甚至要打破领域同行对基础性理论、定理和概念等的共识，还会涉及与同行的利益冲突。由于原始创新的科学价值不明确、实践可行性较低、发展前景未知，而且颠覆了普遍性的传统认知，因而在项目评审和成果发表方面难以获得专家认可。由于开展基础性科研通常面临很高的失败风险和不确定性，研究过程复杂而艰难，短时间难以完成研究目标和形成科研成果，因而，一般很少有人愿意在得不到认可和支持的情况去做"从0到1"的突破性研究，大多数人选择开展"从0.5到1"或者"从1到N"的研究。

基础研究的创新遴选标准以创新性和可行性为主。评审专家和申请人对此具有一致的认知，即创新性和可行性是基础研究项目成功立项的关键。创新性是证明研究价值的基础，包括在理论、技术、方法等方面有所发现；可行性是支撑创新性的条件，即在学术思想、研究条件和研究队伍等方面具备实现项目目标的优势。能够证明创新性的主要依据是有价值的科学问题，可行性标准的主要证据是前期研究基础，即已经完成的项目、论文和奖励，还有相关的预实验数据等。除此之外，评审专家和申请人也会关注项目的规范性，即实验方案和技术路线的设计合理、语言简练、逻辑清晰等。在主要遴选标准中，科研人员普遍认为创新性对于基础研究项目最重要，但并不是创新性越强的项目方案就越容易获得资助。创新性越强的项目，往往由于颠覆了评审专家的传统认知，在评审时极有可能获得低分或难以取得共识。申请人在提出创新性想法的早期并不会申请项目资助，因为他们明白研究缺乏数据支持。可行性决定了创新性想法能否落地，以及能否在规定期限内完成项目目标。因此，具备可行性的创新性项目才能得到专家支持。

知识生产规律在基础研究领域体现为不确定性高、容易失败、偶然性大等特性，开展基础研究活动要求科研人员充分发挥科学精神。基础研究领域实现创新最重要的是灵感，灵感一般是可遇不可求的，最初只是天马行空式的奇思妙想，而不是成熟稳健的设计方案。科学发展史的成就证明，基础研究原始创新是个人灵感和不懈努力结合形成的成果。科研个体既需要保持对科学问题的好奇心和想象力，更需要十年磨一剑的持续性努力。发现新方向、新领域的灵感是创新的第一要义，在此基础上的努力才能将新想法转化为有价值的科学问题。有的受访者将兴趣导向的自由探索视作科研创新的"自选动作"，扎实的专业基础和理论学习、大量的实验与深度有效思考是科研创新的"规定动作"。将"规定动作"和"自选动作"整合起来发挥效用的唯一纽带是大量的有效时间投入。在此基础上，科研个体还要不畏创新过程中的困难，包括克服"跟风""捡漏"的从众心理，打破传统的科学定论，以及承受不被认可的压力。

知识生产规律要求不同类型的科研人员要有明确的研究定位。基础研究需要一部分人跳脱出"求稳"的研究路径，尝试开展冒险性和挑战性的研究，而另一部分人需要回应国家和社会需求，开展目标明确的任务导向型研究。这不仅能够合理分配国家科研资源，而且是对不同类型科研人力资本的充分利用。青年学者往往更富有大胆假设的想象力和不畏困难的勇气，这些品质对于基础研究原始创新弥足珍贵。处在科研黄金期的他们既善于捕捉"灵感"，同时具备一定的科研积淀、积极的创新意愿和充沛的精力，这也是很多科研人员倡议政府大力支持青年学者独立开展研究的原因。经验充足的中年学者和权威学者更适合团队带头人的角色。他们能够识别创新性的研究想法，将稚嫩的科研想法转化为可行方案，带领团队攻关完成明确的科研目标，并且引导年轻科研人员树立科研理想、合理规划科研生涯。

(三)科研共同体行为规范：精神需求和非正式规则

与其他适合职业相比，科研工作更看重精神需求，这是科研人员遵守的共同体行为规范之一。在实践中，这类规范表现为学术声誉等与职业发展、资源竞争的紧密关联。科技发现命名、科技奖励、学术认可、职位晋升等方面都看重个人贡献而不是团队贡献，因而科研人员普遍更重视个人的学术声誉。[①] 科研产出数量与学术影响和学术声誉紧密关联，高产出率能增加获得学术职位和后续研究资源的概率。[②] 因此，科研产出是科研职业顺利发展的重要指标，高产的科学家也同样在科学界享有盛名。[③] 学术声誉不仅与科研人员个人职业发展相关，还关系到科研单位发展和学生培养。在科研单位内部，一位科研人员的科研成果不仅是学位点声誉的保障，对于学生的未来职业发展也十分重要。[④]

发表高质量期刊论文能够获得学术主动权，产生"马太效应"，从而争取更多学术头衔(S11)。

科研人员将学术声誉、学术地位等视作获得资助的重要因素。近一半的受访者表示，"学术新人时期没有知名度而被忽视"是申请项目中的主要困难，超过三分之一的受访者选择了"研究团队中没有学术权威，自觉实力不足"，这两个选项都反映了学术名气在科研群体心中的重要性(见图 5-4)。"团队成员的资历和依托单位排名"在项目落选的原因调查中位列第二位。因此，申请人将学术声誉视为赢得评审专家认可的有利条件。调查显示专家均没有承认将学术声誉(团队成员和依托单位的名气)作为主要评审标准，但是专家实际评审时

① Jones B F. As science evolves, how can science policy? [J]. Innovation Policy and the Economy, 2011 (11): 103-131.

② Stephan P. How economics shapes science[M]. Cambridge: Harvard University Press, 2012: 384.

③ Dennis W. Bibliographies of eminent scientists[J]. The Scientific Monthly, 1954, 79(3): 180-183.

④ Clauset A, Arbesman S, Larremore D B. Systematic inequality and hierarchy in faculty hiring networks[J]. Science Advances, 2015, 1(1): 1-6.

会顾虑学术声誉而不能做出符合创新规律的判断。问卷调查中，与此相关的一项问题结果显示，17％左右的专家认为项目失败会对其自身声誉产生影响，所以，他们不会支持那些创新性较强但可行性不高的项目方案，这侧面反映了学术声誉对资助评审的影响。

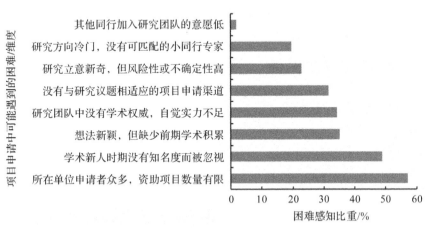

图 5-4　基础研究类项目申请中的困难感知

非正式规则影响评审行为的公平公正。科研场域隐含的非正式规则会对专家遵守专业逻辑规则造成困扰。在问卷调查结果中，囿于学术圈的人情（31.2％）和行业惯例（17.6％），专家很难在每次评分中都做出公平公正的判断，专家还面临着项目申请人对评议结果的质疑。进一步的访谈得知，评审工作的人情因素对专家的干扰较为直接，如"走后门""打招呼"等行为。例如，有些评审专家反映，在参加会评的前一天晚上竟然收到多个"打招呼"的电话。还有一些潜在的人情因素让评审专家难以忽视，如学缘关系、上下级领导、朋友关系等，这使得专家们"不自觉"地偏向于"熟人"而不是"陌生人"。

科研共同体行为规范还表现为科研人员在人际交往中形成的价值观念，通常以"潜规则"或"人情关系"的形式出现于评审实践中。这类理念反映了中国人情社会的交际文化，引导行动者遵循大多数人认同的交际规则，从而获得群体认可，不遵守群体规则的少数人则被视为"异类"或排挤出局。在资助评审行为中，学术派系、学缘关系、利益关系等因素潜在影响评审结果，同时"托人""打招呼"等行为干扰评审专家做出公平判断。在项目资助名单公示后，专家们最常听到的质疑意见是有人情嫌疑（48.8％），"看运气""不公开""不公平""不合理"的质疑意见也不在少数(分别为41.6%、33.6%、28%、15.2%),19.2%的专家表示基本没有质疑声音。对于调查中出现的这些质疑,受访的专家表示,上海市基础研究项目评审过程的公平性和公正性较高。在一般级别的项目中人情因素相对较少,但在高端项目中的人情因素难以识别,更难以通过管理手段避免。结合科研人员对项目申请程序的认知调查,与项目申请时填写"预期目标和风险"的难点相比,"非学术因素"对科研人员的申请造成了更多的阻碍,例如"学术名气""同行竞争"等。这些在项目申请材料之外的隐性因素恰恰能产生重要影响,甚至左右申请结果。

除了以上对评审行为的影响,科研共同体行为规范也在影响科研人员的申请行为。问卷调研结果显示,"周围同事或领导带动"(5.5%)和"习惯于每年都申请"(3.7%)在受访者心中占有一定比例,这反映了身边重要他者和惯习的影响。超过一半的受访者认为,"依托单位竞争激烈"是申请项目时最棘手的问题,隐含了"同辈竞争"的人际关系对申请行为的影响。计划行为理论认为,身边重要的参照个体如领导、资历相近的同事等的创新行为会对科研人员形成示范效应,参与创新行为的个体会在组织中形成创新氛围或攀比心理,从而激励科研人员产生创新意愿。① 因此,科研人员的申请行为不仅是主动的创新意愿,还可能是在科研共同体行为规范的影响下做出的被动反应。

专家的评审行为需要遵守科研共同体行为规范。首先,评审"潜规则"存在于单位层面的初步筛选工作中。有受访者反映,科研单位内部的人际关系复杂,"走后门"、照顾自己"圈子"的行为在单位筛选环节中并不鲜见。可能原因在于,科研单位或院系的评审专家数量有限,专家与申请人之间熟悉程度较高,上下级关系、师生或同门关系等学缘关系让专家产生偏向。受访的科研人员直言,科研单位院系层面的项目筛选毫无意义,意指单位筛选中的不公平现象较为普遍。其次,会评阶段是比较容易受到"打招呼"等行为干扰的环节。由于通讯评审环节已经淘汰了学术性因素表现不佳的项目(如前期积累不足),进入会评环节的项目大多实力相当。因此,获得评审专家认可的偶然性很大,导致"潜规则"和"打招呼"行为出现的可能性加大。

"歧视弱势科研平台"属于评审专家惯例的一种。这类惯例主要出现在会评阶段和高端项目的评审实践中。一位来自市属高校的受访者反映,他在申请

---

① 魏荣.企业知识型员工创新动机的理论演释[J].自然辩证法研究,2010(6):96-97.

高端人才计划时由于依托单位平台层次不高而在会评中被淘汰。通过私下对比同组的其他项目申请人情况，他发现自己的科研成果和前期基础都更有竞争优势，然而却获得落选的结果，他认为主要原因是"歧视小平台的评审惯例影响了项目评审结果"（S48）。从专家角度来看，受访专家认为身处"小平台"的研究者做出有价值成果的可行性更低，因而更青睐资源、设备和人力充足的优势平台。

以学缘关系、学术派系进行利益交换的"潜规则"更常见。访谈中的科研人员将其称为"科研裙带关系"（S19），这种"潜规则"比起前述的惯例更难察觉。以学缘关系为例，韩国学者针对国家研发项目的纵向评估结果研究发现，评审人员倾向于给母校校友提交的项目申请方案较高的分数，证明了基于同行评审的研究项目评审结果受到校友关系的显著影响。[①] 受访的申请人认为，评审专家"照顾"具有相同学缘关系申请人的行为越来越普遍，使得草根出身的学者越来越难获得资助。

科学家精神是科研共同体对社会负责的一类非正式规则。当前国家在全社会层面大力弘扬科学家精神，并号召广大科技工作者要肩负起历史赋予的科技创新重任。科研人员所理解的科学家精神是服务于祖国使命和社会需求的光荣职责，同时还有作为民族和国家名片的使命感。正是因为科学家精神对科研人员的行为引领，才有了一代代科学家前赴后继的奉献。大部分科研人员十分赞同科学家精神的创新激励作用，受访者认为"科学无国界，但科学家有祖国"（S05，S16，S29）。

老科学家在资金缺乏的艰苦年代能够产出当前条件无法实现的创新结果，主要原因是科学家精神（S24）。

现在国家面临大国竞争和科技难题之时更需要发挥科学家精神的作用。他们主张国家应该大力宣扬科学家精神，科研工作不仅要满足自身的兴趣爱好，还要完成服务国家和社会的使命，为全人类造福。

科学家精神是服务于祖国使命和社会需求、作为民族和国家名片的使命感（S21）。科学家的贡献代表民族和国家，是一种名片，推动文明进步的使命感，因而科研人员坚持科研，不仅要满足好奇心，也要完成使命（S45）。

[①] Kang，Gil-Mo，Jang，et al. Impact of alumni connections on peer review ratings and selection success rate in national research[J]. Science，Technology & Human Values：Journal of the Society for Social Studies of Science，2017，42（1）：116-143.

二、科层逻辑：保证合规合理

（一）标准化规则：项目过程中的程序合规

标准化规则要求管理者保障项目管理符合程序性规定。管理者通过匹配符合"小同行"要求的评审专家，实现项目遴选结果与项目定位的一致性。管理者坚信程序合规是保障合理分配资源的基本条件。管理者不断完善操作细则，如优化项目评审程序、完善专家数据库等，使项目管理的标准化水平得以提高。具体在制度实践中，管理者通过建立活跃的专家库，根据学科分类和研究方向的关键词，以系统自动匹配的方式遴选项目评审专家，减少人为干预带来的主观性。在立项评审各个环节谨慎设置严格规范的评审流程，包括缩短通讯评审的时长、减少评审专家名单曝光的时间等。选择高校院所、企业、工程等来源广泛的专家，以满足各类项目的评审要求。从以上管理行为来看，管理者通过精细化管理程序，尽力避免专家匹配不合理、行政干预等结果。

本书从过程视角出发，分别解读管理者在项目规划、立项申请和项目开展等三个环节中的标准化规则实践，并分析科研人员如何受到规则的影响。

1. 项目规划环节：学科分类、指南征集、项目分类

管理者通过规划不同领域的基础研究项目类别及数量，以促进优势领域重点发展和各领域平衡发展。从上海市自然科学基金项目开展情况的调研结果来看，科研管理部门在学科分类、指南范围和征集、项目类别设置等方面的规划设计对科研人员影响程度最深。

项目评审的学科分类与科研人员的实际研究方向存在差异，影响了专家以"小同行"身份进行评审，同时也不利于各领域的科研人员获得项目资助。问卷调研结果表明，约三分之一的受访申请人主张，要对学科分类和评审流程加以优化。68.8%的专家主张从细化学科分类、完善"小同行"评价入手，扩大学科分类和指南议题范围是专家和申请人建议最多的事项。根据管理者回应，当前上海市基础研究项目立项遴选时的学科划分与国家自然科学基金保持一致，唯一差别在于上海市将"管理学"类别单独划拨出来，设立"软科学项目"，并且，上海市尚未设立"交叉科学"类别。与国家自然科学基金相比，上海市自然科学基金的项目数量相对较少（例如，上海市自然科学基金一般项目每年立项数约800项），各类学科特别是学科子类的项目申请人数量并不大。

上海市的科研管理者选择合并部分人数较少的学科子类，以"大同行"的方式开展立项评审，从而整合评审资源，满足评审工作的规范化流程。因此，其学科子类无法与国家自然科学基金的细化分类保持完全一致。部分科研人员在申请上海市基础类项目时，无法找到对应的具体研究领域。从管理者的访谈获知，上海市每年获得国家自然科学基金项目数量约为上海市自然科学基金项目的 1.5 倍。国家自然科学基金是上海市基础科研的主要资助来源，导致科研人员习惯将国家自然科学基金管理模式与上海市自然基金比较。因而，多位受访者希望上海市自然科学基金能够向国家自然科学基金看齐。对此，资助机构的管理者认为，项目学科分类的划分过细就会导致每个研究方向的申请人很少，甚至无法达到建立评审组和择优遴选的条件。结合实际情况，整合小领域的专家开展评审有利于顺利开展工作。以"大同行"方式开展评审也在一定程度上促进不同领域的思想碰撞，产生创新灵感的火花。

项目指南对科研人员开展兴趣导向的研究造成了限制，很多受访的科研人员建议扩大指南议题范围。当前上海市科研管理部门有四种方式征集基础研究项目的指南，第一种是专门设立渠道，常年对外收集意见，再将意见分配给不同的业务部门；第二种是长期设立学术论坛以讨论指南相关议题；第三种是由管理者定期到高校院所、企业中了解其科研需求；第四种方式是管理者向科学家咨询指南设定建议。例如，上海市科学技术委员会近年来成立了专家咨询委员会，通过定期组织管理者与院士的交流活动，围绕科技战略布局、项目管理等方面咨询院士，将科学家意见应用到完善基础研究资助和管理的过程中。指南征集范围并非面向所有的科研人员，而是更多向权威学者、战略科学家咨询沟通。根据问卷结果，60.7% 的申请人要求完善并扩大项目指南征集范围。很多年轻学者想要发声却没有对应渠道，向上反映的问题也长期得不到回应。部分受访者表示：申请上海市基础项目落选的原因是自己的研究方向与项目指南不符（S07，S15），年轻人没有机会为指南方向提供建议（S11，S34，S47）。有部分科研机构的管理者也有相同感受，他们认为，基础研究项目指南与地方战略发展相关度高，但部分科研单位的研究领域均不在指南范围内。

以上调研结果表明，指南方向似乎与科研人员开展基础研究的兴趣方向存在差异，或者指南范围过窄，导致科研人员选题时将指南方向排在靠后的位置。而且，当前的指南征集方式和指南议题设计并没有得到科研人员的广泛认同。受访的专家们认为"相关部门常年对外开放征集建议"是最佳渠道，而通过"专家组会议决定项目指南"的方式则在调查中处于末位。项目申请人认为,指南相关的管理规则,一是需要扩大指南的议题范围;二是有必要扩宽指南意见的征集范围,更多面向中青年科研人员而不仅仅是权威科学家;三是需要加强指南的基础性导向。

科研人员对项目类别设置也有较多意见,体现在项目类型及数量等方面。从资助机构的管理者视角来看,项目类型的分类不是以科研领域的研究内容为标准,而是根据管理部门的资助模式,即是否有指南引导和是否有明确目标。以指南为主、目标明确的是战略导向型项目,没有指南引导且不设置具体目标的是自由探索型项目。战略导向的重点是解决问题,自由探索的重点是发现问题,二者的研究方向可能存在交叉。项目申请人对于当前项目类别设置的主要认知有三个:一是与基础研究直接相关的项目过少;二是面向青年人的项目少;三是可自由申报的项目少。多位受访的申请人提出,上海市基础导向的项目类型过少,建议增加基础研究类项目和自由申报类项目。评审专家对此有相似的感受,即对年轻科学家和小团队的资助不够。63.2%的受访专家认为,需要进一步明确不同类型项目的定位和评价标准,他们强调,对普通科研人员、交叉和跨学科研究的资助不足。

2.立项申请环节:申请流程、评审模式、专家匹配和遴选机制

项目申请的标准化程序对申请人产生较大影响的是申请流程、评审模式、专家匹配和遴选机制,这些规则决定了申请人如何呈现创新想法和能否获得支持。

第一,申请书的结构规定了申请人表达创新想法的模式。上海市自然科学基金申请书(即"项目可行性方案"),包括项目的背景和意义、可行性和创新点、研究内容和预期产出、项目负责人、团队和平台、经费预算等部分。自由探索和战略导向两类项目的申请书结构基本一致。近年来项目申请书的基本结构保持不变,以微小调整为主。以上海市自然科学基金项目申请书结构为基础,研究调查了受访者填写申请书的实践感知。55.7%的受访者认为,项目申请书中存在较难填写的部分。其中,最难的部分是"预期效果和风险分析"。其次是"趋势判断和需求分析",科研人员认为基础研究具有高度不确定性,因而准确预测未来研究结果是很困难的。再次是"研究内容和技术关键"和"研究的创新性",受访者认为这两个部分难度相当。有关科研管理相关的部分,如"经费预算""成果形式和考核指标""执行年限和计划进度"等,受访者普遍认为这些方面的填写难度较低。

第二，上海市基础研究项目实行限项申报，这项规则引发科研人员对评审公平性的质疑。由于上海市科研管理部门的人手不足，同时管理多类项目的申报工作负担过重。基于此，上海市基础研究项目实行限项申报，即首先由单位遴选，将推荐的项目名单（不需要排序）通过系统提交给上海市科学技术委员会，再由项目管理者组织开展评审工作。按照操作规定，规模较大的项目依托单位拥有较多项目推荐名额，该数据由过往三年的项目立项数计算得来。对规模较小或新设立的科研机构，项目管理者一般设置项目推荐的保底数。项目依托单位开展初步筛选时，一般根据二级单位的规模和上一年的项目获批率计算项目推荐数量，各二级单位通过学术委员会投票或者院系组织答辩，确定推荐项目名单，再上报科研单位。

从项目管理者角度来说，限项申报和单位筛选机制有利于节约人力成本，提高管理效率，避免评审资源的浪费。择优申报的机制能够降低落选率，提高科研人员申报积极性。而自由申报的项目质量参差不齐，管理者认为，在项目依托单位不把关的情况下，可能存在申请人离职倾向或者"一项多投"的科研诚信问题。对于项目申请人而言，单位筛选机制并不是完全合理。首先，单位筛选机制可能给"人情关系"提供了空间；其次，单位层面的评审专家数量有限，存在认知局限和思维定式，因而难以识别出交叉学科或跨学科项目的创新性，特别是奇思妙想容易被扼杀；再次，科研单位内部往往竞争激烈，对年轻学者和普通科研人员不利；最后，根据往年立项数来计算项目推荐名额的方式可能存在偶然性。基于上述问题，多位项目申请人表达了对限项申报的不满，他们呼吁解除或放宽限项申报。

第三，专家匹配包括"小同行"和"大同行"两种模式，管理者一般只能实现"大同行"模式，而科研人员更认可基础研究项目实行"小同行"模式。上海市基础研究项目专家库是通过邀请入库的方式而建立的，即管理者向各个科研单位发布专家入库链接，邀请科研人员加入上海市科研项目专家库。科研人员在系统中录入个人科研信息，选择研究领域、学科分类、研究方向关键词等。专家信息就会进入预审库，管理人员预审通过后就能确定专家名单。预审条件包括是否符合评审专家的规范性要求，例如，职称是否为副高以上、填报信息是否完整、是否存在科研诚信问题等，与科研人员是否获批过此项目无关。科研人员进入评审专家库没有年龄和地域限制，但填写人主要是上海市本地的专家。科研人员提出,上海市有必要扩大评审专家范围。专家认为,当前上海市基础研究项目的评审专家数量过少,只局限在上海市区域内。

专家匹配规则反映了专家科研方向与项目议题的契合度,很大程度上影响了创新性项目能否被识别。为了提高专家与项目匹配的精准度,实现"小同行"评审的目标,管理者采取了系统匿名匹配、回避本单位专家、专家名单保密等一系列举措。但在评审实践中,管理者的标准化流程很难适用于学界认同的"小同行"评审。调查显示,在受访的专家中,52.8%的人参与过"大同行"评审,证明了大部分评审活动以"大同行"模式开展。当专家作为"大同行"时,评审主要依靠申请人的前期研究积累和项目申请书的规范性设计,且二者的重要性几乎相当。访谈得知,专家们认为,处于"小同行"领域的专家更能精确辨别项目方案的科学价值。以上结果说明,"小同行"模式下,基础研究创新项目被识别的可能性似乎更高,专业逻辑发挥的作用更突出。

第四,专家帮助管理者判断项目或人才的价值。评审专家由科研管理部门授权参与评审。因而,其评审行为必然要遵循科层逻辑的标准化操作规则。遵守评审准则和标准,根据项目的定位、目标或指南等规则判断项目方案是否符合资助要求。管理者通过与专家的沟通、设立新型项目和改善评审规则等方式,将评审规则和要求渗透到专家的评审行为中。问卷调研显示,科层逻辑的规则对专家的影响主要体现在项目评审规则多样复杂、评审任务量过重、政策变动对评审要求的调整等方面。

在标准化规则要求下,专家认为项目评审工作量大,评审时间短,难以深入思考项目的价值和创新性。以上海市自然科学基金项目为例,项目管理部门规定的评审时间约为一周,每位专家分到的通讯评审项目数量在20个以内。关于评审项目的工作量,研究调查了2019年至2021年间受访者评审的上海市基础研究项目数量。59.2%的受访者每年评审的基础研究类项目不到五项,18.4%的受访者评审的项目数量在10项以内,9.6%的专家每年评审11—20项,而8%的人每年评审的项目数量在20项以上,4.8%的受访者年均评审量超过30项。然而,上述结果仅呈现了基础研究类项目的评审数量,其他各类名目的项目更是不计其数,因此加重了专家的评审工作负担。

3. 项目开展环节:项目调整、经费管理和中期评估

标准化规则对科研人员的影响体现在项目调整、经费管理、研究开展、中期评估等环节。严格的流程和要求使得科研人员受到较高程度的约束。旨在放

松管理的政策在单位层面执行中也尚未真正得到落实，科研人员自下而上的沟通意愿并不强，导致其习惯于被动遵循过程性管理规则。

在项目调整方面，科研人员得到的学术自由度较低。当项目开展中无法继续时，项目负责人可以根据管理规定对项目的技术路线进行调整，但不能更换研究目标和内容。负责人如果遇到客观原因无法完成，可以延长研究周期。由于项目管理实行单位负责制，因此，项目依托单位的科研管理者在项目开展过程中的角色更为突出。他们负责提醒项目负责人按时完成项目任务、提交规定材料、完成经费管理和绩效考核等工作。上海市科学技术委员会的管理者表示，在财政经费管理和问责制度下，项目依托单位承担着较大的压力，这也是单位管理者对项目过程管理得更加严格的原因。

总体而言，科研人员认为管理要求多且制度弹性低。大部分项目负责人认为，项目管理工作负担在可接受范围内。54.3%的人认为有一点负担，11.9%的人认为完全没负担，约四分之一的受访者认为项目管理工作负担重。项目申请人遇到的项目管理问题中，"立项评审意见不反馈"的频率最高，也存在程序性工作太多、弹性不足、反馈问题的渠道太少、向学者征求的意见不足等问题。科研人员建议赋予项目负责人更多的弹性工作空间。专家认为当前项目评审过程对专家意见的重视不够，资助机构、专家和申请人之间的沟通不畅。专家建议建立常态化沟通平台，畅通意见反馈渠道，保障各类科研人员提供意见的权利，并且建立项目评审意见反馈和申请人答疑机制。再者，需要给予评审专家充分的信任，重视专家意见，减少资助方的干预。在评审工作方面，合理安排每位专家的项目评审数量，避免评审工作集中于少数专家，减轻专家工作负担，提高评审质量。这些建议集中体现了科研人员对"自由、开放和信任"管理模式的需求。

在经费管理方向，研究以经费管理"包干制"（即项目经费不设预算限制，由科研人员自主决定如何使用）为例，探究科研人员对经费管理制度的感知。对于"包干制"经费管理带来的规则变化，受访者的理解和态度存在双面性。在219名受访者中，承担过上海市级"包干制"类项目的人数约占15.1%。他们中的一部分人认为"包干制"产生了更多的有利影响，最大利好是经费使用更加灵活（90.9%），其次是节约项目管理时间（78.8%），对于获取更多研究所需资料、设备、人员等提供条件（54.6%），也降低了对经费"不好花""花不完"等问题的担忧（36.4%）。然而，也有人认为该政策产生了一定的负面影响，如实际经费使用中受到各类隐性限制(24.2%),还有极少数人认为实行包干制和过去经费管理模式没有什么区别(6.1%)。

科研人员在更大程度上嵌入科研单位的科层逻辑中。科研人员与科研单位的管理者沟通更加频繁,沟通内容主要是操作性问题。在项目申报阶段,科研单位的管理人员要对预备申请的科研人员做出申报规范的解释,告知申请人以往的申报情况,并开展答疑解惑、经验分享等活动。在筛选时,管理者邀请同行专家做初步评判并反馈意见,这些专家大都来自本单位的学术委员会,对本单位相关领域的学者较为了解,项目申请人根据专家意见修改后再提交给上级部门。在项目开展过程中,管理者负责沟通管理流程、项目进度、考核要求等,较少干涉科研人员实际科研活动。科研单位的管理者反映,项目申请人希望得到更多关于项目申报的指导、获取以往成功立项的申请书、搭建沟通平台等。

在项目管理过程中,科研人员作为评审专家的角色逐渐淡化。大多数基础研究类和人才计划类项目均不设置中期评估,以减少对科研人员的干扰。受访的评审专家中仅有8.8%的人参加过上海市基础研究类项目的中期评估工作,大部分专家以书面形式评审项目阶段性成果。但他们也反映了当前上海市基础研究项目中期评估工作存在的一些问题。例如考核流于形式,看不到项目实际开展情况(63.6%)、考核太少或太频繁(27.3%),考核内容与项目目标不匹配(18.2%)。从项目负责人视角出发,仅有47%的受访者在上海市基础研究类项目开展过程中经历了中期评估环节,而这部分科研人员对中期评估的认知分歧较大:约30%的人认为中期评估的价值不大,32.4%的人持保守态度,约37%的受访者认为比较有价值或很有价值。与之不同的是,81.8%专家认为有必要开展中期评估。

科研人员向管理者提出改进意见的意愿并不强烈。调研结果显示(见图5-5),93.6%的受访者不会向有关部门或所在单位反映项目管理意见或提出建议。大部分人认为,反映问题的渠道不通畅(57.6%),没有机会向管理者提出诉求;也有受访者认为反映问题程序复杂(18.5%);还有人认为有些问题很棘手,即使向上反映意见也无法得到解决(28.3%);反馈的意见得不到想要的回应或管理者没有采纳建议(11.2%)也是少数人积极性受挫的原因。也有受访者对项目之外的问题有所顾虑,比如担心会被"记名"(19%)、同行都没有反映意见(16%)。在较少的反映问题或建议的经历中,有关经费管理的问题最多,其次是立项评审事项。通过访谈得知，一部分科研人员希望能够参与到项目指南征集的过程中，或者将项目过程中的经费管理等问题反映给管理者。但是更多的受访者对向上的互动表示出消极的态度，例如：

提意见也根本扭转不了学术风气，学术派到处都是(Q130)。踏实做好该做的事情，管理的事我们管不了(Q161)。我们只是旁观者(S5)。我反复告诉上海市管理人员，不能让科学家既考虑收入和生活，又要科学家创新，这是不可能的事情(S6)。

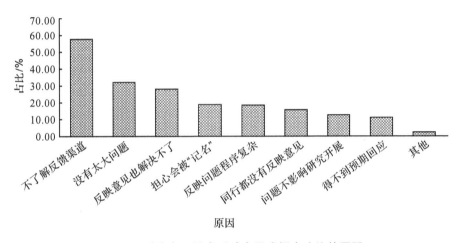

图 5-5　受访者不愿意反映意见或提出建议的原因

(二)效率化规则：科研资源的效率合理

1.重视短期效益

效率化规则要求管理者以有限经费实现财政经费的高效利用，从而证明其管理实践合理合规。因此，分类资助、重点投资是上海市科技经费资助工作的主导模式。一方面，将主要资源投入在战略导向型项目，用于对国家和社会做出当下的贡献，促进科技进步和提高科技贡献率；另一方面，划拨一部分经费资助自由探索类项目，为未来发展做谋划和储备，产出有利于科学发展的新想法。由于上海市对科学技术发展的财政投入有限，因而对基础研究项目经费和数量控制在一定范围。其中大部分经费用于集中资助优势领域、培育重点学科和大科学装置等。与上述战略导向项目相比，以兴趣为导向的自由探索类项目并不是上海市科技经费投入的重点。这类资助主要通过上海市自然科学基金一般项目和原创探索项目让年轻学者开展预备性研究和实验，培育可能的创新性研究。上海市的资助导向决定了资助对象主要为具备大型团队、研究重点方向和扎根优势领域的项目。原因在于,这些项目能够稳定地产出重要研究成果,在有限的时间内创造出色的绩效成绩,有利于提高财政经费利用效率,这也是管理部门工作考核的核心指标。总体而言,短期见效和绩效导向是基础研究项目的资助目标。

项目申请人对于项目资助的绩效导向有较为一致的感受,具体表现为资助程度不够。受访的项目申请人表示:当前上海市对自由探索研究的支持不足,集体攻关和大科学团队申报的模式不利于青年人发挥能动性(S03,S17)。对于上海市基础研究项目经费资助情况,认为资助强度低的受访者占到总数的57%("很低"和"比较低")。78.9%的受访者认为有必要进一步提升基础研究经费("比较有必要"和"非常有必要")。选择"非常有必要"的人数超过"比较有必要"的人数,只有9%受访者认为提高经费"完全没必要"或"不太有必要"。

评审专家更关注资助导向带来的负面问题。有的专家认为项目的类型设置隐含着价值导向。例如,管理者普遍重视纵向项目,轻视横向项目,前者能够提高科研绩效,而后者不属于绩效考核范围。这种导向进而引导科研人员更倾向于申请纵向项目而不愿意开展横向项目。一位专家对此提出相似意见:

不管项目经费来源于中央政府部门还是地方政府或企业,经费发挥的资助功能不变,每一分都应该得到合理应用。各类项目定位不清晰,产生的效益和效果也不明确,造成了资源的浪费(S25)。

为此,有的专家强调,基础研究的资助导向应该遵循"小而精"原则,以"资助人才"的形式取代"资助项目"的形式开展基础研究更合理(S39)。从专家对资助方面的建议可以看出,他们赞同基础研究项目实行分类资助、长期持续性资助和滚动资助,更多支持交叉研究和兴趣导向研究,向普通科研人员和青年学者倾斜。例如,有专家形象地以养孩子来比喻基础研究投资:

过去国家穷的时候大家都"勒紧裤腰带",我们以前都理解,现在的情况是国家整体实力增强,有必要投资未来。就像所有的老百姓都会把钱投资在自己的小孩身上一样,基础科研绝对应该投资,而且这笔投资是一本万利(S34)。

对短期效益的重视使得科研单位强化绩效导向的考核,加大了科研人员的压力。高校院所近年来普遍效仿美国终身教职(tenure-track)制度,在引进的年轻教师群体中实行"非升即走"的人才聘用政策。该政策在实行过程中产生了双面效果：一方面，激励年轻学者在首聘期内快速完成大量科研成果；另一方面，过高的考核压力让年轻老师对职业前景预期更加悲观，因而更加趋向于以"短平快"研究加快成果积累速度，但很难安心坐"冷板凳"。在严苛的考核机制下，科研人员为了完成考核目标，将更多精力投入在显示度更高的量化指标上，而这些量化指标并不一定是实质性创新。据科研人员感知，短时间内产出的科研成果大多是"跟风"或"套路性"研究。然而，他们并不敢放手去做兴趣导向或创新性研究工作。因此，单位的考核制度抑制了科研人员尤其是年轻学者的创新动机。

2. 绩效导向

在财政绩效目标的考核压力下，管理者制定的立项遴选标准和验收标准均以可行性为首要目标。尽管管理者声称重视创新性，但其规则的制定并不利于创新识别。党的十八大以来，管理者开始关注创新性标准的重要性，例如，在原创探索项目遴选时提高创新性的权重。但该项目数量有限，科研实力最强的研究人员或团队才有资格承担此项目。这意味着管理者通过限制资助数量和提高资助金额的方式，实现项目预期目标。这再次证明，可行性始终是管理者的主要标准。可行性标准不仅能够满足科研财政经费的考核要求，也是上级考核下级工作业绩的主要指标，包括项目完成率、项目执行情况、整体计划、产出数量和质量等。

然而，评审规则更重视立项评审而忽视后评估或长周期评估。调查显示，上海市基础研究项目验收之后，半数左右的人从未收到过资助机构或相关部门的后评估。19.2%的人在结题后一年内接受过后评估，仅有8%的受访者在项目完成三年甚至五年之后参与过项目的后评估。科研单位层面也没有后评估的规则，仅对一部分重点研究方向开展持续考核和滚动投入。

在"破四唯"导向下，管理者更注重"宽容失败"和研究质量，但这并不意味着管理者会放弃对绩效目标的追求。根据管理者的访谈结果，只有少数探索类项目允许失败。但正如上文中说到的那样，在可行性标准下，探索类项目绩效结果自然不会令人失望。对于普通的基础类项目，申请人仍然以较高的绩效完成项目考核，很少有人完不成目标；对于人才类项目，负责人科研实力卓越，所以保证了项目目标的出色完成。以上说明，"宽容失败"的政策改革并没有影响绩效目标在科层逻辑中的重要性。通过强化立项遴选的可行性标准,项目绩效目标得以高质量完成。管理者认为,"宽容失败"(如原创探索项目)只是资助规则的一小部分,大多数的科研项目还是以绩效导向为主。他们认为科研人员只有在绩效压力约束下才会以认真的态度开展科研活动,对所有基础研究类项目都实行"宽容失败",就无法产生实质性绩效,也无法完成上级交代的任务。

项目申请人同样非常重视项目绩效目标。项目完成情况的调查结果显示,受访者在大多数情况下能够按时按量完成项目目标(73.5%),甚至有 24.2%的受访者按时超额完成。没有完成目标的原因主要是客观原因影响进度,其次是项目目标难度高、只能完成部分任务或者目标设置过高。遇到未按时按量完成项目目标的情况时,半数的受访者会请求延长项目周期,努力完成项目目标,或者在截止日期前想尽办法完成硬性指标(34.7%)。少数人保持客观态度,即完成多少算多少、接受专家验收意见(14.2%)。还有一些人认为完不成任务不是主观原因,选择向资助机构申请免责(2%),这个结果与项目负责人对"宽容失败"机制了解程度有关(5.5%的人不太了解)。

在项目验收的各项指标中,受访者更看重项目目标的真正达成(84.5%),受访者对该项的不确定程度最低,说明学者们达成了较高程度的共识。受访者较为看重的指标是科技论文数量和影响因子(76.3%)。受访者认为最不重要的指标是获得省部级以上奖励,其次是专利申请数或授权数,再次是技术标准立项数或完成数。项目验收之后,半数左右的人从未收到过资助机构或相关部门的后评估,参与过后评估的人中,19.2%的是在结题后一年内,约8%的受访者在项目完成三年甚至五年之后才收到后评估。

3. 规避问责风险

管理者希望科研单位的领导能够充分发挥自主权,识别出有突破性的创新项目,而在实践中,科研单位更倾向于规避创新性研究带来的问责风险。例如,上海市自然科学基金项目近年来探索实行经费"包干制",这意味着科研单位被赋予自主经费管理权。对于实行限项申报的项目,科研单位拥有初步筛选项目的自主评审权。在实际筛选过程中,科研单位再将自主评审权交予院系(所)等二级单位,相当于进一步下放了自主评审权。从科研管理部门到院系,权力的层层下放也意味着责任和压力被逐级分解,处在基层的院系管理者肩负的责任和压力最为直接。除了上述三级权力结构，还有部分改革试点实行两级权力下放。例如，新型研发机构的项目遴选是将评审权和管理权直接交给顶尖科学家，"基础研究特区计划"是由资质良好的科研单位面向内部的科研人员开展项目申报和评审。

在权力层层下放之后，科研人员对评审结果公平性的质疑依然没有消除。对此，科委层面的管理者将其归咎于科研单位的筛选机制不合理，没有按照科学计算产生合理的分配名额；科研单位的管理者将责任推给负责评审的校内外专家和项目申请人，认为专家存在认知局限或者存在"人情关系"的干扰。不同层级的管理者都倾向于将问责矛头向下传导，从而减轻自身的责任压力。对问责的规避不仅体现在立项评审环节，还表现在结题环节的宽松验收。管理者引导专家实行较为宽容的验收模式，一方面将考核压力传导给专家，另一方面减少项目失败带来的工作负担和上级问责。

绩效考核的压力使得科研单位的管理者缺乏承接自主权的积极性。近年来，国家和上海市层面出台了多个促进基础研究原始创新的改革政策，包括分类评价、加大基础研究投入、代表作评价、管理自主权下放等方面，这些改革的落实都需要高校院所的领导层敢于承担责任和压力。摆在眼前的困境在于，敢于落实改革方案的高校院所，科研资源完备，优秀人才充足，科研成果丰硕，因而他们并不担心考核和排名下降，更不担心与考核挂钩的资源减少。而那些资源相对匮乏的高校院所，特别是地方性普通高校，对科研成果和生产力旺盛的科研人员的渴求更加迫切，对排名下降的担忧和改革推行的压力更加明显。两类机构相比，顶级院所的经验难以在一般院所推广，后者的领导层和管理者仍然倾向于沿用过去的模式发展本单位的科学研究。

如何承接自主权，从而既能妥善完成政策执行任务，又能避免基层单位在资源竞争中受到损失，需要高校院所层面的领导者具备战略眼光和敢为人先的气魄。上级指令性和下级自主性之间存在固有的张力，尽管上级的任务对基层单位具有明显的管控力，但基层单位都会发挥自主性以寻求最大化本位利益，因而依靠考核压力有时候也未必能推动政策奏效。[1] 推行改革方案

① 陶郁，刘明兴，侯麟科.地方治理实践：结构与效能[M].北京：社会科学文献出版社，2020：138-145.

会带来潜在失败的责任和绩效指标下滑的压力,领导者并不想在短暂任期内背负影响仕途声誉的重担。因而,大部分高校院所在中央和地方改革下达之后,普遍采取"观望"态度,而不是去做容易出错的"出头鸟"。对改革自主权的保守态度使得权力下放被"悬空",上级部门期待基层单位完成的目标在被动接权中难以实现。

三、商业逻辑:回应投资者要求

(一)公共需求:社会责任和家庭责任

科研人员的资助来源是政府财政提供的科研经费,表明纳税人是科研工作的实际委托人。[①] 因而,科研工作不仅是为了个人的研究兴趣,更要对社会公众做出"交代"。科研成果应用产生社会效益,促进科技和社会的进步,是体现科研工作社会价值的最显著方式。基础研究的社会价值不仅体现为促进科研成果转化为社会应用,解决科学技术问题,提高生产力,推进技术和产业发展,更体现为提升科研整体水平和国家科技实力,促进社会和谐发展。正是因为基础研究的社会责任与价值,战略导向项目才设立指南,指向社会需求和行业需要的方向,从而促进基础研究为社会发展发挥效能。当然,基础研究工作不可忽视的一个社会价值是对科研储备人才的培养。通过项目形式的科研训练,相关领域的学生得以成长为独立科研的人才,实现职业发展和社会阶层的跨越,成为服务社会的科技人力资本。例如一位受访人所说:

> 我的两个优秀的博士生本身都是来自农村的,家里也没有受到过比较高的教育,我有这样的学生也很自豪,他们博士毕业后进入科研领域不光实现了他们自己本身职业上的跨越,对社会上来说也是一个很大的进步,我觉得这是一个很大的贡献(S26)。

科研成果的分享也是一种社会责任。受访的科研人员表示,尽管普通大众并不理解科学原理,但不能彰显社会价值而夸大科研成果。也就是说,无论是

---

① Gao J P, Su C, Wang H Y, et al. Research fund evaluation based on academic publication output analysis: The case of chinese research fund evaluation[J]. Scientometrics,2019 (119):959-972.

面向科研共同体还是社会公众，学术宣传都应保持实事求是的严谨态度。科研人员的行政职位、学术地位、工资待遇等与社会责任形成"挂钩"关系，即科研人员的学术水平越高，对应的社会职务和权限就会越高，社会责任也越大，因此受到的社会关注和监督也越多。

家庭责任的履行是社会对科研人员提出的需求之一，也是科研人员回应家庭支持的回报。供养家庭能够让科研人员获得科研工作的动力，家庭的需要不仅体现在物质需求，还有陪伴、认可等精神需要。在科研人员的初期职称阶段，家庭支持对科研人员的帮助很大。受访的科研人员十分感激家庭成员的陪伴。科研人员收入提高后，逐步满足婚姻、购房、子女教育、赡养老人等生活需求。在高级职称阶段，家庭认可度发生了一些分歧。一方面，随着科研人员的学术职位和待遇收入提高，家庭的物质需求得到满足，家庭成员对其能力和职业的认可度也逐渐升高；另一方面，科研人员因忙于科研工作而无暇顾及家庭事务和家庭陪伴，导致家庭成员对其工作的负面评价增多。管理者提到，科研单位经常开展亲子活动、家属慰问日等活动，目的是提高家庭认同对科研人员的支持，从而提高科研人员对自身工作价值的认可。家庭对科研人员的认可意味着，家人要理解科研工作的意义，家庭成员承担更多家庭事务来支持科研人员的工作。

（二）功利化导向：关注显性科研成果

商业逻辑中的功利化导向表现为对可视化的显性成果的重视，一方面体现在社会层面对科学研究的认定（例如社会排名、社会宣传），另一方面表现为科学研究作为一种社会职业所承载的固有压力。

其一，社会排名的功利化导向。在资源有限且与考核密切挂钩的评价模式下，高校院所很难无视社会性评估（即各类机构排名）。于是更加重视短期内有助于提升科研指标的项目和人才，在各类管理制度中设置较高的指标，以促进更多科研成果的产出。人才引进、项目申报、聘期考核、绩效考核、晋升选拔、评优评奖等活动，几乎渗透到科研人员工作的方方面面，深刻影响了科研人员开展研究工作的价值导向。此举可能无益于小学科、冷门学科发展，甚至减少了青年学者潜心科研的动力，但是高校院所更愿保持排名的稳定或提高。这也导致一个结果，即高校院所在筛选上海市基础研究项目时更关注其竞争性优势，而很少愿意为冷门学科或基础性学科提供资助机会。在科研单位工作的学者们自然也要遵守单位的规章制度,将有助于完成考核目标的科研活动作为工作重点,而不敢开展兴趣导向的研究。这也使功利化导向从科研单位层面传导至科研人员层面。

其二,科研职业压力负载的功利意识。科研人员因收入高、节假日多、课时少、氛围自由等优势曾一度备受社会尊崇与青睐。自 20 世纪 80 年代末引入竞争导向和绩效考核机制,以及建立科学基金制之后,科研职业满意度逐渐走低,压力所致的职业倦怠却逐渐走高。[①] 以《自然》(Nature)2020 年全球博士后调研数据为例,近三分之一(31%)的受访者表示每周工作时间超过了 50 小时。[②] 博士后作为学术职业的入门者,其工作负荷尚且如此,更能折射出整个科研界的职业压力。与其他职业相比,科研职业以思考为业,对科研人员的独立思考、创新意识、冒险精神、平和心境等品质要求更高。但在外界看来,开展基础研究是一种内在驱动式的科研工作,并不需要设备物资,这种认知也导致社会产生了基础研究科研人员不需要太高资助的误解。由于缺乏经费资助和具有竞争性的待遇,基础研究领域的科研人员正逐渐形成人才流失倾向,科研人员也因为待遇问题而降低了科研热情。

其三,社会宣传制造的功利化氛围。社会媒体更倾向于报道容易吸引公众注意力的重大指标类科研信息以及引发讨论的负面信息,一定程度上引导社会更关注科技发展的量化指标,甚至加重了社会层面的误解。科研人员对此的普遍感受是待遇与贡献不匹配、社会尊重不够、负面评价伤害科研热情,科学家精神距离普通科研人员太远。市场竞争导向引导下的急功近利心态也在改变原本宁静的科研环境,进而影响科研人员的创新取向。科研单位内部的同行之间、院系之间竞争激烈,科研人员难以安心科研,科研界的内卷情况更加严重。

媒体对科研人员的不实负面报道,损坏了科学家的社会声誉,没有体现出他们的贡献,降低了社会对科研人员的认同感,一定程度上损伤了科研人员的

---

① 阎光才.象牙塔背后的阴影——高校教师职业压力及其对学术活力影响述评[J].高等教育研究,2018(4):48-58.

② Woolston C. Uncertain prospects for postdoctoral researchers[J]. Nature, 2020, 588 (7836):181-184.

积极性。由此，科研人员对社会的贡献度没有通过媒体途径有效传播到公众层面，科研人员没有得到应有的社会尊重。社会媒体对科研人员的正面报道存在不足。官方媒体经常报道科学家人物传记，例如，近年来国家自然科学基金委员会以网络连载形式开展"讲好科学家故事"活动，上海市政府部门致力于通过科普形式宣传院士精神和科学家精神，等等。但是，这些官方媒体的报道较少能够实现普及性传播。负面新闻的流传度却更广泛。一位受访者表达了对此类宣传的批评：

你看新闻上面一天到晚写"砖家""教兽"，那是砖头的"砖"，禽兽的"兽"，败类哪个领域没有？但是医生和学者群体对我们国家做出了莫大贡献。这些人放弃了更好的物质生活，选择为国家和社会贡献。他们回国实际上本质是为这个社会做事的，反过来你还在骂他们，把他们骂得一无是处，这个是非常糟糕的（S06）。

其四，社会认可的功利化倾向。社会层面的认可对于科研人员而言是必要的激励，也为科研人员创造了大环境。因而，科研人员无法忽视社会组织与公众对他们的评价。从科研人员的自我感知来看，从事基础研究的科研人员得到的社会认可度较高，比如获得国家自然科学奖的学者在社会知名度较高，为企业创造效益的科研人员得到企业的认可。但以利益和绩效为主的企业不一定完全认可基础研究，他们可能对技术或研究的价值缺少深刻认知，当企业在遇到问题需求时，才会想到技术或研究的重要性。

影响基础研究及其科研人员获得社会认可的因素体现在以下两个方面：一是社会与科学之间存在难以逾越的专业壁垒。社会对知识产权的保护意识以及科普工作的缺失，造成社会层面对科研工作和科研人员的不了解。基础研究成果以论文为主，科技贡献在社会转化方面的显示度不高或转化速度慢，大众能够理解科学意义的极少，因此影响了企业、社会公民对科研人员的认可度。二是社会媒体的报道对科学家的言论断章取义甚至人为拔高，引发公众对科学研究的误解。而公众的期望过高一定程度上加大了科研人员的压力，甚至在社会和科研界形成好大喜功的风气。

基于上述分析，本节归纳了科研人员所嵌入的各类制度逻辑和具体规则，多重制度逻辑要素的编码见表 5-4 所示。

表 5-4　多重制度逻辑要素的编码

制度逻辑	制度逻辑要素	逻辑要素的实践体现
专业逻辑	价值中立原则	客观公正判断 独立的评审标准 固定的评审偏好
	知识生产规律	"小同行"模式(专家的学识水平) 基础研究科研规律(允许失败、长期投入、目标不确定、学术自由) 灵感和努力的组合 明确的研究定位(人才成长规律、个体因素)
	科研共同体行为规范	"潜规则"("打招呼""人情关系""学阀") 评审惯例(歧视原始创新、文人相轻、同理心、平台效应) 科学家精神(老一辈科学家的精神气质) 科学精神(冒险、兴趣、好奇心、想象力) 学术认可(同行承认、学术声誉、学术地位) 科研惯习("跟风""捡漏""包工头")
科层逻辑	标准化规则	项目战略规划(学科分类、指南、项目类型) 标准化申请程序 限项申报和单位筛选 "大同行"模式 评审要求(既定的评审标准、评审时间、规则等) 严格化经费管理
	效率化规则	重视短期效益(完成项目目标) 绩效导向(重视论文成果) 规避问责风险(厌恶失败、执行阻力)
商业逻辑	公共需求	社会经济效益 社会责任(社会认可、培养学生) 家庭责任(家庭认可、家庭支持)
	功利化导向	利益至上(追求个人利益) 科研职业压力(资助来源于纳税人) 社会宣传(媒体对科研成果的夸张报道) 社会认可不足(社会尊重、待遇) 社会排名压力

第四节　多重制度逻辑的兼容与冲突

基于第三节科研行为内嵌于多重制度逻辑的分析，研究进一步总结实践中映射的逻辑关系。根据研究的分析框架，本书试图解释逻辑间的兼容与冲突关系，同时，发掘更多可能的关系形态，以丰富和深化原有分析框架中的嵌入机制。

一、多重制度逻辑的兼容性表现

（一）科层逻辑和专业逻辑的兼容：评价标准

科层逻辑与专业逻辑在创新识别与判断方面存在兼容性。基于项目立项评审实践调查，政府部门的科研管理者和科研人员在基础研究项目的判断标准上达成共识，即创新性和可行性两个条件缺一不可。

首先，创新性反映了专业逻辑的知识生产规律。它认为创新的关键是突破以往认知的"新思想"，这也是原始创新和"跟风"式研究的根本区别。基础研究的发展导向之一是瞄准科学前沿，但实际上科研人员认为当下我国的热点研究普遍采用"捡漏"和"跟风"做法。"跟风"指的是进入那些正在流行的热门领域，跟随别人脚步开展研究工作，以速度取胜，抢在别人前面想出问题的解决方案；"捡漏"指的是研究那些别人解决过但还没有顾及的边缘性问题，即"啃别人啃过的骨头，清理剩下的残肉"（S14）。专家认为"捡漏"研究缺乏对研究领域中前沿问题的深入思考，"跟风"研究是由于趋利思维的诱导，两类科研方式都不算是实质性创新。专家提出，真正的创新在于形成里程碑式的研究工作，发现新的研究领域并且找到了可行的研究路径，而且还要被同行和实践认可，在一定时间内被认定为富有挖掘意义的区域（Z09，Z11，Z14）。

创新性也体现了科层逻辑中"标准化规则"的优化完善。近年来，中央和上海市层面的制度建设对基础研究和原始创新的重视程度不断提升，科研管理者在政策实践中对基础研究规律的认识日益深化。管理者更加重视创新性评审标准，并寻找有效的体制机制改革路径，激励科研人员开展原始创新。例如，上海市的科研管理者通过设立原创探索项目、优化专家匹配系统、改善评审流程等举措,将标准化规则向更加注重价值和质量的导向转变。

其次,可行性是保障科层逻辑中效率化规则运行流畅的关键。管理者始终将可行性视为项目资助的重要指标,不仅是因为前期研究基础、科研能力等反映可行性的指标是目标完成的条件。而且,具备可行性的项目有利于形成丰富且优秀的科研成果,能够提高管理部门的工作绩效,同时也避免了项目失败带来的问责风险。

从专业逻辑的知识生产规律上看,可行性是证明创新想法可实现的条件,也是创新方案得到评审专家认可的必要基础。管理者和科研人员对于创新性和可行性的关系形成了共识,即创新性必须在可行性基础上才能实现,零基础的项目方案无法完成项目目标。新熊彼特增长理论认为"知识重组"是创新的来源,因此,既有知识是创新的前提。正如一位受访者所说,"吃螃蟹的想法很多人都有,但敢于第一个吃螃蟹的人才是创新的人"(S17)。也就是说,具备创新性的想法存在很多,但缺乏可行性的想法并不能实现创新。为了证明研究方案具备可行性,科研人员需要加强前期研究论证,前期研究基础还要与项目议题保持高度一致。

(二)专业逻辑与商业逻辑的兼容:社会责任

专业逻辑与商业逻辑对基础研究所承载的社会责任的认知是一致的。专业逻辑的科学家精神主张,科学研究者要具有胸怀祖国、服务人民的爱国精神,以及甘为人梯、奖掖后学的育人精神,这些体现了科研活动隐含的社会责任。专业逻辑也承认基础研究的社会价值,将满足国家和社会的需求作为资助基础研究的回报。国家通过财政经费支持科研人员开展基础研究,财政经费主要来源于纳税人。基础研究工作不仅是满足科研人员的个人研究兴趣,更重要的是要对纳税人负责,实现国家科技战略目标和满足经济社会发展需求。因此,专业逻辑也认同,从事基础研究的研究人员应该根据研究目标分为两种定位,一是自由探索,二是战略导向。战略导向面向国家和社会的科技需求,体现的就是基础研究对社会价值的响应。

商业逻辑同样强调基础研究满足公共需求和履行社会责任。具体体现在:其一,科研成果在未来可以转化为社会应用,解决各行业的科学技术问题,进而产生社会经济效益,促进科技进步和社会发展。其二,培养学生也是基础研究活动的社会价值之一。教书育人是高校教师的本职工作,传授知识给学生、指导学生开展科研项目，为科技创新奠定人力资源基础，这也是为社会培养科技人才创造更多社会效益的体现。其三，家庭作为社会结构的基本组成单位，商业逻辑要求科研人员作为家庭成员履行家庭责任，即供养家庭、子女、老人等。为了获得家庭认可，科研人员需要将科研活动转化为经济效益，从而满足家庭的物质需求。

（三）科层逻辑与商业逻辑的兼容：科学价值

1. 获得认可周期长

科层逻辑与商业逻辑对基础研究科学价值的认可都需要较长时间。科研管理者明确知道，基础研究项目在有限时间内产出突破性成果是不太现实的。因而，他们没有寄希望于所有基础类项目和人才计划都能完成项目目标，而是希望通过基础研究项目鼓励更多人开展原始创新（G01，G03）。科学研究表明，当前基础研究成果得到学术认可的周期较 20 世纪有所延迟。以诺贝尔奖为例，研究证明"科学发现"和"学术认可"之间的间隔呈指数级增长。[1] 正是因为基础研究难以得到学术认可，申请基础研究项目特别是原始创新项目的热情并不高。因为这意味学者们要承担被专家质疑和缺乏后续资助的风险，而且对于科研人员的个人职业发展将非常不利。以论文引用为例，有学者证实，如果某篇论文的参考文献中包含创新性期刊，更有可能成为该领域引用排名 1% 的论文，但同时它们也要面临更长时间才能开始累积更多引用的风险。[2]

商业逻辑也认同，研究成果获得社会认可比学术认可需要更长时间。社会公众对于基础研究成果的了解和接触普遍是在后端的成果应用环节，而不是论文形式的科学发现。药物学研究表明，过去的二三十年中，80% 的变革性药物产品都以基础科学发现为依据，而这些药物获得美国食品药品监督管理局（FDA）批准的时间要比相应的学术论文发表时间平均晚 31 年。[3] 受访的科研人员表示，过去的企业存在"基础研究无用论"的认知，主要原因是，基础研究成

---

① Fortunato S. Prizes：Growing time lag threatens nobels[J]. Nature，2014，508(7495)：186.

② Wang J，Veugelers R，Stephan P. Bias against novelty in science：A cautionary tale for users of bibliometric indicators[J]. Research Policy，2017，46(8)：1416-1436.

③ Spector J M，Harrison R S，Fishman M C. Fundamental science behind today's important medicines[J]. Science Translational Medicine，2018，10(438)：1787.

果更多以论文的形式展示出来,而转化为社会可见的产品或技术需要的时间不可估量。随着社会公众对基础研究和创新认识的程度加深,他们也能够为基础研究的价值认可提供更多的耐心和包容。

2. 重视社会声誉

商业逻辑与科层逻辑对于社会声誉的认知也是相通的。科层逻辑的效率化规则使得科研单位更关注绩效考核目标和短期成果,这些与机构的社会声誉紧密关联。当前的制度环境中,科研机构的社会声誉很大程度上由社会性排名决定。主流的大学排名有 U. S. News 世界大学排名、泰晤士高等教育世界大学排名、QS 世界大学排名与软科世界大学学术排名四类。这四类排名的打分指标各有特点,共同点在于,都包含了科学出版物的量化指标(如论文发表数量和引用数)和社会化指标(如研究声誉/获奖数、雇主声誉、国际化等)。这两类指标均引导社会公众更加关注大学的成果产出,而忽视难以量化的文化环境和人文精神,只能局部反映大学的科学研究发展。可以说,大学排名引发社会对学术机构的偏见,不真实、不全面、不科学的数据结果产生了与事实相悖的假象。

即使学界和管理者了解社会性机构排名的弊端,但此类排名始终得到广泛传播,主要原因是利益驱使①,这反映了商业逻辑的功利化导向。随着权威性大学排名在各个场域的认可程度提高,高校的生源质量、资金筹措、办学政绩与排名逐渐挂钩,排名成为评价的风向标。高校管理者无法忽视排名背后的利益与资源流动,排名位次的变化对于领导层而言是一种无形的外部压力。这也解释了即使国家和上海市的科研评价要求逐渐宽松,但高校的评价要求依然严格的原因,受访者普遍对此反映强烈,此处列举部分意见:

现在天天搞排名,为了排到前几名,高校老师们就拼命整课题和论文,我觉得这个有点极端了,因为排名里面有商业化的利益。排名不光误导了报考的学生,还误导了决策层,让他们以为排名上去了就真的很厉害了。但其实学校发展得没那么快,这是否定客观规律的,论文数量并不能说明创新水平。但是如果排名下降,领导肯定很害怕。排名的坏处很多,好处没几个,可以说是"拔苗助长",对我们整个学校的发展,包括人才的发展很不利(S07)。学校整体的考

---

① 任增元,王绍栋. 大学排名的缺陷、风险与回应[J]. 现代大学教育,2021(3):18-25,112.

核，包括"双一流"总结、每年的学校排名，与科研指标挂钩，校领导更关注显性指标，排名下降影响不好(G04-1)。

二、多重制度逻辑的冲突性表现

(一)科层逻辑与专业逻辑的冲突：标准化和效率化 vs 科研规律

科层逻辑与专业逻辑之间的冲突体现在项目各个环节的实践上。

1.过程视角下的逻辑冲突

其一，项目规划方面。在科层逻辑的标准化规则要求下，管理部门设置了较为宽泛的学科分类，从而促进评审的规范性开展。管理者认为"大同行"模式能促进不同学科之间的交叉创新。科研人员更多地建议细化学科分类、实行"小同行"模式。他们认为，"小同行"更能精准识别基础研究领域的创新性项目。在项目类型设置方面，科层逻辑以标准化规则为依据，按照是否有指南作为引导和是否有明确目标将基础研究项目分为战略导向和自由探索两类，从而方便管理流程开展。这种分类方式与专业逻辑的基础研究规律并不一致，各个领域的研究方向无法得到项目资助。实践调查显示，科研人员认为上海市的基础导向类项目和自由探索类项目不足，旨在支持年轻科研人员、小团队和普通科研人员的项目少。

其二，在指南设计方面。管理者设置指南时以上海市科技战略目标、重点任务和优势领域议题为主要方向，指南征集面向权威学者和战略科学家，并邀请院士作为指南制定者和把关者。管理者认为，上述指南设计是比较公平合理的，既考虑了上海市科技经费的合理配置，也符合基础研究面向前沿、引领创新以及促进原始创新等目标。然而，科研人员认为指南议题范围过窄，指南征集方式有待优化。专业逻辑的知识生产规律主张，基础研究的创新主要取决于个人的灵感和努力，并且基础研究具有难以预期的特征。因此，资助机构设置的指南方向与科研人员的研究兴趣存在差异。前者是既定的领域和明确的目标，后者是随机变化和因人而异。这导致科研人员申请项目时并不主要参考指南，但当研究方案不符合指南时却要更换议题以竞争资助机会，这与科研人员的研究初衷并不相符。

其三，在立项评审方面，在价值中立原则的要求下，专家的评审标准较为独立,不受科层逻辑的标准化规则影响。一方面,专家内部已经达成共识,即创新性和可行性两类标准缺一不可。即使在原创探索项目的评审中,缺乏可行性也难以获得评审专家支持。而管理者设立原创探索项目的目标是提高创新性标准的权重,打破评审专家的固有偏好。显然,评审专家也认同创新性的重要性,但在执行否决权时更坚持可行性的决定作用。专家认为创新思想很多,而具有可行性的创新思想才是真正有价值和值得资助的,如果没有可行性,创新思想将会一文不值。正是因为专家对可行性的"执着",立项遴选结果多以可行性和创新性兼备的项目为主,而令人耳目一新的项目鲜见。另一方面,管理者通过设立原创探索项目或事前沟通的方式优化评审的标准程序,但专家的评审风格更依赖于评审专家个人的评审经验和偏好。主要原因在于,专家的评审习惯在传统评审规则影响下逐渐固化,难以在短时间内改变。再加上申请人以专家评审意见为依据修改项目方案,当申请人作为专家开展评审时,往往以自己申请项目的经验为主或借鉴其他评审专家的评审风格。长此以往,科研人员相互之间的学习交流形成了评审惯例,演化为非正式规则,因而难以更改。

如果项目申请人已经对项目研究方案想得很明白,技术路线图很清晰、可行性也很好,就不会有原始创新项目,如果研究思路是天马行空的,其可行性可能就不那么好(G01-3)。

其四,在评审程序与流程方面。从价值中立原则出发,评审专家认为通讯评审的时间太短(一周左右),而专家实际负责的评审项目数量较多,因而在短时间内难以深入思考项目方案的价值。从标准化规则上看,管理者认为缩短评审时间是为了避免"打招呼"行为干扰专家评审,目的在于提高评审程序的公平公正。然而,管理者的初衷是好的,但产生了"好心办错事"的结果。表面上缩短评审时间减少了"人情关系"带来的影响,实现了评审程序的公平公正,但实质上降低了评审质量,不利于创新性项目的识别。

与此相似的矛盾还发生在评审流程的设置。为了减少"打招呼"行为对评审专家的干扰,管理者刻意将专家名单的公布时间延迟到通讯评审结束之后。一般在会议评审前一天的下班时间才公布专家名单。根据价值中立原则的实践表现,通讯评审的客观公正性较高,"人情关系"主要出现于会评阶段。曝光专家名单的操作对"打招呼"等行为的影响较大,但评审时间的长短对"打招呼"行为的影响并不明显。在价值中立原则下,大多数专家都能够完成负责任评审,并不会因为申请人的"打招呼"而改变评审风格。管理者以公平公开为目的曝光评审专家名单,却为"打招呼"提供了潜在的窗口。

其五,在项目过程管理方面。当项目开展中因客观原因或者自身技术原因无法继续时,效率化规则允许项目负责人更换技术路线或申请延期,但不能更换研究目标和内容。调查显示,实际项目开展中很少有人申请项目调整,理由是项目调整的申请程序较为复杂,需要经过多层审批和合同变更。但基础研究的探究中常常需要在失败后推翻重来。因此,效率化逻辑对项目调整的限制与基础研究不确定性、失败率高的特性相冲突。由科研人员的认知调查得知,当出现上述情况时,70％的项目负责人倾向于申请调整项目。部分受访者不愿意调整项目的理由是保留已有研究成果和坚持完成研究目标。受访者因管理程序复杂而不愿意调整项目的比例较小,说明完成目标的效率化规则已经在科研群体中深入人心。专业逻辑强调基础研究项目需要自由灵活的开展方式,即遇到难以克服的困难无法完成项目目标时,可以尝试更换方向继续探索。但是,科层逻辑对项目调整的限制表明,科层逻辑更注重目标完成度,而不允许失败的自由探索。

2.绩效目标的认知差异

除了过程视角下的逻辑冲突,专业逻辑和科层逻辑对绩效目标的认知并不一致。站在知识生产规律的角度上说,基础研究的成果产出是不确定的、失败率高,很难保证在既定项目期限内完成明确的目标和绩效。基础研究项目的学术性目标在于解决科学问题,更高层面的意义在于将科学发现应用于科技进步。科研人员认同,真正的科研动力来自兴趣导向的内驱力,外在的项目考核压力更多是"完成任务"的动力,而不是"学术探究"的动力。科层逻辑的效率化规则关注项目短期成果和完成绩效目标。因此,管理者在基础研究项目立项申请环节明确了可行性作为遴选标准,从而保障项目任务的完成。项目的目标是完成论文、专利、著作、技术、奖励等一系列量化绩效,项目效果在于获得资助的科研人员在未来能申请到更高层次的项目。当问及项目效果如何时,管理者首先想到的是受资助者成功申请到国家项目的比例。但是,对于项目在推动科技进步和社会发展方面的作用,管理者并没有深入了解的意愿。管理者认为绩效目标带来的压力对于负责人而言是一种动力,能够监督科研人员认真开展研究。

(二)商业逻辑与专业逻辑的冲突:公共需求 vs 知识生产规律

公共需求和知识生产规律在基础研究价值方面有一定冲突。商业逻辑的公共需求主张,基础研究应该对纳税人负责,服务于国家与社会需求;专业逻辑的知识生产规律强调,基础研究应主要以个人的兴趣爱好为驱动,在灵感的指引下开展自由探索,价值在于新知识的发现。战略导向型项目有明确目标要求,项目绩效考核和验收标准更明确,在指南范围内开展基础研究探索受到的导向性限制过多。项目的价值更多体现在解决应用型问题而不是科学探索问题。在上海市的基础研究资助体系下,自由探索类项目种类相对较少,资助金额也较少,科研人员想要自由开展基础研究会受到资助不足的限制,以解决实际需求为目标的项目往往在结题后缺乏持续性资助。项目绩效考核需要科研成果作为支撑,短期内不容易产出成果的探索性项目难以通过项目验收。这也导致大多数科研人员在研究基础扎实时才会申请项目,而较少申请完成难度较高、过程复杂的探索性研究。

社会认可与科研共同体行为规范的冲突。商业逻辑中功利化导向的社会认可与专业逻辑的科研共同体行为规范存在较大差异。社会层面赋予科研人员的角色多样且角色期待过高,但对科研人员的角色宽容度却很低。科研人员的社会角色包括教学者、研究者、智库、科学家、工程师、学科发展、科研机构工作者等。相应地,他们也被要求具有高尚的师德师风、探索真理的科学精神、关注社会需求、崇高的科学家精神等特质。为了完成角色要求,科研人员尤其是女性科研人员需要付出大量时间和精力,牺牲物质享受和家庭归属感。社会层面缺乏对科研人员的包容和理解。科研人员在工作负荷、工作和生活的冲突等方面在社会中处于较高水平,甚至高于白领群体。[①]"竞争优先权"的职业特性加重了高校教师的压力,使得高校教师绝非社会认知的"象牙塔"式的理想职业,而是在相互交织的繁杂事务中"碎片化"开展学术探索,并在外在负荷与内在追求的冲突中苦苦挣扎。然而,科研人员的职业压力并不为人所知,甚至容易被社会曲解。在出现部分科研人员因科研诚信、学术不端等而被报道的恶劣事件时,网络媒体往往以偏概全,放大负面评价,抹杀所有相关科研工作者的声誉。

---

① Catano V,Francis L,Haines T,et al. Occupational stress in Canadian universities:A national survey[J]. International Journal of Stress Management,2010,17(3):232-258.

功利化导向与知识生产规律的冲突。媒体报道可能会扩大科研成果在社会层面的影响力。有研究证明，对比同一本期刊上发表的论文被媒体报道和没有被报道的引用量，前者在第一年所获得引用量比后者高出 72.8%。在媒体因罢工事件没有公开发行选出的文章时，被挑选出来的文章相比没被选中的文章就失去了引用量的优势。① 这一项自然试验证明，媒体报道能够提高学术影响力的"显示度"。媒体是商业逻辑与专业逻辑交流的重要窗口之一，通过报道能够扩大科学信息的扩散范围，使得更多研究人员能够获得社会认同。它也是社会层面的一种认可标志，由于媒体一般倾向于报道正面的或新奇的信息，科研成果得到报道意味着它被更多受众视作真实且重要的创新成果。②

但是，媒体的报道可能选择性呈现公众感兴趣的发现，而不一定符合知识生产规律。例如，新闻记者仅喜欢报道医学研究最初的发现，当这些结果在后续研究中被否定或没有正向的关联结果时，记者就不会感兴趣。这种现象隐含了社会媒体与科学研究之间的冲突，即媒体选择性报道新颖的发现，专业逻辑认为科学要呈现完整的研究结果，而且每一项研究都有可能被否定或推翻，越是新奇的发现就越有可能出现失败的结果。盲目地报道最初的正面研究结果可能会对社会公众的生活产生误导。例如，1998 年《柳叶刀》上发表的一篇论文称，预防麻疹、流行性腮腺炎和风疹的三合一疫苗会引发孤独症。这篇论文在全世界被媒体大肆报道，导致美国、英国和爱尔兰疫苗接种率的下降。但后来该研究证实了样本极少且数据被有意篡改，这篇论文被撤稿，作者本人也因此被吊销行医资格证。③

媒体对于科学研究的报道能够起到学术监督作用。一项研究结果被媒体报道之后，提高了其知名度的同时也让更多人质疑其研究结果的合理性，关注该媒体报道的科研群体成为保证科学研究准确的制衡机制。当数据结果存在错误或实验结果无法重复时，媒体的报道事实上加快了学术打假的速度。"韩

---

① Phillips D P, Kanter E J, Bednarczyk B, et al. Importance of the lay press in the transmission of medical knowledge to the scientific community[J]. New England Journal of Medicine,1991, 325(16):1180-1183.

② 王大顺,巴拉巴西.给科学家的科学思维[M].贾韬,汪小帆,译.天津:天津科学技术出版社,2021:246.

③ 王大顺,巴拉巴西.给科学家的科学思维[M].贾韬,汪小帆,译.天津:天津科学技术出版社,2021:247.

春雨论文事件"是媒体监督的典型例子。但是,部分媒体过度渲染学术不端行为或刻意抹黑学者的报道会对学术群体声誉带来负面影响。数字媒体时代的媒体告别传统的纸媒传播方式,采用更丰富具象的载体如公众号、微博等吸引流量。为了博人眼球,媒体对科学研究的报道多以鼓吹科研指标类成绩或批判学术不端两种极端的方式,还会搭配科研人员言论的断章取义和片面解读。鼓吹成绩尽管是对科学进步的褒扬,但媒体往往过度关注论文数量、专利数量、科研经费等数字,而缺乏对学术成果科学意义的解读,无法体现研究成果的科学贡献。这种报道方式人为拔高了研究的客观贡献,使得公众对实际科研水平产生了过高评价,也煽动科研界的学术宣传日益关注项目、经费、论文数量等成果展现形式,而忽视学术质量和实效。

(三)科层逻辑与商业逻辑的冲突:效率化 vs 社会责任

科层逻辑与商业逻辑的潜在冲突在于,资助机构由于重视社会影响和社会需求,想要通过效率化规则促进更多的科研产出,提高经费利用率,从而规避创新性活动带来的风险。但过度重视效率和绩效却使得对社会更具贡献的开创性发现无法识别和发展,最终还是为社会带来更大的损失和风险。学者认为,科层制的效率化规则在实践中提高了机械性效率,却无法完成原本设定的社会性效率目标[1],这种冲突可以概括为科研资助的"风险悖论"。

资助机构的目标是提高财政经费使用效率,他们被要求向社会公开其财政经费使用结果,回应纳税人的支出。他们可能倾向于支持那些能最大限度地提高科研成果指标的科研人员和项目。[2] 资助机构面临一个具有挑战性的权衡,即评估专家必须在两类研究中做出选择。一类是可能带来突破性发现但失败风险高的研究(创新研究),另一类是可能带来渐进式科学进步但失败风险低的研究(非创新研究)。[3] 选择规避风险的资助机构可能会只资助非创新的研究,

①　弗雷德里克森. 新公共行政[M]. 丁煌,方兴,译. 北京:中国人民大学出版社,2011:2.

②　Lorsch J R. Maximizing the return on taxpayers' investments in fundamental biomedical research[J]. Molecular Biology of the Cell,2015,26(9):1578-1582.

③　Azoulay P, Graff Zivin J S, Manso G. Incentives and creativity: Evidence from the academic life sciences[J]. The RAND Journal of Economics, 2011, 42(3): 527-554; Wang J, Veugelers R, Stephan P. Bias against novelty in science: A cautionary tale for users of bibliometric indicators[J]. Research Policy,2017,46(8): 1416-1436.

降低科学失败的风险，并确保科研成果的产出数量，从而最大限度地降低浪费纳税人资金的风险。[①] 相反，愿意承担风险的资助机构会通过专门的渠道资助具有开创性潜力的新研究，并接受更高的科学失败率。这种选择表面上似乎没有在项目执行期内创造可观的科研指标，但从长期来看，创新性的科学想法更有可能为科学发展做出巨大贡献，这也是社会期待科学资助产生的效果。

第五节 本章小结

本章以科研管理者、项目申请人和评审专家三类主体的访谈和问卷调查为研究数据，探究了科研人员在制度实践中如何嵌入多重逻辑，科研行为如何受到制度逻辑的形塑。首先，介绍本章和第六章所依托的调研样本，即上海市基础研究制度环境与项目开展实践。其次，对问卷和访谈的设计和开展进行了详细阐释。再次，以访谈和问卷结果为基础，分别阐明了科研人员所嵌入的三重逻辑及具体的规则，以及这些逻辑对科研行为提出的要求。最后，对多重制度逻辑之间的兼容性和冲突性的表征展开分析，呈现出多重制度逻辑达成共识和形成对立的关系形态。

---

① Ayoubi C，Pezzoni M，Visentin F. Does it pay to do novel science? The selectivity patterns in science funding[J]. Science and Public Policy，2021，48(5)：635-648.

第六章　个体能动：科研人员对多重制度逻辑的回应与选择

变化的制度情境和多重制度逻辑造就了复杂的制度环境，逻辑之间的作用关系诱导个体行动者采取相应的应对策略和行为。[①] 为了满足职业角色和社会规范的要求，行动者需要协调多重制度逻辑的规则要求，必然会面临逻辑间的取舍。个体行动者基于自己的认知图式理解各类逻辑、选择特定规则作为主导逻辑，使自己的行为符合角色要求。个体的回应与选择平衡了多重逻辑所处的制度环境，影响了制度结果和创新行为。逻辑之间存在既兼容又冲突的复杂关系，这也为科研人员在制度实践中发挥能动性提供了机会。

本章需要解决的问题包括：一是科研人员如何看待多重制度逻辑的重要性，面对逻辑导向发生更迭的复杂情境，他们对两种导向会有怎样的回应。二是科研人员心中认同的主导逻辑要素和实践遵循的分别是什么，应然性和实然性的双重突显信念反映了他们怎样的逻辑选择。三是从主观规范出发，哪些因素驱动科研人员能动地选择不同逻辑要素作为行为导向。四是对不同逻辑的回应与选择反映了科研人员如何使用逻辑，对基础研究制度改革和创新活动会有什么影响。

---

① 周雪光.中国国家治理的制度逻辑——一个组织学研究[M].北京：生活·读书·新知三联书店，2017：259.

第一节 逻辑回应的创新态度

一、对多重制度逻辑的重要性判断

复杂的制度环境为科研人员对多重制度逻辑的理解创造了多种可能。通过对访谈资料的编码和分析,本节阐述了科研人员在实践中如何理解多重制度逻辑的重要程度,进而总结其能动性的逻辑回应。

(一)认同知识生产规律和公共需求

科研人员最看重专业逻辑的知识生产规律,他们认同原始创新是灵感和努力的共同结果,尊重基础研究需要长期投入、容易失败、不确定性的科研规律,强调学术自由对于原始创新的重要性。访谈结果表明,科学精神是科研人员最崇尚的专业逻辑规则,表现为兴趣驱动、热爱科研、严谨踏实、富有好奇心和想象力、敢于冒险等。当科研人员作为评审专家时,大多数专家都选择遵守价值中立原则,重视项目方案的创新性,以提出新想法和科学价值为判断指标。批判"潜规则",并拒绝以平台条件、学术声誉等非学术性指标作为打分的标准。评审专家主要根据自身的经验和学识做出判断。他们更认可独立的评审标准而不是资助机构的评审标准。大多数受访者表示,评审结果主要取决于同行评审专家的学术水平,学术水平越高的"小同行"专家,越能够识别出原始创新项目。然而,科研人员并不是完全认同专业逻辑,他们也会批判科研共同体内部的非正式规则,包括同行评审专家的文人相轻惯习、歧视原始创新的评审偏好、利益交换的"人情关系"、评审专家的认知局限性、"挑错"型的评审模式,以及"跟风""捡漏"的风气等。

他们认可基础研究科研工作要回应社会公众的需求,重视社会责任、公共使命和家庭义务。对纳税人负责是科研人员接受科研资助必然要履行的责任,也是学术自由的基础。因此,他们在决定选题和产出成果时也要考虑促进科技进步、提高经济社会效益等公共使命。为社会培养创新人才、向政府提供科学咨询等也是科研工作者要承担的社会责任,所以,科研人员也十分看重教学育人和提供社会服务的角色。家庭义务是科研人员作为普通社会成员的基本责任,这种责任贯穿科研职业始终。在职业发展早期,科研人员缺乏赡养家庭的能力,面临较多的生活需求,因此需要更多来自家庭的支持。待到科研人员事业发展后,科研人员则会反哺家庭,承担更多家庭责任。科研工作者承担的各类社会责任有助于其获得社会认可、家庭认可和专业认可,这也是他们的重要创新动力来源。

(二)拒绝功利化导向和批判科层逻辑实践方式

科研人员宣称拒绝逐利的功利化导向,鄙视为了物质需求而牺牲学术追求的行为。受访者普遍批判社会层面对科研量化指标、物质利益等功利化的新闻报道,以及不符合科学事实的鼓吹宣传。企业和公众往往对基础研究科研活动存在"无用论"的误解,这与社会层面的功利化导向宣传脱不开关系。企业更看重经济效益,公众更期待显性的科研成果应用,这两种认知反映了功利化导向与基础研究知识生产规律的冲突。也正是因为功利化导向的存在,基础研究科研工作的社会贡献度被弱化,科研人员感受到的社会认可较低,社会尊重不足。科研人员批判过度追求利益而泯灭学术精神的行为。例如"追热点""抬轿子"的科研行为,以及"数文章""数项目"的评审行为等。他们认为功利化导向的危害极大,不仅带来了科研群体的严重内卷,更严重的是浪费科研资源,有害于国家和社会的利益,阻碍原始创新想法获得资助和发展。科研人员承认,功利化导向的心态难以避免,在职业发展早期的多重压力下尤其明显。然而,随着年龄增长和职称的提高,他们的功利心逐渐减弱,更多批判功利化导向的负面影响。更多人选择在评上高级职称后坚持自己的学术兴趣,避免仅将科学研究视为一种谋生工具,以解决科学问题或行业需求为目标,拒绝沦为功利化导向的"囚徒"。

科研人员对科层逻辑的实践方式主要持批判态度。受访者认为,标准化规则和效率化规则与知识生产规律冲突。科层逻辑的制度实践阻碍了科研人员自由探索、追求学术理想的创新活动,加剧了科研环境的功利化导向,也不利于专业逻辑发挥作用。科研人员批判的重点在于:资助体系不利于年轻学者成长成才,增强了科研人员的功利心;严格的程序性管理造成了过多的行政干预,使得科研人员在项目"包装"和经费管理上花费大量时间;评审规则影响专家做出符合科研规律的判断,对创新想法形成和人才发展产生了限制作用;效率化规则对绩效指标的依赖不利于原始创新想法获得资助和认可。科研单位层面对科层逻辑的严格执行更是加剧了上述负面作用,造成功利化导向的科研行为、激烈竞争和巨大的科研压力。也有部分科研人员认为科层逻辑的评价考核要求是一种动力，激励科研人员产出更多科研成果，二者是相辅相成的关系，但考核要求如果不合理，对科研人员的激励作用就会减弱。

二、新旧逻辑更迭中的制度认同

根据第四章的分析结果，2012—2021 年，我国基础研究制度建设进入创新驱动与深化改革期，同时也处于逻辑冲突深化的阶段。中央层面密集出台相关资助、管理与评价的改革政策，如大幅提高投入、科研经费管理改革、管理和学术自主权下放、分类评价、代表作评价、"破四唯"等。这些旨在建设符合基础研究科研规律的改革导向是新时代制度逻辑的表征，与 20 世纪 90 年代初建立的以市场化竞争和量化评价为主的旧逻辑导向形成鲜明对比和逻辑冲突。在本节中，研究将党的十八大之前的制度环境称为"旧逻辑导向"，以"提高绩效、注重竞争和量化评价"为特征；将党的十八大之后的制度环境称为"新逻辑导向"，以"促进原始创新、尊重基础研究科研规律"为特征。新逻辑导向的制度改革，以及新旧逻辑导向的冲突，为科研人员的逻辑回应提供了一种复杂的情境。

新逻辑导向在科研实践中并未被广泛认同和采纳。针对制度改革的问卷调查结果表明，新逻辑导向的制度改革在科研实践中的总体感受并不高。约半数受访专家表示听说过相关评价政策，但在项目评审中感受不明显；仅有 24% 的专家认为项目评审工作中有所体现；部分专家认为这些政策存在于书面文件中。对传统评价方式冲击最大的政策导向是"破四唯"（或"破五唯"），这类政策的接受度也最低。对新近改革政策效果的调查显示，科研人员认为政策效果最不理想的是"破四唯"改革，且该政策得到的不确定评价最多。

从访谈结果得知，科研人员面对新旧逻辑导向的更迭呈现出三种回应态度，分别是"批判适应""消极抵抗"和"积极参与"（见图 6-1），具体结果分析如下。

第一种态度，"批判适应"。即科研人员对制度改革效果表示失望、担心和消极预期，但为了保证行为的合法性，在实践中仍遵循符合新逻辑导向的行为规范。

大多数"批判适应"型科研人员倾向于支持新逻辑导向的制度改革，并且态度决绝地批判旧逻辑导向。他们认可科研管理部门政策安排有助于促进创新和净化环境，但同时也质疑甚至批评制度改革的执行方案缺乏科学性和有效性。他们认为，改革落实的混乱造成了科研人员的迷茫，增加其科研工作的负

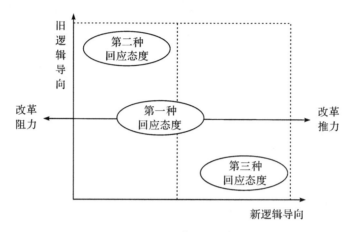

图6-1 新旧逻辑导向更迭时的三种回应态度

荷。具体到实践中,自上而下的制度改革中存在"阳奉阴违""上有政策下有对策"等执行阻滞,使得中央层面的制度改革下不到基层科研单位。科研单位为了完成制度改革任务,近年来开展一系列改革,回应新逻辑导向的制度目标,例如,在项目评审和职称评聘中采用"代表作制度",通过综合评价指标考核科研绩效,设置分类评价的不同渠道,取消考核评价中填写期刊影响因子的做法等。

调研结果显示,科研人员认为,基层科研单位的上述做法并没有根本改变过去的量化导向。以分类评价为例,受访者认为评审实践中仍然是"一刀切"的做法,改革导向并没有真正落实:执行过程中效果并不理想,不管什么岗位的考评都是同一个学术委员会做出的裁决,而学术委员会的裁决都偏好科研指标,评价结果趋同(S36)。相反,科研人员需要快速适应新规则带来的一系列调整,如增加了各类表格填报、事务流程和评价标准等。这些无疑为他们本就繁重的科研工作增加了负担,造成他们对制度改革方案效果的怀疑。受访者表示,政府开展的试点改革方案都是针对"大牛"团队,与一般科研人员无关,单位层面仍然有很多考核,改革带来的变化是更加重视"破四唯",但改革开始让科研人员感到迷惑(S15)。尽管存在上述意见,但"批判适应"型科研人员的做法通常是遵守制度变革方案,而不是反抗。这样做的原因一方面是表示对制度改革的支持,在科研群体中树立拥护改革的形象;另一方面是迎合单位规则从而提高自身行为的合法性,降低制度改革中遭受风险的可能性。

第二种态度,对新逻辑导向"消极抵抗",维持旧逻辑导向下的制度惯习或者漠不关心。

新逻辑导向下的制度改革必然面临旧逻辑导向的阻碍。既有的制度安排在科研实践中形成了难以磨灭的惯性,习惯于旧逻辑导向的科研人员以及既得利益者自发地形成消极对抗的态度,通过漠视政策或维持原有的制度惯习表达他们对制度更迭的不满:

"破四唯"还是"破五唯"的科研评价改革会遭遇既得利益者的阻碍(S12)。

在基础研究科研实践中,一方面,这种态度表现在"宽容失败、鼓励创新"的政策导向并没有形成专家的共识。专家在基础研究项目评审中依然延续过去的标准和惯例,即十分重视可行性标准,关注项目目标完成度,歧视可行性不足的原始创新想法。充足的研究基础、研究团队和前期积累等是决定他们打分的主要指标。相比之下,创新性标准尽管重要,缺乏可行性的项目目标完成度就会下降,也会因此不被专家支持。一般而言,刚起步的青年学者在项目的可行性方面较为欠缺,即使有出色的创新性想法,也较难得到同行评审专家的支持。掌握了大量学术资源的"权威型"学者,在项目申请中则占据优势。当前的政策更鼓励专家放下成见、宽容失败,但作为项目资助评审的同行专家授权于资助机构,科层逻辑对项目效率的追求让专家很难摒弃旧制度惯习。

另一方面,"破四唯"之后没有树立可行的新标准,科研人员和基层管理者在评价活动依然"唯"各类科研指标。受访科研人员的反馈表明,改革后"四唯"问题依旧:但是从评审改革这两年来看,改革没体现出它要实现的目标,没有达到那个目标,反而关系似乎越来越严重(S14)。多数受访者担心"破四唯"可能引发更多难以控制的人情问题,降低资源分配的公平。正如受访者所担心的:

"破五唯"是将量化的东西改变为不能量化的东西,但会让人情因素的作用放大化,专家的决定权更大(S02)。现在的评价办法,包括各类科技奖项和人才体系评价,在"破五唯"之后还是继续原来的惯性(S11)。

管理者试图将原本不受重视的教学、公共服务等指标纳入考核范围,形成综合评价模式。但科研人员认为,这种方式对论文、专利等量化指标的依赖没有发生实质性改变,反而加重了科研人员的负担和压力,形成了"多唯"困境。尽管量化评价导向带来很多弊端,但目前找不到更客观公平的替代性指标。论文是证明科研人员学术能力、创新想法和科研态度的最客观有效证据,也是评价基础研究的最客观指标。因此,科研人员坚持以论文为代表的量化评价指标需要保留。在没有更有效指标出台的情况下,维持旧制度的做法更能减少科研实践中的不确定性,也能够减少科研人员适应制度的困扰。这种倾向也与管理者的认识相似。一位管理者提到，原来的评价方法被证明是适应环境的，因而未来不会大幅改革，只会在原来框架内做一些优化和完善（G03）。上述两类制度惯性在实践中形成了"消极抵抗"倾向，即科研人员没有直接拒绝新的制度规则，而是以维持旧惯习的方式回应，消极的创新态度使得，促进原始创新的制度逻辑导向难以在实践中得到"复制"，影响了制度改革在科研群体中的认同感。

第三种态度，"积极参与"新逻辑导向制度改革。

这一类创新态度体现在两个方面：一方面，受访者赞同和支持新逻辑导向的制度改革并期待政策尽快落实，如"破四唯"、"破五唯"、代表作制度、宽容失败、包干制、学风建设、聘任制改革、基础研究特区、优先支持青年人才计划等。另一方面，受访者完全否定旧逻辑导向下的制度规则，批判浮躁的科研环境、"短平快"研究模式、功利化的不良风气、过度依赖量化指标进行评审和开展科研活动等行为。访谈结果显示，这些旧逻辑导向约定俗成的惯习表面上帮助科研人员更快地积累成果和改善物质生活。但实质上，短时间内创造的低价值成果并不是真正的创新，不仅浪费了科研资源，还使科研人员沉迷于"成就"中，而丧失创造力和钻研学术难题的勇气。更严重的结果是，功利化科研行为产生的"鸡肋"型成果过多，淹没了本来就稀缺的原始创新想法，增加了筛选创新成果的难度。同时，评审专家习惯了通过量化指标判断项目方案的价值，对于缺乏研究积累的方案较少支持，原始创新想法和创新型人才因此难以得到资助和发展。

正因为上述弊端，学者们才更加支持新逻辑导向的制度改革。原因在于，近年来的基础研究制度建设针对上述各类体制机制弊端，逐一提出改革方案。通过一系列制度更新，科研环境由重视数量向重视质量转变，"短平快"的研究模式遭到了大多数创新人士的批判。"捡漏"和"跟风"的研究在科研场域得不到学术认可，被同行评审机制过滤，功利化导向的项目申请行为和评审行为不再是主流。

政策需要改进，科研人员需要生存，就要符合环境需求（S18）。大学需要有理想，有能力，有进取精神的一代新人，这样才与中国的发展相适应（S39）。

更多科研人员支持制度改革的原因如下。首先，过去行之有效的量化导向和功利化行为在当前"内卷化"情境下难以存活，与创新规律更贴近的新逻辑导向更适合创新驱动的时代需求。其次，青年人才作为基础研究主力军，更希望得到资助和认可的机会。新逻辑导向为青年科研人员提供了更友好、宽松的创新条件,旧逻辑导向的资历、帽子、人情等因素容易阻碍青年学者独立自由开展创新活动,这也是年轻一代科研群体更支持制度改革的原因。

半成名和未成名的一流人才,往往是原始创新和基础研究的主力军,却受到种种因素影响,发展难免受到制约(S21)。

除此之外,支持制度改革的科研人员也对实现改革目标有更多的耐心。制度改革"破易立难",在制度导向正确的前提下,需要更长时间破解科研环境的诸多弊端。创新困境并不能在短期内完全改变,改革带来的短期"阵痛"也是必然的结果,这是人们普遍认同的制度规律。因此,制度改革需要更具操作性的实施细则,鼓励敢于改革的高校负责人开辟改革试点,以及制定分类改革的科学执行方案。

第二节　逻辑选择的双重信念

本书以问卷结果和访谈结果编码为基础,分析受访者话语中表现"重要性"和"优先序列"的内容,总结科研人员面临多重制度逻辑的"突显信念"。本书提炼科研人员内心认同的逻辑规则和实践遵循的逻辑规则,说明科研人员在"应然"和"实然"两种心理状态下,如何在不同的逻辑规则中做出选择。

一、应然性突显信念:知识生产规律和价值中立原则

分析问卷结果和访谈结果编码,本书发现,专业逻辑的知识生产规律和价值中立原则是科研人员认同的主导逻辑要素,即应然性突显信念。

(一)知识生产规律作为主导逻辑

科研职业区别于其他职业的根本特性是遵循知识生产规律。具体到基础研究活动中,科研人员对于如何开展创新、如何实现原始创新等问题的认知,反映了他们对知识生产规律的认同和重视。在访谈中,当被问及如何实现基础研究原始创新时,项目申请人认为核心理念是遵守基础研究科研规律,出现频率较高的包括"容易失败""长期钻研""自由探索""目标不明确""灵感""努力"等词语。他们强调原始创新的实现是多种科学因素的组合,人们需要尊重科学本

身的规律。例如,基础研究的突破性科学发现来源于可遇不可求的灵感,推翻前人的理论势必面临不被认可的困难,探索过程中的多次失败是必然的,少数的成功却是偶然的。人们还要遵循研究本身的规律,原始创新要在数十年如一日的钻研基础上才能获得。因此,从事基础研究需要科研人员的长期投入、耐心钻研和不懈努力,而维持上述科研行为更需要自由的学术环境和充足的物质支持。下列受访者的回答均反映了上述理念。

真正创新的源泉就是可遇不可求的灵感,创新需要灵感和积淀的结合(S14)。颠覆性和突破性的科学发现就是推翻人们曾经认为对的事,或者走一条行不通的路(S23)。不要去解决别人提出的问题,而是要自己发现好的问题,并找到正确的答案,这是实现独创研究的铁则(S25)。科学家能不能捕捉到灵感很多时候取决于天赋、努力程度,还有运气(S37)。

创新来源于自由探索,需要足够的空间和激励(S16)。大多数突破性发现之前,都会有一个被忽视、被质疑的过程,但是这个过程需要自由去支撑科学家走下去。可以说,探索性工作需要资源和思想上的高度自由(S35)。科学家的成功多是经过了长期清静寂寞的钻研,科学研究从来不是易事,要耐得住寂寞、经得起失败,还要有勇气(S47)。

受访者普遍认为,从事基础研究工作的研究人员应该秉持科学精神、以追求学术认可为目标。这些科研共同体内部形成的群体规范在访谈结果中出现频率较高,因此也被视为科研人员认同的专业逻辑。其中,备受推崇的科学精神在基础研究领域表现为对未知科学问题的好奇心、对科学研究的兴趣、敢于挑战研究困难的冒险精神等。自由探索型基础研究的驱动力来源于好奇心,好奇心是促使科研人员积极投入科学研究、探索原始创新的动力。科研人员十分珍视好奇心以及由好奇心产生的奇思妙想,尽管这些想法可能不够成熟,但其背后体现的求知欲却弥足珍贵。保持恒久的好奇心对于科研创造力尤为重要,而且好奇心的关注力要集中于学术问题本身,而不是物质层面的欲望。

好奇心是探索未知的原动力,研究者应该永远保持好奇心,还要有格物致知的精神、钻劲和毅力(S21)。人的好奇心和价值观有关,有的人好奇心在如何赚钱、和他人打交道之类的事上,有的人对知识学问感兴趣(S52)。

但是,科研人员也强调,仅仅有好奇心是不够的,在此基础上还需要研究者具备迎难而上的勇气和毅力。厌恶风险是人类普遍存在的社会心理,但研究发现，人们并不是在所有场域内都倾向于厌恶风险。[①] 管理者对风险的厌恶导致具有变革意义的项目获得资助的概率只有10％左右。[②] 在科研场域中，冒险精神和勇闯"无人区"的寻求风险倾向更被推崇。其他场域可能将追求风险视为一种危险活动，但在基础研究活动中却是有利于原始创新形成的科学精神之体现。基础研究的科研规律决定了有价值的成果发现周期长、过程曲折、难以预见、容易失败。因此更需要追求真理、不畏艰难、不怕失败、严谨踏实的科学精神，从而支撑着科研人员完成从发现问题到解决问题的艰难过程。

在创新越来越需要学科交叉的大科学时代做出贡献的难度更高，因此更需要科学精神发挥激励作用。科学精神的作用存在偶然性。科研人员一致认为，基础研究创新活动与个人运气脱离不了关系。不论是创新型项目的申请，还是原始创新的发现，具备上述科学精神的科研人员未必得到命运的垂青。根据受访者的经验，他们取得职业生涯中的重要成果，离不开自己的前期积累和不懈努力，也难以剥离"运气好"的因素。即使排除受访者过于谦逊的说辞，依然可以体会到科学精神受制于"偶然性"的无力感。这也印证了基础研究高度不确定性的科研规律，为更多的主观性功利导向创设了行为空间。

好奇心是科研创新的原动力，但最后的成功还需要很强的定力（S42）。对基础科学工作者来说，要甘于寂寞、不怕失败、不怕非议（S48）。科学精神通过艰苦的调查研究提出有意义的课题，脚踏实地做课题，解决实际问题（S17）。敢于打破固有认知，完成突破性发现，就是伟大的科学精神的体现（S30）。数学研究需要投入大量时间、精力、热情，要保持高度的专注，才能有所收获（S48）。

再者，追求学术认可被视为基础研究科研活动的主要动力。根据受访者的陈述，学术认可包括研究发现和成果得到领域同行的认定。基础研究领域的学术认可通常以论文发表、转载或引用等形式出现，或者通过研究解决科学或技术问题。科研人员普遍最看重论文发表，并以在中英文顶刊或权威期刊发表论文为荣。学术认可是在科研共同体内部获得合法性的核心标准，得到同行的肯定能够赋予科研人员更高的职业效能感和满意度，进而为科研人员带来更多学

① Nicholson N, Soane E, Fenton O'Creevy M, et al. Personality and domain-specific risk taking[J]. Journal of Risk Research, 2005, 8(2): 157-176.

② Wagner C S, Jeffrey A. Evaluating transformative research programmes: A case study of the NSF small grants for exploratory research programme[J]. Research Evaluation, 2013(3): 187-197.

术声誉和物质利益,因此产生的精神激励更高。对于从事基础研究的学者们而言,原始创新常常由于颠覆已有科学认知,且价值不明确、发展前景不明朗,更难得到同行的认可,在资源竞争中也处于劣势。这种特性增加了基础研究创新的难度,使得一些人对原始创新避而远之;但也同时成为研究者挑战难题的吸引力。

得到同行的认同是我最大的动力(S06)。希望最重要的学术成果被同行公认,然后再去取得各种学术荣誉(S38)。其实我没有太多功利性的,能把这个科学问题搞清楚,我觉得就已经有成就感了(S04)。科学问题预先谁也不知道,只有真正做到那一步,才知道关键问题在哪里,解决了这些关键问题就能产生原始创新(S47)。资助的项目基本上都是热点,但当问题成为热点的时候项目要做的是继续完善,很难有原始创新(S47)。很多颠覆性成果一开始都是不被同行认可的,因为同行评审很保守(S31)。

(二)价值中立原则作为主导逻辑

当科研人员作为同行评审专家时,他们认同的主导逻辑是价值中立原则,重点遵循的突显信念之一是"独立的评审标准"。"独立"指的是专家具有自由判断的评审权力。在资助机构提供的宽泛性评审标准之下,专家们通常认可自己的个性化指标及其优先序列,而且专家之间的评审偏好不受干扰。专家认为,资助机构的评审要求可能会对专家的判断结果造成干预。因而,评审专家呼吁减少资助机构的评审要求,放权给评审专家,并且更加重视专家意见。在与评审专家的交谈中,他们提到了创新性、可行性、重要性、规范性等是评审的重要依据。专家对于各类评审标准的优先顺序已经形成了内部共识。原始创新项目主要以研究基础、科学问题的凝练和研究设计为评审依据,分别对应创新性、重要性、可行性三个标准,申请书的规范性和研究团队情况也会纳入考察范围。人才类项目更看重申请人的科研能力和未来潜力,项目方案的重要性相对弱化。创新性标准始终排在首位,其次是可行性,它是决定项目是否具有创新性的重要条件,也是专家行使"一票否决"的关键指标。

专家以自己的评审标准为主,每个人都有各自的想法,专家的评审标准来源于自己的研究经验(S08)。创新性标准更重要,但可行性也不可或缺(S01,S07,S09)。如果没有可行性,再好的创新性也没有意义。如果创新性想法的可行性不足,那就没有价值(S15)。作为评审人要考察项目的可行性,也就是研究基础是否扎实,还有保证公平性,选出最优秀的人(S16,S48)。

评审专家的突显信念之二是"小同行"模式。他们一致认同,专家的学识能力是识别基础研究原始创新的关键,学识水平越高的"小同行"专家,其识别能力越强。由于每个学者都有独立的评审标准,因此,受访的评审专家认为,决定同行评审结果的不是标准,而是评审专家本身(S19)。根据专家们的看法,能够识别出原始创新的专家一般要具备三个特征:其一,专家在相关研究领域具有较高的专业知识水平,或者曾经做出真正的原始创新成果;其二,专家比较熟悉评审项目的研究主题,项目与专家匹配的模式是"小同行"评审;其三,评审专家对创新性研究具有较高的宽容度,不以量化指标判断项目的学术价值。在以上特征中,知识水平高被视为专家识别原始创新的最重要因素。

让那些没有做出过原始创新成果的人去评审他人的原始创新,结果可想而知(S48)。越是顶级的科学家,做过原始创新的科学家,就越是宽容和大度(S10)。正常情况来说,"小同行"对基础研究项目的评价更加准确一些,当然"小同行"中世界级专家的评价可能更准确一些(S16)。高水平专家的评价标准、着眼点和一般的专家会稍微有点不一样,对创新性的研究能把握得更准确一些(S23)。

二、实然性突显信念:科层逻辑、功利化导向和非正式规则

基于问卷结果研究发现,科研人员认同的知识生产规律在实践中往往得不到"复制",而是被其他逻辑所冲击或取代。根据问卷获得的科研人员行为意向,科层逻辑的标准化和效率化规则是他们在项目申请、开展和评价实践中主要依据的逻辑要素。不可忽视的是,功利化导向和非正式规则也是影响研究行为和评审行为的重要逻辑要素。综合问卷和访谈资料的分析,以上三类逻辑要素是科研人员所依赖的实然性突显信念,科研人员选择这些逻辑要素作为实践导向,并淡化了应然的专业逻辑的影响力。

(一)遵守标准化规则

由项目申请和开展情况的问卷调查得知,从事基础研究的科研人员在实践中总是"被动"地遵循科层逻辑的标准化规则和效率化规则。其中,标准化规则的项目申请程序、战略规划、评审要求,以及效率化规则重视的短期目标、绩效导向,是科研人员的突显信念。

基础研究项目申请的落选通常意味着申请人的研究可行性或创新性得不

到评审专家认可,也就是说研究方案设计蕴含的专业逻辑与项目申请规则背后的科层逻辑相冲突。研究以项目申请落选作为实验情境,考察科研人员在科层逻辑和专业逻辑发生冲突时的行为意向。如图 6-2 所示的问卷结果中,当项目落选时,科研人员选择最多的前三类行为意向是依照标准程序、项目指南和申请书要求以重新修改项目。选择较少的后三类行为意向是提高项目团队的学术声誉、了解失败的原因和坚持自己的研究想法。还有部分受访者选择"放弃申请该类项目"。研究通过后续追访获知,受访者放弃申请此类项目可能是因为项目申请规则限制连续多年申请;另一个原因是,部分受访者认为上海市基础研究类项目申请难度较高,筹备项目申请过程耗时耗力,因此受访者想要申请难度更小的项目。以上调查结果表明,受访者选择让步于科层逻辑,通过修改研究设计以贴近科层逻辑要求,或寻找规则更为宽松的项目作为替代方案。

科研人员在项目申请程序和论文撰写形式上花费过多时间,对于实质创新的帮助不大(S15)。科研人员疲于应付各种检查考核、填写各种表格、申报各种项目,申报课题的精力甚至超过投入研究中的精力(S50)。

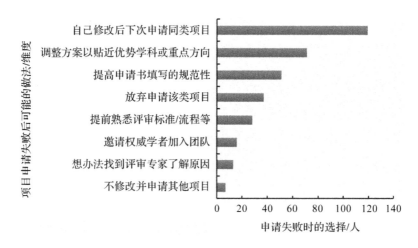

图 6-2 项目申请失败时的选择倾向

另一个行为实验同样能够验证了上述结果。研究以项目申请作为实验情境,当项目议题与指南方向不相符时,询问受访者的行为倾向。结果表明,科研人员更倾向于遵循科层逻辑的标准化规则,从而提高项目获得资助的可能性。如图 6-3 所示,当申请项目的议题不在项目指南范围内时,绝大多数受访者选择放弃此类项目的申请。这种选择意味着他们将会选择其他难度更低的项目。

其次,多数人选择调整项目以贴近指南,也有相当比例的申请人选择寻找符合指南方向的同行一起合作申请。只有极少数人选择坚持自己的议题不做调整。上述结果表明,为了获得资助机会,科研人员更愿意根据指南调整自己的研究想法和设计。这意味着他们的专业逻辑被科层逻辑所覆盖。尽管这样的选题方式会对自由探索产生约束,导致研究内容的趋同。但与宝贵的科研资源相比,科研人员似乎愿意舍弃自己的学术兴趣。在有关选题来源的问卷调查结果中,大多数人将指南方向作为最后的备选,说明指南议题与科研人员的研究旨趣存在一定程度的冲突。受访者在访谈中补充道,指南范围要么过窄,要么过于宽泛。总之,指南议题范围不能代表科研人员的研究方向。证明了科研人员根据项目指南方向修改项目是无奈的"被动"选择。

科研资助机构发布的项目指南可能会限制对科学问题的思考(S29)。

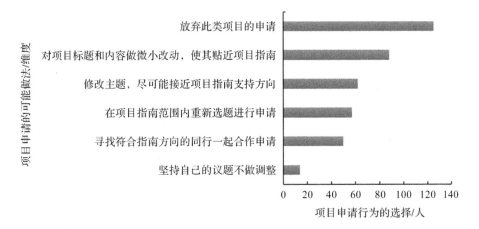

图 6-3　项目议题与指南方向不相符时的选择倾向

同行评审专家也会"被动"适应资助机构的评审要求。评审专家认同独立的评审标准,不受资助机构的评审标准影响。然而,他们参加评审活动时往往"被动"接受标准化的评审要求。通过访谈结果的编码分析,研究发现评审专家对于评审时间和评审规则的设置并不是完全满意。例如,专家普遍认为资助机构规定的评审时间太短,无法仔细识别项目的价值;专家名单曝光后引发"打招呼"行为,干扰专家公正裁决等。尽管如此,专家在评审实践中逐渐产生了适应性行为,例如,以量化指标判断项目的印象分、选择性参加匿名性评审活动。这类行为证明,专家受托于资助机构,必然要按照标准化评审要求完成规定的评审工作。即使他们被赋予了判断权力,但过于严格的管理规则限制了他们的独立性和自由性。而专家认为,这些旨在保证公平、公正、公开的评审规则对原始创新想法的认可造成了阻碍。

即使是学术大牛做评审,要评审那么多材料,一般都不太会仔细研判,通常给评委留下"好印象"的就会胜出(S39)。评审时间太短,但评审任务太重,很多材料只能凭借第一印象打分,要说评审质量很高的话是很难保证的(S45)。现在的同行评审就是"数论文",对于管理者而言是方便的,但是没法识别颠覆性成果(S34)。曝光评审专家的名单会影响专家做出真实判断(S38)。有的专家不太愿意参加会评,觉得被"打招呼"很麻烦,但是通讯评审或者验收评审是很愿意参与的,因为这些都不会被打扰(G03)。

(二)主动适应效率化规则

科研人员在项目申请和开展过程中主动适应了效率化规则。

一方面,他们十分重视短期的项目目标。根据问卷调查结果,科研人员将"已有的研究基础"排在选题依据的首位,远远高于"前沿热点""研究兴趣"和"指南方向"等方面。科研人员在访谈中提到,充足的研究基础代表着项目可行性高,证明按时完成项目目标的把握更大。同样的,有关"项目申请成功的关键因素"的问卷调查显示,受访者将项目前期基础充足列为第一位。以上调查结果印证了科研人员对项目目标的重视程度。能够在规定时间内完成目标,既是科研人员申请项目的前提,也是他们获得资助的保障。

作为申请人要确保完成项目目标,国内外大部分科研人员都是有了一半以上的研究基础才会去申请项目(S25)。现在大量研究实际上是硕士或者博士做出来的,但是学生们研究经验薄弱,为了尽快毕业必然会做"短平快"研究或"灌水",他们的老师很多已经不在研究一线了,真正做基础研究的人很少(S37)。

另一方面,科研人员以绩效导向作为开展科研活动的主要目标,并在项目开展中努力快速产出可量化的显性科研成果。针对问卷调查结果显示,73.5%的受访者在大多数情况下能够按时按量完成项目目标,24.2%的人甚至能够超额完成。这个结果表明,科研人员的项目绩效完成情况普遍较为出色。另外,在项目验收各类指标的重要性调查中,84.5%的受访者认为项目目标的真正达成很重要。其次是科技论文数量和影响因子(76.3%),证明科研人员选择达到绩效要求作为主要任务。借助相关内容的补充性访谈,研究进一步从科研人员的口中得知,他们已经适应了竞争性机制中的"快速产出规则",即在项目期限内尽可能多地生产论文等成果，以此作为筹码竞争更多资源和荣誉。

只有那些能够迎合和适应这套规则的人，才能"适者生存"，而那些"慢工出细活"的人在晋升和利益方面就没有了优势，甚至有可能还要面临"逆淘汰"（S34）。科研人员要想发表更多论文，肯定会提升写作技巧和表达能力，但这些东西都是表面功夫，并没有提高论文的质量（S44）。我国基础研究经费竞争性过强，许多科研人员忙于"拿项目"，难以安心、持续地开展研究工作（S56）。

（三）依赖功利化导向

期望理论认为，"功利化"是人们对工作成绩可能带来的各种后果的预期或信念，功利化导向可以看作过度追求科研成果目标的行为取向。基于科研人员的认知，科研活动的功利化导向来源包括三个方面：一是科研人员自己的物质利益需求，二是纳税人资助回报的压力，三是社会层面形成的期望和压力。在科研实践中，以功利化导向为突显信念的科研人员不在少数，表现为追求个人利益忽视学术价值、重视容易提高显性绩效的科研活动。

科研人员承认，功利化导向的存在是合理的。科研人员需要物质保障，追求物质利益是人的基本生存需求。完成量化指标能够帮助科研人员获得学术职位和收入待遇的提高，进而满足职业发展需要和家庭需求。功利化导向的影响在不同阶段的科研人员中存在差异。年轻的科研人员在职业发展初期很难抗拒短期目标至上的风气，因而出现了诸如"跟风""追热点""灌水"等行为。受访者认为，"跟风"和"捡漏"等类似的功利化科研模式创造了可观的科研指标成绩，但对于原始创新而言没有贡献。但当个人利益和创新发展发生冲突时，理性思维的科研人员多数会选择维护私利。年长学者的功利性有所减弱，竞争项目和追求论文发表的迫切程度下降，更多参与社会服务活动和解决实际问题。他们对功利化导向的批评程度更高，也印证了实践中广泛存在以功利为目标的科研行为。

哪个做科研的人能保证没有一点私心呢（S23）？科研人员做"跟风"研究是难以避免的，因为每个人都有趋利思维（S18）。对名利的追求不能妨碍对科研的热爱，人要生存是可以理解的，但是对名利过分追求是可以控制的，抑制这种欲望确实也不容易（S10）。大部分科研人员倾向于"吃快餐"，特别是年轻老师（S24）。

科研人员对功利化导向的依赖在科研群体的社会交往中逐渐被放大化，使得"跟风"研究、"短平快"研究充斥于学术圈。与追求基本物质需求的功利化导向不同,科研人员过度重视功利化导向,对于科学问题的兴趣和好奇心会随之下降,更不会关注科研活动是否产生实质性创新。他们将主要精力用于能够提高绩效、获得名利的科研活动,不惜通过科研失范或科研不端的路径来达成量化指标积累的目标。过度的功利化导向使得科研环境日趋浮躁,也加剧了科研群体内部的竞争。这是因为,功利化导向不仅体现在个人利益的追求,还有社会地位和学术声誉的追求,后者往往需要通过竞争机制择优获得。这就导致同行之间或单位内部形成恶性的"内卷"现象。之所以称之为恶性的"内卷"是因为,公平健康的科研竞争有利于学术争鸣、科研合作和难题突破,而现实中的多数"内卷"现象只是绩效比拼的数字游戏。虚拟的科研量化成绩背后,科研人员的精力并没有用到科学问题的解决中,而是将追求真理、探索未知的科学精神抛之脑后。

只要论文多、观点新颖就能名利双收,很多人想方设法去做容易出成绩的"短平快"项目,很多长期的项目没有人愿意去做(S27)。发表顶刊和权威论文可以给科研人员带来巨大利益,很多人就因此"走火入魔",必然严重削弱其好奇心而增强其功利心(S33)。太急功近利想早点产出好的研究结果,可能会想改变实验条件,这样不符合学术规范(S39)。一些科研人员被名利诱惑,甚至弄虚作假、走上歪路(S34,S35)。为了追求比同行生活得更好,不惜"累死自己,卷死同行",一些学者放弃了自己的学术原则,不去挑战学术难题,而是选择做那些可以快速收获科研指标的研究(S49)。

(四)专家被动适应人际关系规范和评审惯例

评审专家被动适应以人际关系为表征的科研共同体行为规范。从项目遴选到结题验收,负面的非正式规则无处不在,包括行业惯例、复杂的人际关系、"打招呼"行为和潜在的人情干扰。评审专家一般以公平为主要评审原则,对项目本身的学术价值进行判断,主观上倾向于拒绝"走后门"和"打招呼"等商业逻辑因素。即便如此,专家之间的影响还是会悄然发生。社会学的"信息瀑布"机制总结了群体信念的顺序影响机制,即个体会使用排在前面的人产生的结论作为输入信息做出判断,而不知道他人用来下结论的依据,因而,即使完全理性的信念也可能产生谣言。① 会评专家会参考通讯评审专家的意见,理性的专家会

---

① 埃尔斯特.解释社会行为:社会科学的机制视角[M].刘骥,何淑静,熊彩,译.重庆:重庆大学出版社,2019:365.

因为"信息瀑布"机制的存在而给出非理性的评审结果。特别是当他们得知排在前面评审的专家是某些知名学者时，这种情况更加明显。

负面的非正式规则不只是体现在申请人向专家"打招呼"这类简单易识别的方式，更难以察觉的是学缘关系、层级关系、亲友关系、学术派系等构成的复杂人际关系。这类关系无法通过管理要求规避，而且对评审结果的影响更大。由于身处各类人际网络中，评审专家会不自觉地对"熟人"关系的申请人产生"相互照顾"心理，被"照顾"的人在下次评审时自然也会给予"回馈"，由此生成隐形的"利益交换"。有的专家对于境遇相同的申请人会产生"同理心"，因此会适当提高项目分数以鼓励对方，于是产生了不该资助的项目；如果评审的项目负责人是上级领导，专家会因为担心领导刁难自己而提高分数。

诸如此类的非正式规则在评审实践中较为常见，即便专家以学术标准认真负责地进行评审，仍然难以忽视和避免。在评审规则和科研共同体行为规范的夹击下，保持中立态度似乎是利人利己的最优化选择。专家只得采取模糊态度，尽可能地说好话或模棱两可。然而，这种在评审活动中通行的惯例导致平庸的研究得到资助，而优秀的想法被淘汰、需要改进的地方没有得到指导。通过长期科研群体实践，这些规范成为一种非正式规则，对所有参与评审的专家群体产生影响，并决定了他们的评审行为。

专家在"大同行"模式下的评分偏好趋于保守和谨慎。当前的专家匹配模式以"大同行"为主，即专家对项目研究主题熟悉程度较低，专家研究方向与项目主题并不完全相符。这种评审模式的形成并非管理者的有意设置，而是科研人员的科研选择导致的结果。在学科交叉的大科学时代，为了追求突破性创新，科研人员往往选取不同于他人的研究方向，导致某一方向的研究人员数量极少，因而在项目专家遴选时难以匹配"小同行"专家。在"大同行"模式下，专家们更关注项目申请人的研究积累（通常是论文和项目等量化科研指标）、学术背景、平台团队、同行交流等硬件方面，而在科学问题的把控上可能存在较大偏颇。对于基础研究项目评审而言，专家们认为"大同行"模式促进交叉创新的优势并不明显。因此，作为"大同行"专家时，受访者认为需要保持谨慎的态度，避免轻易下结论，这与访谈中"大同行"专家普遍打分保守的现实情况是一致的。

专家们主动遵守科研共同体内部的评审惯例。在上一部分中，研究总结了评审专家认同的独立性评审标准。然而在实际中，评审专家的评审偏好在个性之外更具有共性。这表明,通过经验累积形成的共性惯例比个性化评审标准更加根深蒂固。专家遵守评审惯例的行为表现为:"挑错"型评审方式,歧视原始创新,以及过度重视研究的可行性指标。

其一,担任过评审专家的受访者表示,当前的项目评审方式大多趋向于"挑错"而不是肯定创新性想法。专家通过研究问题的论证判断项目的价值,批判其研究设计存在的不足,从而证明自身对学科知识的深度见解。

其二,歧视原始创新和关注可行性指标是同一行为取向的两个方面。专家以项目的研究对象、方法和前期研究基础等内容来判断项目是否具有可行性,对可行性不足的创新性想法予以否定。这样的评审办法也将缺少前期基础的原始创新想法排除在资助范围之外。

其三,对于可行性的重视延伸到了项目申请人的学术背景歧视。在通讯评审环节,专家倾向于淘汰学术水平较低的科研单位申请人。而在会评环节,来自弱势平台的申请人即使基础扎实也面临首先被淘汰的风险。专家通过筛选科研单位,确保项目目标的高质量完成,减少项目失败或低质量成果的风险。整体而言,专家的评审任务是帮助资助机构选出短期完成明确目标和产出具体成果的项目,而不是识别有助于推动学科发展的想法。

同行之间往往文人相轻,相互看不起,互相挑毛病(S35)。项目评审标准趋同,评审机制是优中选优、排序、从各个方面综合评价(S07)。很多颠覆性成果的最初想法都是不被同行认可的(S31)。原始创新是突破性的,难度极大,而且会挑战学术权威,甚至推翻已有的认识,所以不易得到同行承认(S51)。有一些"潜规则"是专家默认遵守的,比如项目评审时对地方高校出身的申请人的分数要打一定折扣,缺少背景和平台的人得不到支持,还有人情"圈子"或裙带关系也有很大影响(S20)。

(五)科研人员选择融入隐性的"潜规则"

项目申请人的非正式行为取向通常表现为,通过"打招呼""利益交换"和"抱大腿"的形式得到专家的青睐,以及通过学缘关系渠道产生的"圈子互助"行为。专家们对这些行为主要持批判态度,并宣称不会迎合这些规则。他们认为这些潜规则影响了客观公正的评审,也无助于真正创新性项目的遴选。然而,让他们感到无奈的是,"潜规则"仍然在项目评审实践中盛行,并活跃于级别较高的项目和会议评审阶段中。受访者普遍反映的"潜规则"行为正以更加隐蔽的形式在科研群体中扩散。

实际中存在很多干扰公正评审的因素，常见的有利益交换、相互抬轿子（S15）。年轻的科研人员想要申报重要课题，或者争取人才"帽子"，没有"学术大牛"在评委中打声"招呼"很难成功（S46）。

而且，上述"潜规则"行为难以通过管理手段加以规避，特别是学缘关系和"利益交换"更是难以察觉，也就是说评审专家会优先支持与自己人际关系更亲近的人。例如，一位受访的专家 A 举例，评审项目的申请人 B 与自己存在学缘关系（如同门、校友、合作关系等）时，自己可能会主动联系对方，还会下意识地提高该项目的印象分，即使从学术角度做出判断，也难以保证项目结果的绝对客观。反过来，当 B 作为评审专家时，也自然会"照顾"专家 A 申请的项目，这也是一种隐性的"利益交换"。

"人情关系"影响项目的成败，越是精英项目、资助金额大的项目中的关系越多（S46）。高端项目的"人情关系"很多，比较一下高端项目十多年来负责人的学术背景，你就会发现"草根"出身的学者越来越难获得资助（S03）。

管理者对"潜规则"行为的变化有较深的感悟。一位受访者回忆道，十年前项目评审中"打招呼"行为会留下痕迹，随着专家库建设的规范性不断提高，很少会出现违反评审规则的显性行为。但是现在科研群体内部的"人情关系"更为复杂和隐蔽，很多影响公平评审的"潜规则"行为难以捕捉到证据（G01）。受访的专家表示，他们能够做到拒绝显性的"打招呼"行为（通常来自不熟悉的申请人）；而对于熟悉的同行和学友却很难拒绝，因而只能被动融入"群体互助"的"潜规则"中。这样做的结果是，一方面能够维持巩固已有的合作关系，另一方面避免"得罪"同行，减少人际关系矛盾，为后续可能的合作和资源获取建立人脉基础。

论文审稿、基金申请和成果评审都是要看"圈子"的，没有"圈子"和关系网的人很难得到资助（S39）。遇到熟人甚至是领导很难抉择，如果要否定需要做好心理建设，担心影响自己工作和同行关系（S08）。

第三节　能动性的有限发挥

计划行为理论的两类主观规范主要呈现了"正面、主动"的影响，那些"负面、被动"的影响却被忽视，例如"打招呼""走后门"等不良风气和部分人的误导等。因此,本书在两项主观规范的基础上增加了"重要他人或共同体的误导行为",从主观规范角度全面地解释科研行为的能动性。

一、科研环境中的期望与压力

(一)科研单位形成的"微环境"

科研单位的制度环境无形中引导着科研人员的学术选择。科研单位将学术成果作为考核科研人员的关键指标,学术指标较高的人比教学成绩好的人更容易留任和晋升。这种导向使得科研人员更倾向于申请容易产出学术成果的项目,并以单位的考核指标为依据,选择科研项目类型,根据单位制定的学术成果认定期刊名单选择性发表论文。单位更重视短期科研成果,短期见效的学术成果为高校的学术声誉做出了主要贡献。这也是高校用来吸引人才、提高各类评估和排名地位的砝码。高校对于长期有发展潜力或冷门的基础性科研方向缺乏支持,主要经费来源是学科建设经费和科研事业费等稳定性支持,以及上海市科学技术委员会和上海市教育委员会设立的地方院校特色学科发展支持计划。国家和地方的竞争性科研经费由科研人员通过自主申报的形式获取,热门学科或研究方向在项目申请中更具竞争力,而需要坐"冷板凳"的基础性学科方向,由于成果形成需要长期探索,获得资助的概率较低。在单位考核制度引导下,科研人员更倾向于选择热点研究方向和短期产出高绩效成果的项目,而减少对基础性研究方向的投入。这些科研行为与专业逻辑的目标存在冲突,更符合科层逻辑和商业逻辑的价值导向。

现有的体制机制和科研环境是固化的,我国最有名的、领先研究都是功利导向产出的结果,我国基础研究取得的成就也是如此。这是因为我们所处的阶段必须依靠功利和市场导向(S05)。政策效果不仅取决于项目资助,也与国家大环境相关,经济基础决定上层建筑。我们国家目前科研创新阶段还没达到国外那种没有考核的状态(S11)。

(二)相关制度构成的宏观环境

相关制度构成的宏观环境是科研行为选择形成的前提与基础。与基础研究制度相关的制度包括资助制度、人才聘用制度、教育制度、经济制度等,这些制度形成的科研压力为功利化导向和效率化规则的实践提供了有利环境,而缺乏专业逻辑生长的氛围。

资助制度催生科研群体的适应性行为,竞争性资助模式决定了科研人员主要采用追逐热点的创新方式,减弱了他们选择探索性研究的动力。稳定的经费支持降低了研究人员争夺有限资源的激烈程度,帮助科研人员在没有物质担忧的情况下开展感兴趣的研究。可能引起的弊端是,研究群体的整体产出速率下降,有价值的科研成果在更长的时间内才会出现。

多位受访的学者都以日本为例,证明稳定性资助模式有利于基础研究发展。20世纪七八十年代,日本实行"大锅饭"式的投入方式,对从事基础研究的科研人员都给予相同的资助经费。这不仅减弱了科研人员的功利心,使得他们更愿意做自己感兴趣的研究,也在后期造就了日本诺贝尔奖的"井喷"现象。日本在21世纪共有19名诺贝尔奖得主,其中有16人的获奖奠基性成果是在20世纪最后30年产生的。[①]

竞争性资助模式与之相反,能够大大激发科研人员的产出动力,提高科研成果数量,有助于提高国家和科研机构的科技排名。但是,科研经费的竞争必然带来分配不均,获得更多资源的研究人员在竞争中不断积累优势,赢得更多资源,甚至形成"学阀"。而有想法却运气不佳或初出茅庐的科研人员因得不到资源无法开展研究。2004年起,日本开始改变资助策略,由稳定性资助模式转向重点资助模式。很多日本学者对此表示悲观,因为他们即将面临创新缺乏支持的结局,诺贝尔奖"井喷"将会成为难以复刻的历史。之所以有这种悲观预测,是因为掌握较多资源的人需要产出更多成果,以证明经费资助取得较好效果,从而维持学术地位和声誉。而高产的研究方式多是聚焦热点领域而不是探索未知空间。可以说,更多科研资源流向了本就拥挤的焦点研究,产生了更多重复性或应用型成果,反而缺少对更广阔前沿领域的拓展。

日本出现诺贝尔奖"井喷"是因为20世纪七八十年代实行"大锅饭"式投入方式,这种"大锅饭"的投入减弱了科研人员的功利心,使得他们更愿意做兴趣出发的研究(S16)。日本的诺贝尔奖支持计划,不是给入选计划的学者"诺贝尔学者"的称号,而是加强对基础研究的投入,为所有学者创造更好的学术研究条件(S28)。

---

① 周程.日本诺贝尔奖为何"井喷"[EB/OL].(2019-12-16)[2022-02-10].https://news.sciencenet.cn/sbhtmlnews/2019/12/352012.shtm.

人才聘用制度压力加剧了"内卷化"竞争和功利化科研行为。当前普遍流行于高校自然科学领域的 PI 制(即项目负责人制),提供更高的待遇以吸引海内外优秀人才,给予受聘者独立开展科研的权利。PI 制激发科研人员自主探索的积极性,却也给科研人员施加了更大的压力。年轻学者体会到作为团队负责人应该承担的责任,并产生较强的职业认同感。相比之下,传统的人才聘任制度和职位晋升制度可能会受限于选才者的视野,导致引进人才质量低、人才流失严重。最终导致科研群体的动力下降、科研氛围消极,对于学科健康发展也十分不利。

高校院所在职称评定、年度考核和聘期考核等评价活动中对项目资助、高质量论文发表等要求越来越高,对那些通过人才计划等"特殊渠道"聘用的优秀学者实行更严格的"非升即走"考核机制。不少教授反映,在十几年前完成职称评定和年度考核比较容易,而现在却很难,年轻群体内部甚至因此引发"内卷"。尽管现在严格的考核制度为科研人员带来更大压力,但教授们也批评过去的考核机制(如"大锅饭"和"论资排辈"等)容易加剧人的惰性,长此以往将降低科技创新发展速度。现在的考核制度有利于激发普遍的积极性,能够促进有效科研产出。对待新旧制度交替期间可能引发的规则冲突和不公平结果,高校院所一般采用"老人老办法、新人新办法"的方式,对新政策发布之前入职的科研人员实行老办法:即考核较为容易,即使没有完成聘期任务也会酌情通过。对于新进的教师则需要完成较高水平的考核任务才有机会评选高级职称。也有科研单位对所有人"一视同仁",高标准的量化考核规则让不少长于教学但不善发表的老教师难以应对。

教育制度对科研行为的基础性影响,既体现在基础教育制度的创新思维培养上,也体现在高等教育制度的人才培养上,前者影响了科研储备人才的未来研究范式,后者决定了科研人才开展创新活动的实践路径。过去的应试教育方式强化了学习模仿能力,但同时也削弱了自主探索能力,当前普遍实行的素质教育方式有利于激发青少年的发散思维,促进各学科均衡发展。基础教育制度的变化使得各个年龄段科研人才的创新方式产生差异。接受素质教育的"00后"年轻人思想更开放,倾向于做感兴趣的自由探索研究;但在应试教育安排下的"70后""80后""90初"的人们往往更循规蹈矩、敬畏权威、缺乏颠覆性想法。高等教育制度的发展将"审计文化"和"排名游戏"引入大学,由此也将商业逻辑的价值观与责任感施加于学者身上。在这种价值观之下,追求发表、满足评价考核要求是科研人员的基本责任,那些无法满足这些要求的人被认为无能且不负责任,甚至是失职或"失格"。① 当前高等教育制度缺乏分类培养和人才梯度衔接意识,刚离开校园步入科研职场的年轻学者对自己的定位不明,容易迷失在"随大流"的科研风气中。

我国目前的教育模式中有一些不利于激发和培养想象力的因素。目前的教育更多是灌输知识,而不是培养独立思考能力,学生们被要求盲目追求高分,而不是提升自身的创造力(S53)。人才培养模式包括两种,一种是像义务教育这种面向大众的朴实培养,可以高效率地培养出一批人来,但是很难培养出非常顶尖的人才;另外一种就是一人一议的培养模式,更适合天才和能够做出重大贡献的人(G02)。

经济发展地位的相对弱势,造成我国科研制度效仿发达国家,加大了科研群体追赶创新目标的压力。经济基础决定上层建筑的原理同样适用于科技创新领域,一个国家或地区的经济地位直接影响其在国际层面的创新话语权。创新文化和评价理念由发达国家传输到发展中国家和欠发达国家。我国由于处于发展中国家阶段,因而在科研评价制度建立之初,学习借鉴美国 NSF 的相关评价和资助模式。直到现在,美国等科技强国的评价理念依然是我国效仿的主要对象。通过引入 SCI、ESI 等计量指标作为评价学术成果的主要标准,我国科研环境形成了 SCI 为代表的量化评价导向。即使在近年来的"破四唯"改革趋势下,量化评价依然以非正式规则的形式存在。学术机构的评价受到国际流行的大学排名影响,国内大学被划分为不同的档次,并与学术声誉和社会地位挂钩,高校因此提高了对科研人员的考核要求和聘任标准,也加剧了科研群体内部的竞争。

我国科研迷信国际权威,"唯洋唯外"的心理导致国内创新被否定(S15)。经济就像我们电流学里面的电压一样,电流从电压高的地方流向电压低的地方,文化输出也是从经济发展程度高的地方向经济发展程度低的地方输出。经济发展水平上去了,科研评价体系才会有很大的发展(S27)。

---

① 项飙. 为承认而挣扎:学术发表的现状和未来[J].澳门理工学报(人文社会科学版),2021(4):113-119.

二、重要他者的激励和示范

物质需求和精神需求是科研人员从事基础探究的基本动力。物质需求包含获得科研资助和工资报酬,精神需求包括获得荣誉、应用成果、赢得社会尊重和认可等。根据赫茨伯格的"激励—保健理论",公司如果满足工作以外的保健因素,例如政策与管理、工资、同事关系和工作条件等,则能够消除个体的不满情绪,维持原有工作效率,但不能产生更高的激励。保健因素得不到满足时,个体会产生不满和消极怠工。与工作有关的激励因素得到满足时,例如成就、赞赏、责任感、晋升等,人会产生很大的动力。科研工作者区别于其他社会职业的特点在于精神需求高于物质需求,但如果缺乏物质保障,科研工作被生活压力所掣肘,学术研究的热情也将被消磨。基于激励和保健因素的双重作用,保障科研人员的基本物质需求,同时大力提高其精神激励,有助于更好地激发科研工作者的创新热情。计划行为理论主张,周围环境中的重要他者对个体行为产生重要的影响。根据访谈结果,科研人员认为的重要他者主要包括科研管理者、优秀同行、科研榜样、老一辈科学家以及家人等。这几类群体的精神激励和引导影响了科研人员的职业发展路径和科研行为模式。

(一)科研管理者的精神激励

精神激励能够激发科研人员的职业认同和自由探索的热情,有利于提高科研工作的社会尊重。受访的科研人员表示,初出茅庐时获得"人才称号"感到十分振奋和感激,在最初的几年内起到很大的激励作用。获得"人才称号"的科研人员因此更倾向于选择从事突破性和冒险性的研究,在选题时也会以兴趣导向为主。而没有荣誉头衔的青年学者普遍面临更多后顾之忧,因此,这一类人通常以热门研究和指南议题作为选题方向,以提高获得项目资助的可能性。科研管理部门会针对青年学者和女性科研群体设立"学术称号"类资助项目,以满足其精神需求。例如,上海市自 2014 年设立青年科技英才扬帆计划,2018 年启动"超级博士后"激励计划等(详见表 6-1)。这些计划不仅为各层次人才开展科学研究提供资助,更是一种荣誉。通过对科研管理者的访谈得知,上海市很多著名的学者都曾受过上海市人才项目的资助。这些项目大多是科研人员的"第一桶金",帮助他们完成从求学者向职业学者的过渡。对于处于科研界弱势地位的女性研究人员,近期我国出台了《支持女性科技人才在科技创新中发挥更大作用的若干措施》,规定了在项目申请中适当放宽女性申请人年龄限制,探索"同等条件下女性优先"的人才计划评审措施,未来计划设立资助女科学家的项目等。

表 6-1　上海市各类科技人才培育计划

启动年份	科技人才计划	资助对象
1991	青年科技启明星计划	35 周岁以下青年科技人员
1995	优秀学术/技术带头人计划	42 周岁以下/50 周岁以下优秀学者
2005	浦江人才计划	50 周岁以下的海外留学人员及团队
2005	领军人才"地方队"计划	55 周岁以下
2007	东方学者	35/40/50 周岁以下海外特聘教授
2014	青年科技英才扬帆计划	32 周岁以下优秀青年科技人才
2015	上海市青年英才开发计划	38 周岁以下高层次青年专业技术人才
2018	"超级博士后"激励计划	35 周岁以下的全职博士后
2021	上海市科技青年 35 人引领计划	35 周岁以下科创青年人才

管理者的重视和宣传有利于提高社会各界对科研工作者的认可和尊重,如优秀科研成果的奖励和宣传、各种形式的学术交流、科普活动等。上海市科学技术委员会自 2001 年起举办"院士沙龙"活动,至 2021 年已经延续 21 年,共举办 105 期活动。院士沙龙是由院士、专家、政府部门和企业共同参与的高层次、小规模的学术活动。这些活动为探讨和交流当前科技、经济和社会发展的热点问题提供了畅所欲言的平台,沙龙产生的思想火花为管理者解决实际问题提供良策。类似的方式还有院士专家讲坛、专题研讨、院士课堂等学术交流和科学普及活动。以上活动展现了科学家对上海市社会经济建设和科技发展的贡献,为社会各界了解科学家及其研究价值建立了一个窗口。管理者对于科学家精神的弘扬体现了对科研人员社会贡献的高度认可。优秀科学家的个人事例也让更多人看到了科学家精神的内涵,从而激发广大科研人员的社会责任感。

(二)家庭的支持和需求

家庭的需求激发科研人员的创新动力,家庭的支持保障了科研人员投入创新的耐力。科研人员所处的家庭环境包括身边亲友的反馈和家庭认可等,支持性的家庭环境对于科研工作是一种动力。在从事学术工作的起步阶段,科研人员面临很多困难和压力,是家庭成员的无私支持让他们能够坚持自己的职业选择。让他们最感激的是,家人并没有对他们早期微薄的收入表示不满,还会主动分担家庭经济负担、承担较大份额的家庭事务等,为科研人员开展学术研究创造足够的物质支持和精神支持。这种力量驱动着科研人员创造有价值的成果回报家庭的支持。反过来,供养家庭也是科研人员最初的努力目标。为了履行家庭责任、获得家人认可,科研人员会内发地激励自己产出更多科研成果,提高收入和职位,在此基础上满足家庭更多物质需求和精神需要,例如父母养老、家庭就医、子女升学、亲友互助等。

科研单位中的年轻小伙离职多是因为配偶不满其工资低,而家庭条件较好的人在科研单位的稳定性较好(G04)。我们大多数的科研工作者,他们最早的初心是挣钱养家,除非家里有钱的,否则真的很不容易的,真正做科研这条路是很苦的(S03)。职业初期的家庭支持帮助很大,由于家庭的支持才度过最艰难的时期,家庭成员并没有觉得科研工作挣钱这么少而有意见(S04,S05)。我家庭条件相对好一些,这得感谢我的父母,所以我对钱的需求没有这么大,我负担比较小,可以全心投入科研工作中(S06)。我的配偶虽然不是做科研工作,但是她愿意理解,她觉得我的工作很有意义,所以她愿意承担更多责任(S09)。

(三)优秀同行的示范效应

团队带头人或领域内的优秀学者在科研群体中通常担当榜样或示范角色,是其他普通科研人员或年轻学者模仿的对象。在课题组或实验室组成的研究团队中,合格的团队负责人发挥关键作用,他不仅承担着团队科研工作的指导任务,还是年轻学者和学生的科研道路规划人,对于团队建设的布局和引领更是举足轻重。在一个良好发展的团队中,各个成员都能受益于团队资源,取得学术进步,从而促进整个团队的壮大。一位受访者分享了北京生命科学研究所王晓东团队的成功案例,该团队在癌症、乙肝等重大疾病的治疗研究中取得突破。这些成绩与知名院士王晓东的引领作用密不可分。担任团队负责人的职位赋予其更高的学术和管理自主权,因此也能提高科研人员参与团队建设的责任感,促进其自主开展创新活动的积极性。然而,当前很多高校在优秀团队负责人的引进和培养方面存在不足。很多年轻学者因缺乏引导而迷茫,研究工作不够系统深入,不仅浪费了人力资源,而且降低了高水平成果形成的可能性。这种现象侧面反映了团队负责人之于科研群体发展和创新活动的重要性。

在 PI 制下，每个团队负责人自己有一个实验室，不论大小，所有的事情都是组长说了算，他可以自己安排和计划，自己管理经费，把他想做的科研问题深入做下去（S06）。团队建设尤其是带头人是影响个体创新动力的重要因素，很多高校缺少合格的团队带头人（S03）。博士毕业进入高校开始做课题组长，就意味着可以独当一面了，这对我的触动特别大，意味着我要思考自己能做点什么和应该做什么了（S26）。现在很多高校都采用了美国的 PI 制度，这是非常英明的方式，年轻人的创造力实际上通过这个制度迸发出来了（S31）。

在范围更大的行业或者专业学科领域内，知名学者对科研行为的影响更为复杂。优秀的学者是科研群体的学习榜样，青年学者将其视为学术研究和职业发展的"偶像"，并在实践中模仿其科研行为。这意味着，出色的知名学者将会间接地吸引更多年轻学者走上创新道路，甚至帮助他们矫正科研行为。

职业初期的导师对未来科研工作影响很大：以领域内的知名院士为榜样，职业发展目标首先是努力更好地做好科研工作（S3）。青年人要想真正获得成长，必须进入大平台和真正优秀的科学家一起工作（S10）。

知名学者的资源集聚效应可能诱发功利化行为。部分科研人员羡慕知名学者拥有的项目和人脉等资源，企图通过社交网络联系或加入知名学者团队的方式利用其资源优势，从而帮助自己快速获得学术地位和资源。这种行为剥离了知名学者的示范角色，只关注附着在他们身上的资源禀赋，是一种非专业逻辑的行动取向。从长远来看，依附他人的科研人员也难以做出真正有价值的学术贡献。从受访者对此行为的态度来看，"攀附大牛"行为并没有得到认可，更多人对此持批判和鄙夷态度。与该行为相反的倾向是，科研人员更希望获得独立和自由的学术权力和首创权，而这类权力在"大牛"团队中难以得到保障。

领域内知名的学者容易吸引其他人去找关系，组建项目团队时，大牛是热门人物（S02）。现在大学里的"青椒"起步很难，有的人没有独立的实验室，只能加入别人的团队，帮着"大牛"做事，但是独立性就会受限（S11）。当下大多数科研人员认为，获得"学术大牛"的赏识和提携，远比做出重要的科研成果要紧（S29）。

科学家精神对于不同成长阶段的科研人员产生的影响存在较大差异。以本研究的访谈时段（2021 年下半年）为基准，50 岁及以上的科研人员更崇尚老一代的科学家精神，并以此作为批评年轻学者浮躁功利的参照物。40—50 岁的中年学者处于新老"科学家精神"的混合影响中,一方面他们敬重过去的科学家精神,但受其影响程度较低;另一方面他们身兼多种社会责任,更认同新时代科学家精神的服务社会理念。40岁以下的青年科研人员对于科学家精神较为疏远,他们身处高度竞争的情境中,更关心自身职业发展和科学追求,无暇顾及也没有能力将自身与国家命运和社会发展联系在一起。

现在的科研人员还是要有家国情怀和社会责任感才行,要学习老一代前辈的精神,提出真问题,做出真学问(S16)。广大科技人员要胸怀祖国,才能激发出更强大的精神力量,才能像老一辈科学家那样,坚定地通过创新寻求突破(S33)。总是强调家国情怀的人似乎都是年龄较大的学者,但是不同时代的价值观不同,现在的社会氛围与精神、情怀存在冲突(S21)。当今社会谈论科学家精神的意义不大,科研人员的竞争与内卷还在继续,大家陷在竞争的评价游戏规则中,科研人员层次越高,社会职责、社会职务、权限就会越大,科学家精神只在小部分的人身上体现(S41)。

三、科研惯习和不良风气的限制

个体行为的观察不仅要分析他们在实践中习得的行为模式,还要关注其行为之下隐含的社会规范。个人的惯习是制度结构因素在微观层面的投射,也受到个体在复杂情境中的动机影响。[①] 因而,科研惯习与科研人员身处的环境脱不开关系。反过来,个体的科研惯习也会内化为一种行为模式,并逐渐外显为群体行为规范。

(一)不良风气改变创新倾向

直接影响科研惯习的环境是科研单位。单位层面的不良风气限制了科研人员选择专业逻辑作为行为导向的自由。非正式的科研风气与正式的组织规定,构成了科研单位层面的"微环境","微环境"与宏观层面的"大环境"相互嵌套。国家层面的科研制度与学术生态构成了科研行为的"大环境",是科研单位的"微环境"形成的外部条件,无数个基层单位的"微环境"构成了整体性的"大环境"。然而,"微环境"具有独立性,并不完全与"大环境"导向保持一致。访谈结果的编码分析表明,大多数科研人员认同当前国家层面的科研"大环境"在逐

---

① 马尔图切利,桑格利.个体社会学[M].吴真,译.北京:商务印书馆,2020:79-83.

步向好转变。然而,单位层面的"微环境"却始终维持着制度惯性。

尽管科研人员认同自由而独立的专业逻辑,并且宣称学术行为不易受他人影响,他们却无法忽视科研单位的规则约束、竞争氛围以及学术风气。受访的科研人员和管理者均表示,上海市的科研风气整体呈现踏实严谨认真的状态,处于全国范围的较高水平。但具体到科研单位的微观层面,多数人认为,单位中仍然普遍存在急功近利的不良风气。科研人员的心态浮躁,难以形成"十年磨一剑"和"甘坐冷板凳"的学术氛围。长期以来,我国"实用主义"和"计划式"的科技工作思想对显性目标和绩效更为重视,因而,科研单位的规章制度普遍缺乏"宽容"和"自由"的科研思维。工作单位的科研风气促使科研人员更多以"捡漏"和"跟风"的方式开展学术研究,逐渐远离专业逻辑的规则要求。

我国科研人员数量供过于求、多而不精的现状奠定了内部竞争的基调。争夺学术优先权是科研活动的基本原则,但过度的竞争则会扰乱正常的学术秩序。"内卷化"风气极易扰乱个体的创新"定力",使得部分科研人员在过度竞争中迷失学术目标,丧失科研理想或抱怨环境,以"躺平"的方式消极对待科研工作,或者无法忍受科研场域的内卷而选择逃离,甚至一些科研人员被不良风气带偏,走上科研不端之路。这种"内卷化"的负面风气源于科研资源的竞争性分配,在科研群体行为实践中被不断扩大。

在这种风气的影响下,管理者对科研行为缺乏耐心和包容。我国当前科技发展的主要目标是建设科技强国,尽快缩短与发达国家的科技实力差距。因而,在短期内完成明确研究目标的迫切心情转化为一种"急功近利"导向。如果一项科研活动需要长期投入、目标不确定且容易失败,就会失去管理者和科研人员的耐心和包容,这也是科研人员较少选择探索性研究的原因。在注重短期考核的科研环境中,科研人员要以超越同行的学术成果,竞争有限的学术职位和科研资源。科研人员并不想拿短暂而宝贵的成长期去冒险。

(二)科研惯习降低探索动力

评审专家对颠覆性想法的认可度较低,更倾向于支持可行性强的创新项目,这类惯习使得科研人员对创新性研究的深入探索动力减弱。为了迎合资助导向和评审偏好,科研人员在选择项目主题时更多以自身的研究基础为前提,而不是研究兴趣所在。资助机构对自由探索类项目的资助强度低,缺乏充足支持的科研人员得不到足够的外部激励,内在动力因而减弱。创新性研究缺乏持续资助机制。一项研究一般在结题后就已经宣告停止,科研人员再次开展申请项目必然会选择更具突破性的创新点,而不是在原来基础上做深化研究。这也导致创新想法停留在论文成果上,无法实现系统化和整体化的可持续性探究。

太前沿的问题研究可行性不足,得不到评审人认可,个人的创新项目比较零碎、不成体系,需要面上引导的体系化创新,我国的科研思维是"捡漏"式创新,缺乏深入思考;而且我国投入少,科研人员缺少资助,竞争压力大,科研风气浮躁(S8)。

在效率化规则的引导下,科研群体的竞争从未停止,内卷化竞争的惯习滋生了"学阀"现象和"马太效应"。有能力有资源的科研人员会抢占更多项目资源,而没有积累又缺乏背景的人难以获得支持。赢得评审专家的认可除了要有创新想法,更重要的还是要具备充足可行的研究基础。这些都依靠项目产生的科研数据与成果,缺乏项目支持的人在后续的项目竞争中就一直处于弱势地位。长此以往,科研界的"贫富差距"就会拉大,"学阀"垄断资源,有想法的年轻人得不到资助。因而,更多年轻学者或者处于弱势的科研人员选择"依附"于"学术权威"的团队,从而分享部分学术资源。这种现象逐渐形成了"包工头"模式,即"学术权威"作为项目申请人负责项目申报,并向团队成员分配任务,实际开展项目的则是团队中的普通科研人员和学生。"包工头"模式形成了论资排辈的金字塔结构,年轻科研人员缺少独立的科研机会,团队带头人的科研压力却因此降低,同时获得更多科研成果和后续的奖励、资源。受访者表示,尽管"包工头"模式不利于科研创新,但仍然驱使科研人员尤其是年轻学者努力去当"学术大牛""包工头"。

第四节　多重制度逻辑作用下的创新效应

基于科研人员对多重逻辑的回应与选择的分析,以及有限能动性的说明,本节对个体的能动性作用做出总结,概括科研人员如何能动地应对多重制度逻辑的各类冲突,并说明个体能动性对于基础研究原始创新可能的影响。

一、抵抗新逻辑导向:改革落实难

当前,基础研究制度建设处于体制机制改革的深化期,形成了新旧逻辑导向共存的样态。在这样的复杂环境中，科研群体对于制度更迭发生的逻辑冲突形成三种创新态度，并对基础研究制度改革的推行产生差异化影响。其一，持有"批判适应"态度的科研人员尽管对新逻辑导向的改革抱有悲观预期，但他们仍然会采用新逻辑导向认可的行为规范约束自己，从而加强科研行为的合法性。这类态度使得制度改革效果延缓，政策的合法性提高难度较大。其二，对新逻辑导向"消极抵抗"的科研群体仍然延续旧制度惯习。他们的态度对新政策的推行形成了较大阻力，既有惯习和新制度规则形成了对立局面，导致新逻辑导向在这类群体中的合法性难以建立。在新旧逻辑的冲突之下，旧逻辑导向受到此类群体的拥护而巩固了其制度合法性。其三，"积极参与"制度改革的科研人员对于新逻辑导向保持积极预期，有利于推进制度改革的实质性落实。但在制度改革缺乏操作细则的情况下，这类态度容易在期望落空的情况下扭转为第一类态度。

以上三类态度决定了促进原始创新的基础研究制度改革在实践中落实困难。一方面，制度改革的支持率低。支持新逻辑导向改革的群体比例较低，制度改革的推力整体较弱，而对其否定或不抱希望的人占多数。另一方面，支持群体容易受改革效果的影响而转变态度。当新政策实施后效果不佳时，第一类群体的批评声音则会更多，第三类群体则容易产生失望情绪，进而加入第一类群体的阵营。第二类群体获得第一类群体的更多支持，从而增加了对旧逻辑导向的拥护，此时，制度改革的阻力也会随之加大（见图6-4）。

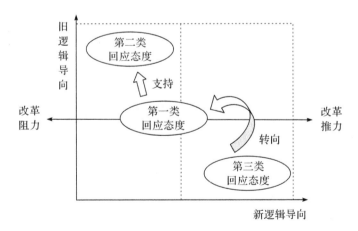

图6-4　新旧逻辑导向冲突的行为选择

从逻辑冲突和行为选择的关系来看，"批判适应"态度组合了新旧两种逻辑导向，"消极抵抗"态度背后是单一的旧逻辑导向，"积极参与"态度反映了对新逻辑导向的坚持。三种行为选择并不是一成不变的。随着制度改革的实践推进，"批判适应"态度很有可能转变为旧逻辑导向，也可能转变为新逻辑导向，实现后一种转变需要加大新逻辑导向的制度支持力度。新旧逻辑导向的矛盾使得科研人员更倾向旧逻辑导向。这种行为倾向反映了科研人员的两种动机：一是可以减少为适应新规则而需要付出的努力；二是有利于在制度混合期维持自身的行为合法性，降低改革成效不足或失败带来的损失。上述行为倾向不仅对制度改革的推行造成阻碍，同时也为科研人员在多重制度逻辑中的选择形成了心理预设，使得旧逻辑导向的制度惯性不断深化。

因此，近年来国家和上海市出台了多项旨在促进原始创新的基础研究评价政策和管理政策，有些政策与当前执行的管理规则相互冲突，有些创新政策缺乏配套实施细则和执行条件。面对中央和上级层出不穷的政策规定，基层管理者只能用政策落实政策，但项目开展过程中的规则依然未变。科研人员表面上认同新逻辑导向的改革，但实际中缺乏落实细则和科研环境铺垫，科研人员往往对制度情境表示迷茫和悲观。为了竞争科研资助，他们更多选择遵守旧制度，因而对新逻辑导向的制度改革持抵制、拒绝或形式化执行的态度。

二、内化外部逻辑：保守式创新

从科研人员的逻辑回应和逻辑选择可以看出，科研群体对于功利化导向（商业逻辑）和绩效导向（科层逻辑）的重视成为群体共识。这意味着两个外部场域的逻辑正强势入侵科研场域，内化为科研人员的科研创新行为导向。然而，外部逻辑的内化会排挤科研场域本身的逻辑，导致专业逻辑的合法性和自主性无法在科研实践中实现。在两类外部逻辑的影响下，科研人员形成了固定的科研偏好，即"求稳"的保守式创新方式。这样做的原因一方面是为了提高项目资助率，另一方面能够规避创新性研究的失败风险。

科研人员更多选择渐进式的创新模式。不同领域的创新想法组合有助于产生高影响力的成果，但也可能导致更大的不确定性。在不确定性越来越高的科研环境中，个体的风险识别更加敏感，这种风险规避意识促使科研人员形成稳定的创新行为模式。[1] 原始创新的定义因人而异，再加上专家的评审偏好个性化较强，对于创新性研究的非共识和不认可情况较多。因而，原始创新研究得到资助的概率远小于常规的渐进式创新研究。为了获得更多竞争性资助，科研人员通常会在充足的前期研究基础上申请项目。即使不考虑获取资助的概率，创新研究的过程依然面临很多不确定性。一般而言，未知领域研究的重要性在萌芽期并不明显，有可能因为资助不足而沦为"短命"的热点，也有可能受到慧眼赏识并演化为有前景的前沿领域。现实中，能够识别原始创新的"伯乐"很少见，一般的评审专家对创新人才的评价较为保守。

除了少数慧眼识珠的人，大部分专家学者都没有分辨原始创新和胡说八道的能力（S28）。异想天开是原始创新的开始，如果得不到专家的认可，文章就发表不了，项目就拿不到，承认异想天开的专家就是伯乐，没有伯乐，原始创新更加艰难（S57）。

效率化规则的内化使得规避风险和害怕失败成为科研人员的普遍选择。研究人员在申请基础类项目之前，普遍做好了前期研究准备，当他们认为实验数据和结果有助于完成研究目标时，才能下定决心去申请项目。研究人员对管理部门提出的建议中，"宽容失败"等相关建议的频率较高，仅次于"提高资助"的建议。这也表明项目资助机构对于研究失败的宽容度并不高，学界对于失败的宽容度甚至更低。社会学家认为，研究人员的行为选择是因为高产的传统研究与冒险的创新研究之间存在固有的张力。[2]

通常，以传统方式开展科学研究的研究人员容易产出较多的成果，他们的研究成果能够推动特定领域的进步，选择在某个特定领域持续钻研可能限制研究人员研究热点问题的机会。新颖的文章获得出版的机会更少，获得更多引用所需要的时间更久。[3] 发表困难或引用率低的风险会影响科研人员的职业发展前景。涉足前人未曾踏入的领域必然会经历较高的失败风险，尽管

---

① 阎光才.大学教师行为背后的制度与文化归因——立足于偏好的研究视角[J].高等教育研究,2022(1):56-68.

② Bourdieu P. The specificity of the scientific field and the social conditions of the progress of reasons[J]. Social Science Information,1975,14(6):19-47.

③ Wang J, Veugelers R, Stephan P. Bias against novelty in science：A cautionary tale for users of bibliometric indicators[J]. Research Policy,2017,46(8):1416-1436.

科研人员明确知道探索将会推动学术生涯前进一步,但敢于冒风险的较少出现。① 主要原因在于,创新性研究带来的潜在激励不能够弥补研究过程中的巨大风险。② 可能的风险包括研究方案得不到项目资助、论文无法发表、论文结果需要更长时间才能得到学术认可和社会接受③,以及随之带来的职位晋升失败、待遇下降、学生毕业延期、团队难以维系等风险。因此,科研人员选择更为保守和有利于职业发展的科研行为。

三、弱化专业逻辑:绩效悖论锁定

科研人员越来越重视绩效导向和功利化导向的量化指标及相关活动。这种倾向使科研人员主动地进行自我规训,通过科研绩效的最大化来证明自己的价值。例如,科研人员的自我介绍多以基金项目、科研经费和论文发表等绩效指标为主,而缺乏对个人实质性科学贡献的关注。

(一)专业逻辑的合法性减弱

基础研究领域的学术认可更多体现为论文得到发表,而科研人员想要获得研究资助、职位晋升和待遇改善,或实现更高层次的科研目标,仅有学术认可是远远不够的。经费资助是完成这些目标的基础,竞争性项目是科研人员能够争取的主要资助来源。从评审标准来看,创新性需要提出重要的科学问题,可行性建立在已有的研究基础之上。评审专家无法仅通过论文的数量和质量做出判断,而是以申请人对科学问题的凝练、创新想法的提出等方面作为创新性的依据。申请人的研究积累、项目设计、平台和团队组成等是判断可行性的主要指标。任何一个评审指标的完成都以项目经费支持为基础。科研人员通过申请项目获得研究支持,产出的项目研究成果用于申请更高层次的项目资助,从而竞争学术职位和改善研究条件,这有助于提高其学术地位和声誉。总而言之,只有获得管理认可,科研人员的学术地位和学术声誉等认可度才能得到进一步提高。因此,管理认可在科研场域中逐渐"凌驾"于学术认可之上。

---

① Foster J G, Rzhetsky A, Evans J A. Tradition and innovation in scientists research strategies[J]. American Sociologic Review,2015,80(5):875-908.

② Evans J A, Foster J G. Metaknowledge[J]. Science,2011,331(6018):721-725.

③ Wang J, Veugelers R, Stephan P. Bias against novelty in science: A cautionary tale for users of bibliometric indicators[J]. Research Policy,2017,46(8):1416-1436.

科研项目决定教师在院系中的"地位",任何职业阶段都非常重视项目 (S17)。重点投入的资助方式导致资源分配不均,资源更多地流向本就掌握较多资源的团队,提高了团队及其成员在学术圈内的地位和声誉,形成"马太效应"(S18)。

(二)绩效悖论的锁定效应形成

对功利化导向和效率化的过度依赖容易形成绩效悖论(performance paradox),即评审专家和项目申请人只关注绩效指标本身,而不关注创新研究应该呈现的绩效。[1] 绩效悖论不仅引发科研人员的适应性行为,而且会通过实践的不断强化,生成锁定效应(lock-in effects)。[2] 这种效应指的是,一旦某个绩效指标建立起来,那些通过该指标取得成功的人会努力保持它的相关性,即使它被证明是误导性的也不会停止相关行为。管理者倾向于改善指标,却没有改善指标的设计体系。这种做法甚至可能形成恶化的结果,例如目标错位(goal displacement)[3]、捡漏式研究(gap-spotting research)[4]和对排名游戏(ranking games)[5]的痴迷。

科研人员的逻辑回应与逻辑选择表明,基础研究科研资助目标与原始创新需要的制度支持存在错位关系。即项目资助旨在创造更高的绩效指标,科研人员通过一系列科研指标证明自己有能力获得资助。但指标的形成往往与基础研究的创新规律存在冲突。科研绩效并不能准确衡量创新质量,甚至绩效越高,创新成果越被掩盖而难以识别。在项目评审实践中,科层逻辑和专业逻辑普遍认可的可行性指标意味着,科研人员拥有充足的研究基础、丰富的项目承担经验和稳定的团队等。这些构成了绩效目标完成的条件,但可行性高不是原

① Frost J, Brockmann J. When quality productivity is equated with quantitative productivity: Scholars caught in a performance paradox[J]. Zeitschrift für Erziehungswissenschaft, 2014,17(6):25-45.

② Osterloh M. Governance by numbers: Does it really work in research? [J]. Analyse & Kritik, 2010,32(2):267-283.

③ Ordóñez L D, Schweitzer M E, Galinsky A D, et al. Goals gone wild: The systematic side effects of overprescribing goal setting[J]. Academy of Management Perspectives, 2009,23(1):6-16.

④ Alvesson M, Sandberg J. Has management studies lost its way? Ideas for more imaginative and innovative research[J]. Management Studies,2013,50(1):128-152.

⑤ Osterloh M, Frey B S. Ranking games[J]. Evaluation Review,2015,39(1):102-129.

始创新形成的充足条件,新想法才是创新性研究的灵魂。

效率化规则要求的立项遴选与验收考核保障了项目执行期的有效产出,甚至超额完成绩效目标。然而,科研人员创造的优异绩效结果与基础研究科研规律特征并不匹配。这说明,短期内形成的项目成果不一定是实质性创新。从项目实践的调研情况来看,基础研究项目在立项遴选和绩效指标两个方面的完成度都很高,管理者以高效合规的方式完成项目管理工作,获得资助的科研人员以高质量成果作为回报,提高了财政资金的使用效率,评审专家以公平公正的方式遴选出了符合资助导向的项目和成果。可是他们的努力程度和基础研究原始创新的要求并不完全吻合。也就是说,科层逻辑和商业逻辑导向下的科研行为与专业逻辑的创新要求出现了裂痕,形成了项目绩效很高但实质性创新不足的"绩效悖论"。

（三）外部逻辑加剧了锁定效应

绩效目标和基础研究科研规律的冲突并不妨碍科研界对绩效的追逐。从追求真理到竞争资源的转变显示了科研人员对绩效目标的重视逐渐固化。出现这种情形的原因在于锁定效应,即科研个体的学术发展（包括职位评聘、学术头衔等）与科研资助（经费、项目）紧密挂钩。在基础研究项目遴选与项目开展的实践中,科层逻辑是应然性突显信念,占据科研人员行为选择的主导地位。对于科研管理者而言,完成项目绩效考核任务是他们的工作核心,因此,项目资助的科学研究活动必须将可行性作为遴选和评审的核心标准。具有创新性特征的项目在研究缺乏可行性时较少能得到专家的认可,也无法获得政府资助。科研界形成了可行性决定创新性的共识。项目验收以达成目标为考核原则,实际验收标准要与立项申请时的目标相匹配,完成既定的目标仍然是衡量项目质量的核心标准。锁定效应比马太效应更进一步地诠释了资助分配对评价指标的依赖,是因为科层逻辑、专业逻辑和商业逻辑的制度实践共同强化了这一效应。

当前的科研评价体系主要看期刊排名和论文数量,并且与项目和职称挂钩(S15)。许多单位科研人员的绩效来自项目(S13)。如果你不愿意把时间浪费在项目申请上,没有自己负责的项目,即使成果再多,雇主也不满意,有时候评职称就会被卡住,让你无可奈何(S8)。

首先,锁定效应通过资助、管理与评价规则不断强化科层逻辑。资助单位越来越依赖可量化的科研指标作为分配科研经费的标准,科研单位将这些指标与奖励、聘用和晋升等活动紧密挂钩。在科研评价改革导向下，管理者不断优化评价指标，似乎想要摆脱以量化指标评价创新活动的限制。然而事与愿违的是，评价指标的设计越精致，锁定效应的作用越深入。因为经费分配的马太效应已经形成，只有遵守"游戏规则"的人才能赢得"竞赛"，否则就要出局。因此，没有管理者敢于脱离科层规则而生存，只能通过更出众的绩效表现争取资源。

其次，科研人员为了赢得"游戏"而产生了"盲从式"的适应性行为。当科研人员假设别人采用绩效指标作为科研活动目标时，他们也会愿意沿用这些标准；如果项目申请人希望评审专家使用绩效类指标作为遴选标准时，他们就会在项目方案中以这些标准呈现自己的竞争力，而那些没有列出绩效指标的项目方案在评审专家心中将会减分。"盲从式"的适应性行为进一步强化了锁定效应。

最后，商业逻辑对项目显性成果的要求加剧了锁定效应。项目研究方案在立项评审阶段被同行和管理者所认可，比项目成果得到的学术认可和社会认可更早。相比之下，科研量化指标为学界提供了能够让社会较快接受的创新指标，这一事实使得锁定效应在科研界更加根深蒂固。由于评估一项基础研究项目的效果需要很长的时间，而评审时间和评审资源有限，所以管理者和科研群体选择以短期内更容易呈现的量化指标，向纳税人展示资助效果。

第五节　本章小结

本章以计划行为理论为基础，综合访谈资料编码分析和问卷结果分析，阐述了科研人员在复杂制度环境下如何进行逻辑回应、逻辑选择与逻辑使用。首先，考察了科研人员如何对多重制度逻辑和新旧制度逻辑更迭进行回应。其次，对比应然性和实然性的双重突显信念，分析科研人员如何进行逻辑选择。再次，本章从主观规范出发，对影响个体能动性的非正式制度因素进行说明。最后，阐释了科研人员如何使用复杂的制度逻辑关系及形成的影响。本章的研究结果证明了，科研个体的能动性以创新态度、突显信念展现出来，并受主观规范的影响而只能发挥有限能动作用。科研个体逻辑回应、选择和使用的能动性导致制度改革落实难、保守式创新和绩效悖论锁定等创新效应的形成。

第七章 研究结论与展望

第一节 研究结论

本书立足于制度逻辑视角,以上海市为例,采用混合研究设计,深入诠释了基础研究原始创新困境的形成原因。本书的主要内容由四块相互关联的工作构成:首先,本书以制度逻辑理论为基础,结合计划行为理论和新熊彼特增长理论,提出了原始创新困境中的多重制度逻辑,构建了逻辑嵌入—能动选择分析框架。其次,本书以政策文本和政府工作报告为数据,刻画了我国40余年基础研究资助、管理与评价制度的变迁历程,总结了变迁过程中的阶段性特征和逻辑变化。再次,本书通过对科研管理者、评审专家和项目申请人的问卷调查和半结构化访谈,验证了科研人员在制度实践中的逻辑嵌入,以及多重制度逻辑规则对科研行为的形塑。最后,本书阐释了科研人员发挥能动性对多重制度逻辑进行回应、选择与使用。在总结研究结果的基础上,本书得出以下主要结论。

一、制度逻辑冲突与个体行为选择是基础研究原始创新困境的根源

回应开篇提出的研究问题,本书得出的总体结论是,我国基础研究原始创新困境的制度性根源是多重制度逻辑与科研个体行为的相互作用。具体而言,多重制度逻辑之间的兼容和冲突作用以及新旧逻辑的冲突诱使实践中的科研行为更贴近科层逻辑和商业逻辑的规则要求,而偏离专业逻辑的理念约束。由此导致的结果是,专业逻辑在制度实践中难以对科研人员产生实质性影响,符

合科研规律且有助于原始创新的规则要求无法得到实践复制。外部场域的科层逻辑和商业逻辑逐渐内化为科研人员的主导行动理念,诱发科研人员按照效率化、标准化和功利化的导向开展科研活动。

多重制度逻辑与科研个体行为的相互作用呈现为四个方面:其一,科研人员由于主体间互动的制度实践而嵌入外部场域的逻辑中,因而同时受到专业逻辑、科层逻辑和商业逻辑的多个规则约束。其二,制度复杂性为科研个体的能动性创造了机会,表现为多重制度逻辑之间的冲突和兼容,以及新旧逻辑的交替和共存。其三,科研人员能动选择的逻辑规则并不一定是他们内心认同的,而是能够帮助他们在外部场域获得认可的逻辑规则。在专业逻辑与其他逻辑存在冲突的方面(如知识生产规律与效率化规则),科研人员倾向于遵循有利于提高个人利益和资源使用效率的规则,弱化专业逻辑的影响。在专业逻辑与外部场域的逻辑规则存在兼容的方面(如社会责任、正面的行为规范等),科研人员一般将其视为次要逻辑。其四,科研个体的能动性是有限的,不仅受到各类制度逻辑规则的约束,而且受到主观规范的正面或负面的影响,负面的主观规范对个体能动性的干扰程度更深。

制度逻辑与科研个体的相互作用对基础研究创新活动产生如下效应:旨在促进原始创新的制度改革获得的群体认同度较低,科研人员倾向于维持旧逻辑导向下的制度惯性;逻辑嵌入与能动选择的作用下,科研人员倾向于选择"保守式"创新,以兴趣为驱动的自由探索和冒险性研究的吸引力较弱,科研资助与科研评价活动陷入绩效悖论和锁定效应的泥沼。

二、我国基础研究制度变迁中多重制度逻辑的合作、冲突与协调并存

基于第四章的制度变迁和逻辑变化分析结果,研究总结了改革开放以来基础研究制度变迁的阶段性特点(见表7-1)和逻辑变化特征(见表7-2),从中得出以下结论。

基于制度变迁的历时性分析,本书发现,以重大政策目标转变为标志,改革开放以来基础研究制度演变共经历了五个阶段,基础研究资助与管理、科研评价以及科技体制改革等制度要素呈现出阶段性特征。随着情境的更迭,制度要素的实践既有不断适应外界情境的改变,也存在新旧情境交替时的制度惯性。研究证明,稳定和变化并存是制度变迁的基本特征。制度变迁为制度实践、逻

辑关系变化奠定了制度环境,新旧制度逻辑的冲突也为科研人员的行为选择提供了契机。

表 7-1 制度变迁的阶段性特点

变迁阶段	制度环境	基础研究资助与管理	基础研究科研评价	科技体制机制改革
1978—1984 年（恢复重建）	"科学的春天"	计划分配	科技奖励为主	职称评定改革
1985—1994 年（探索学习）	"面向经济建设"	"稳住一头"和分类改革	同行评审和量化评价	引入市场竞争机制
1995—2002 年（规范建设）	科教兴国战略	健全科学基金制	规范评价制度	趋向优化宽松
2003—2011 年（优化完善）	"自主创新、建设创新型国家"	稳定支持和竞争择优相结合	改善评价体系	改善不良风气
2012—2021 年（深化改革）	创新驱动发展战略	加大原始创新支持	深化评价改革	优化创新生态

表 7-2 制度变迁的逻辑变化特征

制度发展阶段	逻辑间关系形态	逻辑变化	逻辑变化结果
1978—1984 年	单一逻辑的主导与独立	专业逻辑萌发,但较为薄弱	科层逻辑占主导地位
1985—2002 年	多重逻辑的共存与合作	商业逻辑进入政府场域和科研场域,专业逻辑得到国家的重视	商业逻辑与科层逻辑达成合作关系
2003—2011 年	多重逻辑的混合与紧张	专业逻辑的重要性日益提高,商业逻辑流行,科层逻辑介入逻辑关系的管理中	多重逻辑处于混合状态,专业逻辑与科层逻辑的合作关系达成,逻辑之间的紧张关系出现
2012—2021 年	多重逻辑的冲突与协调	专业逻辑的重要性达到历史性最高水平,扭转对商业逻辑的过度依赖,解决商业逻辑与专业逻辑、科层逻辑之间的矛盾	逻辑之间的冲突凸显,在制度改革之下向协调关系转变

进一步归纳制度变迁历程中的逻辑变化,本书发现,在宏观层面上,逻辑关系大体上发生了三次转型:首先是从单一逻辑主导转变为多重逻辑的合作,其次是从逻辑合作到逻辑冲突,最后是从多重逻辑冲突走向协调。通过对逻辑关系的总结,本书证明,制度变迁不只产生同构性结果,也不是逻辑间的相互替

代,而是逻辑的多元共存以及逻辑关系的迭代。通过我国基础研究制度变迁历程和逻辑关系变化,本书证明,多重逻辑在宏观层面的冲突可能带来制度向前发展的机会,促进制度的自我更新和不断优化,以创建更加平衡的逻辑关系。

三、多重制度逻辑通过嵌入机制对科研行为产生形塑

基于第五章的分析结果,本书构建了如图 7-1 所示的"逻辑嵌入与科研行为形塑框架",展示了科研人员通过与其他场域主体的互动,从而嵌入相应逻辑中。该框架对本书最初构建的分析框架中"逻辑嵌入"和"逻辑关系"部分进行了补充和完善。通过对逻辑嵌入和行为形塑的分析,本书总结出两个结论。

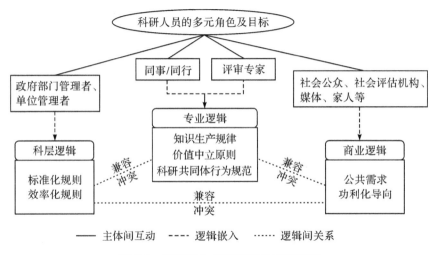

图 7-1　逻辑嵌入与科研行为形塑框架

其一,科研人员在制度实践中不只受到本场域的专业逻辑影响,也会嵌入外部场域的科层逻辑和商业逻辑中,并同时受到三重逻辑的影响和制约。通过问卷调研和访谈,研究发现,不同的互动过程所嵌入的主导逻辑不同,因而其科研行为受到的形塑作用也存在差异。具体来说,当科研人员作为专家参与资助评审工作时,他们的行为主要嵌入科层逻辑和专业逻辑中,标准化规则、价值中立原则和评审惯例会对他们产生约束;当科研人员作为研究者或项目申请人时,分别嵌入专业逻辑、科层逻辑、商业逻辑中,知识生产规律、科研惯习、效率化规则、功利化导向对科研行为的影响较为明显;当他们作为家庭成员或社会成员时,商业逻辑是他们的主导逻辑,功利化导向、公共需求和家庭责任对科研

行为的约束较多。逻辑嵌入的程度取决于科研人员对某一逻辑的重视程度。

其二,多重制度逻辑在微观层面的相互作用既有可能产生冲突,也有可能形成兼容。在科研人员所嵌入的三重制度逻辑中,科层逻辑与商业逻辑之间的兼容性较强、冲突性较弱;专业逻辑与其他两类逻辑之间的兼容性较弱、冲突性更强。上述逻辑间的相互作用导致专业逻辑与其他两类逻辑拉开距离,科层逻辑与商业逻辑更容易形成共识与合作。逻辑之间的兼容与冲突关系为科研人员能动地选择和使用逻辑创造了前提。

四、科研人员能动地对多重制度逻辑进行选择和使用

基于第六章的实证分析结果,本书总结了科研人员在逻辑回应、逻辑选择和逻辑使用方面的能动性,构建了"科研个体的能动性分析框架"(如图 7-2 所示),该框架是对本书分析框架中"能动选择"部分的进一步细化和完善。

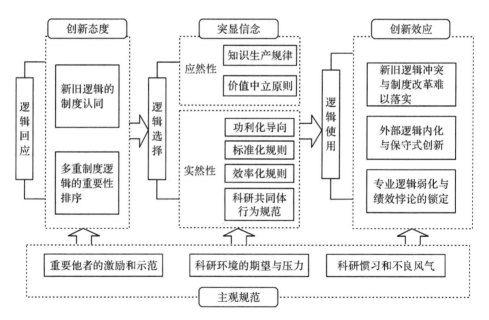

图 7-2 科研个体的能动性分析框架

基于对制度实践中个体能动性的分析,本书发现,科研人员的能动性体现在,有意识地从既定的制度逻辑中选择某些要素而忽略其他要素,以逻辑要素的拼凑组合作为行动导向。科研人员能动的逻辑选择与使用展现为三种结果:其一,形式上迎合制度改革带来的新逻辑导向,内在上维护旧逻辑导向(表现为

"批判适应""消极抵抗"和"积极参与"三种回应态度)。其二,偏离他们所认同的应然性突显信念,即本场域的主导逻辑(专业逻辑的知识生产规律和价值中立原则)。其三,被动地遵循外部逻辑,包括科层逻辑的效率化规则和标准化规则以及商业逻辑的功利化导向。这三种结果表明,科研个体更倾向于在多重制度逻辑中选择有利于获得认可和资源的要素。借助计划行为理论,本书还证明了科研人员的能动性存在边界。这意味着科研人员具有"有限能动性",即科研行为的能动性受到主观规范的影响,包括科研环境中的期望与压力、重要他者的激励和示范效应、科研惯习和风气的负面影响。

基于上述结果,本书总结了能动性形成的创新效应。科研人员选择规避新旧逻辑冲突,致使旧逻辑导向的制度惯性对制度改革形成阻力;科研人员选择将效率化规则和功利化导向组合起来,形成了"保守式创新"倾向,冲击了好奇心驱动、敢于冒险和自由探索的创新方式;外部场域中的逻辑拼凑组合成为科研人员的主导逻辑,由此形成绩效悖论,并演变为群体惯习,最终导致专业逻辑的重要性被弱化。

第二节　实践启示

一、加强专业逻辑重要性,优化管理制度设计

提高科层逻辑制度实践与基础研究科研规律的一致性,能够拉近科层逻辑与专业逻辑的认知距离,有利于降低科研人员能动选择时面临的逻辑冲突。因此,建议政府管理部门强化科研规律在资助评审和评价考核中的重要性。

首先,遴选有利于识别原始创新的高水平评审专家。能够识别原始创新想法的往往是"小同行"专家,特别是学识水平高的专家,这一点已在科研群体中达成共识。然而,科研资助更多是以"大同行"模式开展项目评审活动,致使很多创新性项目或人才难以脱颖而出。造成这一结果的原因是,科层逻辑在立项评审环节更注重标准化流程的完成,而忽视价值中立原则和知识生产规律。为了提高"小同行"专家对创新项目和人才的精准识别,建议优化项目专家库,扩大专家数量,遴选"小同行"前沿学者作为基础研究项目评审专家。同时,重视

专家评审意见反馈,开通专家与申请人的沟通渠道。甄选前沿学者须注意克服"唯帽子""唯头衔"的科层逻辑偏好,以代表作或突破性成果识别一流学者。对于没有"人才帽子"但学术能力卓越的年轻学者,也要给予其担任评审专家的机会。这样,这一方面可以为专家群体注入新的想法,克服传统的认知局限;另一方面能够打破固有的学术"圈子",减少"熟人"之间"打招呼"行为。同时,建议提高评审过程的保密性,避免评审专家名单的网上公示,减少"人情关系"等负面规则对专家独立判断的干扰。

其次,建议资助制度重点支持优秀个人和小而精的团队。就实现原始创新的条件而言,科研群体更加认同个人因素的决定作用,原始创新发现的过程偶然性极大,既需要产生灵感的运气,也需要不懈的努力。相反,科研人员普遍否定"攻关"模式对于基础研究原始创新的作用。有研究证明,大而全的团队有利于提高科研成果数量,对论文被引用量的提升也作用显著。[①] 但从专业逻辑上讲,大团队并不擅长发现原始创新。因为大型团队的多人合作在沟通和协调上面临更大的交际困难,在多个创新想法中找到最佳路径以及说服众多成员同意一种创新方案都是极大的挑战。由于大型团队获得的重大项目数额巨大,承接的任务目标明确且不能失败,因而团队个体对风险的厌恶程度极高。[②] 因此,为了实现自由探索的原始创新,有必要加强对小团队的支持。小而精的团队适合验证新的或颠覆性的科学构想,它具有更加灵活的结构,更深更广的知识基础,有助于科研人员开展冒险式的探索研究。实证研究发现,在过去 60 年里,较大团队产出的科研论文、专利等成果获得的影响力高于较小团队,但团队里每增加一位新成员,其成果颠覆性就会明显下降。[③] 小团队适合提出新问题、创造新机遇从而产生颠覆性成果。[④] 心理学研究表明,大型群体中的个人思维

① Wuchty S, Jones B F, Uzzi B. The increasing dominance of teams in production of knowledge[J]. Science, 2007, 316(5827):1036-1039; Klug M, Bagrow J P. Understanding the group dynamics and success of teams[J]. Royal Society Open Science, 2016, 3(4):1-11.

② Christensen C M. The innovator's dilemma: The revolutionary book that will change the way you do business[J]. Journal of Information Systems, 2013(27):333-335.

③ Funk R J, Owen-Smith J. A dynamic network measure of technologic change[J]. Management Science, 2016, 63(3):791-817.

④ Wu L, Wang D, Evans J A. Large teams develop and small teams disrupt science and technology[J]. Nature, 2019, 566(7744):378-382.

和行动的差异性更大,他们提出的观点和想法更少[1],对已有知识的使用也越来越少,倾向于排斥外来意见[2],容易对他人观点保持中立态度[3]。诺贝尔化学奖获得者迈克尔·莱维特表示,五人左右的小团队是诺贝尔奖获得者团队的常见情况,那些非常伟大的科学家不会在 20 个人的大团队中工作,这也印证了"小而精"的团队更有利于形成有价值的创新成果。[4]

最后,建立健全项目后评估机制和人才跟踪评价机制。基础研究成果获得学术认可及社会认可的时间都较长,关注短期成果产出和绩效目标的效率化规则必然与专业逻辑的成果认定原则相冲突。因此,政府科研管理部门需要培养长期见效的耐心,减少短期评价考核频率。在实际的科研工作中,大部分地区的长周期评估机制处于"制度缺失"状态。有必要建立健全项目后评估制度,根据项目的科学问题难度适当延长评价周期,从而避免项目负责人为完成项目目标而降低学术成果质量,减少科研人员面对学术探索和项目考核冲突的压力。借鉴诺贝尔奖的评审机制,针对已完成的项目进行抽样后评估。后评估指标依据结题后产生的研究影响力、持续性研究、成果应用转化等情况制定,并参考后评估结果对项目负责人的相关研究进行滚动资助。后评估制度的实施不仅需要掌握评估方法和科学地设计指标,还需要科研管理者设立合理的监督机制。建议管理部门以人才计划项目入选信息为起点,建立人才信息档案库,利用公共信用信息和科研信息大数据,对项目承担单位和项目负责人实施全覆盖跟踪评价。

二、扩大以信任为前提的自由探索,建立多主体监督和沟通机制

由于科层逻辑与专业逻辑之间存在固有的冲突,在此情况下,科研人员多会被动遵从科层逻辑。标准化规则表面上维护了资助与评审流程的公平公正,

①　Paulus P B, Kohn N W, Arditti L E, Korde R M. Understanding the group size effect in electronic brainstorming [J]. Small Group Research, 2013, 44 (3): 332-352; Lakhani K, Boudreau K, Loh PR, et al. Prize-based contests can provide solutions to computational biology problems[J]. Nature Biotechnology, 2013, 31(2):108-111.

②　Minson J A, Mueller J S. The cost of collaboration: Why joint decision making exacerbates rejection of outside information[J]. Psychologic Science, 2012, 23(3):219-224.

③　Greenstein S, Zhu F. Open content, linus' law, and neutral point of view [J]. Information Systems Research, 2016, 27(3):618-635.

④　郑金武.诺贝尔奖得主迈克尔·莱维特:小团队更能出大成果[EB/OL].(2020-10-04)[2022-03-05]. https://news. sciencenet.cn/htmlnews/2021/10/466462.shtm.

但过度严苛的规则限制了科研人员自由、自主的创造性活动。本书以上海市自然科学基金的实践结果表明，科研人员开展自由探索类研究的愿望同当前科层逻辑相冲突，受制于自由申报类项目数量不足、立项申请书结构僵化、经费管理过细、程序性工作繁杂、考核指标过高等问题。本书还发现，以信任为前提的"包干制"为上述"自由受限"问题提供了较好的示范方案，降低了科研人员开展创新研究的顾虑和负担。科研管理者面对的难题是，如何设计科学的标准化流程，既能减少管理规则对创新活动的干涉，提高科研人员自由探索的灵活性，又能满足科层逻辑的标准化要求。

首先，建议扩大以信任为基础的资助、管理与评价机制的覆盖范围。西方学者通常认为，中国人具有较低的基于制度的信任，但具有较高的小团队内部信任，或者说是基于社会关系的信任。[①] 管理者应该相信科学家的认真作为，建立以信任为前提的评审和管理机制，赋予科研人员在项目全过程中更大的学术自由权和自主管理权。在资助环节的实践中，建议管理部门提高自由申报类项目的比例和资助水平。优化项目申请书结构，减少立项申请中有关项目目标和预期成果的内容，专注项目研究方案的学术价值。扩大自由权的适用群体范围，放宽项目申请限制。在管理环节的实践中，将经费"包干制"和技术路线决策权等从少数的杰出人才计划拓展至所有基础研究类别的项目，鼓励科研人员按照科学研究的内在规律申报感兴趣的课题，充分调动科研人员敢于挑战科学难题的积极性。

其次，信任不等于放任，在项目申请和管理保持宽松自由机制的前提下，严格的监督机制需要跟进。提高科研违规成本和风险，减少科研人员违背科层逻辑规则的可能性。建议科研管理部门借助大数据平台建立科研诚信档案，并开展项目全流程监管机制。同时，还应该增加一定比例的科研管理研究学者和科学哲学专家参与监督，帮助识别资助项目的社会价值。对于故意造假、学术不端、违背学术道德的行为，实行"零容忍"惩罚，遏制学术腐败。另外，建议增加一定比例的公众参与监督，向全社会公开违法违规的科研行为，并记录在科研人员个人诚信档案，与职业晋升和学术地位挂钩。

最后，管理者和科研人员之间的沟通有利于科层逻辑在实践中更贴近专业

---

① 桑顿，奥卡西奥，龙思博.制度逻辑：制度如何塑造人和组织[M].汪少卿，杜运州，翟慎霄，等，译.杭州：浙江大学出版社，2020：4.

逻辑。建议科研管理实践中增加常态化沟通机制,即在政府管理方、项目申请人和评审专家之间搭建对话平台,自下而上地接收科研群体的意见和建议,以便依据问题和需求对科层逻辑的实践进行及时调整。有研究表明,项目管理官员和项目负责人之间的对话是许多原始创新项目最终取得成功的最有效方式,管理者可能会提醒项目申请人其研究方案的潜在变革性[①],而沟通内容的关键在于双方对逻辑的认识达成一致。因此,科研管理者应当着重推进政策对象对制度目标的认知与理解,自上而下地建立制度认同机制,打通政策制定方到政策管理方、再到政策对象的阻塞空间。加强政策宣传与规则解读,一方面通过多条渠道传达政策内涵;另一方面深入基层,对科研人员的质疑做出解答,并在沟通平台中动态交流政策问题,实现即时反馈。

三、提高原始创新认可,降低科研角色压力

科研人员身兼多元角色,背负多重压力,开展基础性探索研究难以获得认可。特别是处于创造力巅峰期的年轻学者们,他们在职业、学术和家庭方面面临更大的压力,同时他们也因资历尚浅往往更难得到同行认可。科研人员在多重角色期待和压力以及同质化科研环境的熏染下,更容易选择"跟风"、"捡漏"、求稳的科研方式,开展创新实践时瞻前顾后,规避可能的失败风险。为了激发年轻学者的首创精神,保护科研人员可贵的创造力,需要卸下他们身上的各类"精神枷锁"。提高对原始创新研究和探索性探究的认可力度,为他们营造宽松自由的创新环境。建议政府相关部门从科研人员面临的角色压力入手,切实解决各年龄层科研人员的实际困难,满足其物质需要和精神需要。[②]

一方面,建议政府部门着力改善科研人员物质生活水平,帮助学者们从较低层次的生活困境中解脱出来,将更多精力放置在创造学术价值上。在我国科研资源日益富足的当前,满足科研人员物质需要不只在于提高薪资收入,而是要保证科研人员的收入水平与其贡献相匹配。科研工作的本质决定了它不仅

① Wagner C S, Jeffrey A. Evaluating transformative research programmes: A case study of the NSF small grants for exploratory research programme[J]. Research Evaluation,2013(3):187-197.

② 李侠.科学界如何安放学术理想[J].中国科技奖励,2020(7):62-63.

仅是谋生的工具,还肩负着社会职责和公共使命。提高科研人员的物质性待遇,能够让其在完成家庭角色的基础上,进一步行使社会性职责,激发其作为社会成员的责任心。同时,对于科研人员身上的多重压力,建议管理者从尊重科研规律出发,引导青年学者正确认识科研发展道路中的挫折。鼓励团队带头人或院系领导指导青年人才开展职业发展规划,并适当开展团队辅导活动排解内心压力,在科研工作之余放松心情。

另一方面,建议对原始创新研究保持宽容和耐心,合理对科研群体施加创新压力,加强心理疏导,保障科研人员的心理安全。创新的根本目标是为科技发展和社会进步做出贡献,"创新"本身并不是科研人员的目标,"贡献"才是目的。① 过于强调创新会给科研人员带来心理压力,建议管理者在日常科研工作中更多强调实绩和贡献,鼓励科研人员脚踏实地解决科学问题、探索科学难题,而不是打着创新的名号追求科研计量指标。基础研究原始创新需要更长时间才能被学界和社会认可。原始创新论文需要更长时间才能累积更多引用量,基础性科学发现和成果获得社会认可的间隔长达数十年,表明找准创新研究成果的识别时机、缩短从基础发现到应用开发的时间,将会大大提高科学之于社会的贡献度。为此,政府决策者有必要设计更有利于精确识别创新的评审程序和评审标准,提高立项评审环节中专家对创新性方案的接受度。合理配置经费,给予新想法更多生长空间。设立衔接基础研究与应用研究的项目类型,加快推进科学发现向社会需求转化的速度。

四、营造科研单位创新氛围,减少功利化和绩效导向干扰

科研单位加强微环境的创新激励制度建设,能够在实践中切实促进科研群体对专业逻辑的认同,降低功利化导向和绩效导向的干扰。科研单位应该根据人才结构,建立符合单位定位和基础研究科研规律的评价制度。实行"朴素不折腾"的评价原则,降低过度考核带来的"内卷化"竞争和心理压力。相应地,建议科研单位不要盲目学习"非升即走"的人才聘用制度,应从"重引进"转变为"重培养"。尽管"非升即走"制度有利于激发科研群体的竞争力,但却不利于他们沉下心来坐冷板凳,而且极易加剧功利化导向和绩效导向的科研行为。可以

---

① 项飙. 为承认而挣扎:学术发表的现状和未来[J]. 澳门理工学报(人文社会科学版),2021(4):113-119.

将"非升即走"改为"非留即走",即在晋升名额不足的情况下,建议将晋升审核改为留校审核。这既能保证一定竞争性,又能降低晋升压力、维护科研人员的就业权利。

将科学精神和科学家精神内化为科研人员的创新动力,是驱动科研个体走向创新道路的根本。本书的第六章阐释了科研人员能动地将外部逻辑作为行为主导理念,这意味着,当前原始创新动力不足的问题部分源于科研个体的自主选择,而不仅仅受体制机制不合理和外界环境的影响。追根溯源,需要反思科研人员是否朝着实现创新的方向而努力,是否将好奇心和注意力用到基础研究知识探索中。在促进原始创新动力的实践中,一方面,呼吁创造有利于基础研究的科研生态,完善评价体系和激励机制;另一方面,科研人员自身也要加强自律,保持追求学术理想的初心。

外部逻辑对专业逻辑的冲击容易干扰科研人员的创新意志,如功利化导向、"人情关系"等。从影响创新动力的因素来说,来自外部场域的逻辑要素是外因,决定科研创新结果的根本要素仍然是内因,即个体对科学的热爱和兴趣、追求学术理想的毅力和坚定等。这些内在因素反映了科学精神和科学家精神的内涵,也是驱动科研人员持之以恒开展基础研究的根本动力。现实科研活动中存在很多"跟风""捡漏"和"躺平"行为,或急功近利地累积科研成绩,甚至无视科研规范和科研纪律。短时间内上述行为能够获得名利,但从长期看,这些无视科学精神和科学家精神的倾向必然遭到科研共同体的排斥。科研人员选择从事科研工作就意味着,他们对于科学研究和专业方向拥有强烈的兴趣,也深知自身的学术职责和公共使命。那些已经取得突破性成果的学者,无一不具备浓烈的好奇心和坚韧的意志。因此,政府部门在努力改善外界科研环境的同时,科研个体也要坚持自己的科研风格和稳定的科研心态,平衡外界环境和内在心境的冲突,保持好奇心和冒险精神,从容应对环境的快速变化和挑战。

五、促进科研共同体自律,发挥非正式规则效用

发挥科研人员的创新能动性需要调动科研共同体的集体力量。本书证明,科研共同体行为规范是科研个体嵌入的主要制度逻辑要素之一。一方面,科研人员会受到正面行为规范的影响,例如科学精神、科学家精神、优秀同行的示范等,这些会引导科研人员认同并选择专业逻辑作为行为导向;另一方面,负面行

为规范如"人情关系"、科研惯习等也会影响科研人员的行动策略。通过调研结果对比分析,本书发现,科研人员更容易受到负面行为规范的干扰。非正式规则往往在社会交往中被广泛使用,并与知识生产规律冲突,令正面行为规范难以发挥激励作用。通常,隐性的非正式规则难以借助正式制度的改革举措来消除。因而,解铃还须系铃人,对抗负面非正式规则的影响需要正面的非正式规范。因此,建议科研共同体提高合作、交流和影响力,发挥身边优秀人才的示范作用,建立有利于达成共识的沟通机制,从而由内而外地降低负面规则的干扰,支持正式制度发挥创新激励作用。

首先,建议有志于开展创新的科研人员构建专业共同体的学术交流与合作平台。这样的平台应该允许各领域的科研人员开展实质性的学术交流与科研合作。科研共同体应当向外界展示自身的价值与贡献,提高社会影响力,帮助社会公众树立正确的科学认知。建议科研人员积极参与社会服务,如科普活动、政府咨询、科学宣传等,扩大基础研究工作的社会宣传。这些活动不仅能够提高科研人员及其研究的社会知名度,提高社会认可度,还能够创建良好的科学探索氛围,吸引更多初出茅庐的科研人员加入科研共同体中,扩大共同体的影响范围和影响力度。

其次,发挥身边优秀同行的示范效应。研究表明,与顶级学者共事会让自己变得更优秀,这种"近朱者赤"的现象在经济学中被称为"同群效应"。罗伯特·默顿通过与诺贝尔奖获得者的多次访谈后总结出一条规律,即"明星科学家"所在的地方很容易形成活跃的科研氛围。[1] "明星科学家"不仅自己成就卓越,而且能够激发他人的创新潜力。"明星科学家"对科研单位的贡献不只是提高了整体的科研产出,更在于吸引更多优秀人才,优化了院系人才结构。

然而,并不是所有的"明星科学家"都能发挥示范作用。不可否认,有些"明星科学家"虽然能够为单位贡献高质量论文、专利和大额科研经费,但高校引进他们只是为了提高单位的高端人才计量指标,而没有要求他们为学校的研究发展提供具体帮助。[2] 科研单位的管理者需要甄别科研人员在群体中

---

[1] Merton R K. The matthew effect in science[J]. Science,1968,159(3810):56-63.

[2] Oettl A. Reconceptualizing stars: Scientist helpfulness and peer performance [J]. Management Science,2012,58(6):1122-1140.

发挥的作用，遴选出对身边同行产生实质性引导作用的学者，通过精神激励的方式促进这类群体发挥其示范效应。对于那些示范作用较弱的"高产型"科研人员，科研单位的管理者可以邀请其参与更多的学术交流，促成其与其他科研人员的科研合作，提高他们与同事或同行的互动频率，从而发挥其潜在的示范作用。

最后，评审专家与申请人应该积极促进共识的达成，加强科研资助评审与考核中的互动交流。建立评审活动中的沟通机制是专家和申请人的共同诉求。一方面，此举有利于评审专家之间的评价理念达成共识。评审专家组内部的讨论是一个社会互动的过程，在这个过程中达成共识是必要的。专家组成员应该是异质性的，即包括专家和通才，最好能够在学识与能力上相互重叠，从而促进其成员之间的交流讨论。评审过程中应该创造一种良好沟通和自由讨论的环境，同时尽可能减少评审的时间压力。[①] 评审专家之间应该开展合作，以获得共享的背景知识，例如通过建立讨论小组和参与科学会议，并从他们所评审的项目中学习。评审专家需要培养沟通能力，以及意识到个人主观偏见对评估的影响[②]，这些都是识别创新性项目的评审者应该具备的特征[③]。另一方面，评审专家与申请人之间的沟通有利于申请人学术进步。申请人在专家评审意见的基础上，能够改进研究方案或者寻找更匹配项目想法的资助渠道。评审专家和申请人之间也不应该存在过大的认知距离，避免评审偏见，保持公平公正的评审结果。[④] 评审专家与申请人的一致性认知也能帮助消解申请人对专家评审结果的误会，如避免"打招呼"、利益互换等不公平评审行为，从而提高评审结果的公信力。

① van Arensbergen P, van der Weijden I, van den Besselaar P. The selection of talent as a group process: A literature review on the social dynamics of decision making in grant panels[J]. Research Evaluation, 2014, 23(4): 298-311.

② Huutoniemi K. Communication and compromising on disciplinary expertise in the peer review of research proposals[J]. Social Studies of Sciences, 2012, 42(6): 897-921.

③ Oviedo-García M Á. Ex ante evaluation of interdisciplinary research projects: A literature review[J]. Social Science Information, 2016, 55(4): 568-588.

④ Wang Q, Sandström U. Defining the role of cognitive distance in the peer review process with an explorative study of a grant scheme in infection biology[J]. Research Evaluation, 2015, 24(3): 271-281.

第三节 研究局限与展望

一、研究局限

（一）研究方法的局限

本书以质性研究为主,综合使用了政策内容分析、半结构化访谈和问卷等方法。虽然进行了多轮次的数据收集,但在数据收集的全面性上还有不足。主要缺少上海市层面的基础研究资助、管理与评价统计数据作为支撑。出于数据保密的考虑与作者对接的部门负责人和项目管理者没有向作者提供获取数据的权限。原因是上海市实行限项申报,项目资助数据存在人为干预的偏差。另外,本书未能以观察法贴近行动者也是一个遗憾。对个体行为和认知的探查最直观的方式是参与式观察。本书未能在管理者和科研人员身边体验其开展科研管理和创新实践的过程,因而对个体的逻辑认知更多以访谈的方法进行总结和分析。

（二）抽样样本的局限

本书在抽取科研人员和管理者受访对象时,受到了诸多局限而未能获取更多研究样本,包括难以开展面对面访谈、科研人员因工作忙而拒绝、受访者对访谈问题反感或不感兴趣等。为此,本书在有限的访谈对象中尽量多地扩展交流问题,从而获取更多有用信息。在访谈基础上,通过科学网、科研管理相关的公众号等渠道获取上海市本地科研人员对相关问题的看法。

二、未来展望

（一）继续挖掘研究发现的相关内容

在围绕研究问题的调研过程和分析过程中,本书发现了若干有意义有价值的研究议题。但由于篇幅有限,作者对与研究核心主题无关的内容进行了删减,并在日后进行深入挖掘,部分内容列举如下。

其一,新旧情境交替下的制度安排与个体应对。当新制度情境与既有的制度安排之间发生冲突时,科研个体和管理者分别采取怎样的应对方案,这些反应性举措如何影响新制度的落实,以及如何在制度执行中促进个体的接受度? 探索这些问题有利于解决管理者面临的执行偏差难题。

其二,信任机制与绩效考核的悖论。以信任科研人员为前提的评审制度必然要放松约束性规则,对项目的目标不做具体规定;然而政府资助必须满足财政绩效考核要求,以科研指标作为项目任务的考核结果是向纳税人的证明。如何在二者之间达到平衡,既充分信任科研人员,使其自由探索产出有价值的成果,同时又要达到绩效目标,这是科研管理者和科研人员以及科技政策研究者都感兴趣的话题。

(二)扩展理论框架的应用边界

本书从制度逻辑视角提出了适用于原始创新问题的多重制度逻辑,以及用于解释制度逻辑与个体行为之间关系的分析框架。本书的目的不只是制度逻辑理论的现实应用。更重要的是,本书以本土化应用为契机,发展和丰富制度逻辑的理论框架。通过实证结果证明,本书所构建的"逻辑嵌入—能动选择分析框架"在科研管理和创新实践场景中得到验证和完善。据此,本书认为该框架也可以对其他科技类问题进行解释。当前我国公共场域的复杂、多变和不确定与原始创新困境相似,也面临着多重制度逻辑与多元主体的相互作用。因此,适用于科研创新问题的分析框架也可以延伸至更大范围的公共事务研究。拓展理论分析框架的应用范围也是笔者未来研究中的一个方向。

(三)完善研究方法与数据来源

制度逻辑研究的常用方法包括问卷和访谈之外,还有事件史方法、人种志、田野调查法等。在今后的研究中,本书可以拓展研究方法,使得对制度逻辑与个体行为关系的研究更有连续性。采用范围更广的数据,包括建立科研人员数据库或者借助网络爬虫抓取科研个体的大样本数据等,更全面地呈现基础研究原始创新困境问题,探索制度逻辑与科研行为在不同情境下的个性化表现。

参考文献

一、著作及析出文献

[1] 埃尔斯特.解释社会行为:社会科学的机制视角[M].刘骥,何淑静,熊彩,等,译.重庆:重庆大学出版社,2019.

[2] 巴比.社会研究方法(第13版)[M].邱泽奇,译.北京:清华大学出版社,2020.

[3] 彼得斯.政治科学中的制度理论:新制度主义[M].王向民,段红伟,译.上海:上海人民出版社,2016.

[4] 邓穗欣.制度分析与公共治理[M].张铁钦,张印琦,译.上海:复旦大学出版社,2019.

[5] 方竹兰.中国原始型创新与超常型知识的治理体制改革[M].北京:科学出版社,2019.

[6] 弗雷德里克森.新公共行政[M].丁煌,方兴,译.北京:中国人民大学出版社,2011.

[7] 龚旭.科学政策与同行评议——中美科学制度与政策比较研究[M].杭州:浙江大学出版社,2009.

[8] 河连燮.制度分析:理论与争议[M].李秀峰,柴宝勇,译.北京:中国人民大学出版社,2014.

[9] 吉登斯.社会的构成[M].李康,李猛,译.北京:中国人民大学出版社,2016.

[10] 经济合作与发展组织.弗拉斯卡蒂手册:研究与试验发展调查实施标准[M].张玉勤,译.北京:科学技术文献出版社,2010.

[11] 卡尔维特.告别蓝色天空?基础研究概念及其角色演变[M].冯艳飞,译.武汉:武汉理工大学出版社,2007.

[12] 库恩.科学的革命结构[M].金吾伦,胡新和,译.北京:北京大学出版社,2003.

[13] 刘东.我们的学术生态:被污染与被损害的[M].杭州:浙江大学出版社,2012.

[14] 吕薇.从基础研究到原始创新[M].北京:中国发展出版社,2021.

[15] 马尔图切利,桑格利.个体社会学[M].吴真,译.北京:商务印书馆,2020.

[16] 默顿.科学社会学[M].鲁旭东,林聚任,译.北京:商务印书馆,2003.

[17] 诺思.制度、制度变迁与经济绩效[M].杭行,译.上海:格致出版社,2014.

[18] 桑顿,奥卡西奥,龙思博.制度逻辑:制度如何塑造人和组织[M].汪少卿,杜运州,翟慎霄,等,译.杭州:浙江大学出版社,2020.

[19] 斯科特.制度与组织:思想观念、利益偏好与身份认同[M].姚伟,等,译.北京:中国人民大学出版社,2020.

[20] 斯科特,戴维斯.组织理论:理性、自然与开放系统的视角[M].高俊山,译.北京:中国人民大学出版社,2011.

[21] 唐世平.观念、行动、结果:社会科学方法新论[M].天津:天津人民出版社,2021.

[22] 陶郁,刘明兴,侯麟科.地方治理实践:结构与效能[M].北京:社会科学文献出版社,2020.

[23] 王大顺,巴拉巴西.给科学家的科学思维[M].贾韬,汪小帆,译.天津:天津科学技术出版社,2021.

[24] 韦伯,等.科学作为天职:韦伯与我们时代的命运[M].李康,译.北京:生活·读书·新知三联书店,2018.

[25] 袁方,王汉生.社会研究方法教程[M].北京:北京大学出版社,2016.

[26] 周雪光.国家与生活机遇——中国城市中的再分配与分层[M].郝大海,等,译.北京:中国人民大学出版社,2019.

[27] 周雪光.中国国家治理的制度逻辑——一个组织学研究[M].北京:生活·读书·新知三联书店,2017.

[28] Axinn W, Pearce L. Mixed Method Data Collection Strategies[M]. Cambridge:Cambridge University Press,2006.

[29] Brown R, Carasso H. Everything for Sale:The Marketization of UK Higher Education[M]. London:Routledge,2013.

[30] Bush V. Science, the Endless Frontier:A Report to the President on a

Program for Postwar Scientific Research[M]. Washington D. C. ：United States Government Printing Office,1945.

[31] Friedland R，Alford R R. Bringing society back in：Symbols, practices, and institutional contradictions[M]// Powell W W，DiMaggio P. The New Institutionalism in Organizational Analysis. Chicago：University of Chicago Press,1991:232-263.

[32] Jackall R. Moral Mazes：The World of Corporate Managers[M]. New York：Oxford University Press,1988.

[33] Soskice D W，Hall P A. Varieties of Capitalism：The Institutional Foundations of Comparative Advantage[M]. New York：Oxford University Press,2001.

[34] Stephan P. How Economics Shapes Science[M]. Cambridge：Harvard University Press,2012.

[35] Thornton P H，Ocasio W，Lounsbury M. The Institutional Logics Perspective：A New Approach to Culture，Structure and Process[M]. New York：Oxford University Press,2012.

[36] Thornton P H，Ocasio W. Institutional logics [M]// Greenwood R，Suddaby R，et al. The SAGE Handbook of Organizational Institutionalism. London：SAGE Publications Ltd,2008:18-21.

[37] Thornton P H. Markets from Culture：Institutional Logics and Organizational Decisions in Higher Education Publishing[M]. Stanford：Stanford University Press,2004:3-18.

[38] Zukin S，DiMaggio P J. Structures of Capital：The Social Organization of the Economy[M]. New York：Cambridge University Press,1990.

二、期刊

[1] 阿儒涵,李晓轩.我国政府科技资源配置的问题分析——基于委托代理理论视角[J].科学学研究,2014(2):276-281.

[2] 操太圣.规范与理性的失去:高校教师代表作同行评审制度的迷与思[J].大学教育科学,2022(2):83-90.

［3］操太圣.为何"案牍劳形"——时间政治视角下的大学教师学术规训［J］.教育研究,2020(6):106-114.

［4］曹勤伟,段万春.科学研究的规模经济悖论与多维绩效分析［J］.科学学研究,2021(10):1758-1769.

［5］陈劲,宋建元,葛朝阳.试论基础研究及其原始性创新［J］.科学学研究,2004(3):317-321.

［6］陈劲,汪欢吉.国内高校基础研究的原始性创新:多案例研究［J］.科学学研究,2015(4):490-497.

［7］陈敏,刘佐菁,苏帆."三评"改革两周年回顾:取得成效、存在问题与对策建议［J］.科技管理研究,2021(8):43-49.

［8］陈套.弘扬科学家精神 实现科技自立自强［J］.科技中国,2022(1):90-94.

［9］陈雅兰,韩龙士,王金祥,等.原始性创新的影响因素及演化机理探究［J］.科学学研究,2003(4):433-437.

［10］程津培.制约我国基础研究的主要短板之一:投入短缺之惑［J］.科学与社会,2017(4):2-5.

［11］崔月琴,母艳春.多重制度逻辑下社会企业治理策略研究——基于长春市"善满家园"的调研［J］.贵州社会科学,2019(11):44-50.

［12］邓亮,赵敏.我国乡村教师队伍建设政策执行困境与突破路径——基于多重制度逻辑的视角［J］.教育理论与实践,2019(34):42-46.

［13］杜鹏,李凤.是自上而下的管理还是学术共同体的自治——对我国科研评价问题的重新审视［J］.科学学研究,2016(5):641-646,667.

［14］杜鹏.寻找前沿科学的突破口,促进基础研究发展的转型［J］.科学与社会,2017(4):26-29.

［15］段文婷,江光荣.计划行为理论述评［J］.心理科学进展,2008(2):315-320.

［16］方衍,田德录.中国特色科技评价体系建设研究［J］.中国科技论坛,2010(7):11-15.

［17］高杰,苏竣,谢其军.创新研究群体项目绩效评价及其对科技评价的启示［J］.科技管理研究,2021(10):87-91.

［18］龚放,曲铭峰.南京大学个案 SCI 引入评价体系对中国大陆大学基础研究的影响［J］.高等理科教育,2010(3):4-17.

[19] 龚旭,方新.中国基础研究改革与发展 40 年[J].科学学研究,2018(12)：2125-2128.

[20] 龚旭.我国基础研究需要增进多样性[J].科学与社会,2017(4):20-23.

[21] 顾超.科学史视域下的原始创新:以高温超导研究为例[J].科学学研究,2022(7):1172-1180.

[22] 关晓铭.项目制:国家治理现代化的技术选择——技术政治学的视角[J].甘肃行政学院学报,2020(5):87-102,127.

[23] 郭丽芳,崔煜雯,马家齐.创新驱动力背景下新型研发机构员工责任式创新行为研究[J].科技进步与对策,2019(16):125-132.

[24] 郝凯冰,郭菊娥.基于计划行为理论的研究生学术不端行为研究——以西安三所学科分布不同的大学为例[J].科学与社会,2020(4):113-129.

[25] 黄攸立,刘张晴.基于 TPB 模型的个体商业行贿行为研究[J].北京理工大学学报(社会科学版),2010(6):27-30.

[26] 雷小苗,李正风.国家创新体系结构比较:理论与实践双维视角[J].科技进步与对策,2021(21):8-14.

[27] 李柏洲,徐广玉,苏屹.中小企业合作创新行为形成机理研究——基于计划行为理论的解释架构[J].科学学研究,2014(5):777-786,697.

[28] 李勃昕,韩先锋.新时代下对中国创新绩效的再思考——基于国家创新体系的"金字塔"结构分析[J].经济学家,2018(10):72-79.

[29] 李刚,王红蕾.混合方法研究的方法论与实践尝试共识、争议与反思[J].华东师范大学学报(教育科学版),2016(4):98-105,121.

[30] 李静海.国家自然科学基金支持我国基础研究的回顾与展望[J].中国科学院院刊,2018(4):390-395.

[31] 李立国,张海生.高等教育项目治理与学术治理的张力空间——兼论教育评价改革如何促进项目制改革[J].重庆大学学报(社会科学版),2021(5):135-145.

[32] 李侠.科学界如何安放学术理想[J].中国科技奖励,2020(7):62-63.

[33] 李兆友,姜艳华.政策企业家推动我国基础研究政策变迁的途径与策略分析[J].科技管理研究,2018(24):46-50.

[34] 李真真.怎样评价基础科学研究?[J].中国高校技术市场,2001(9):20-21.

[35] 李正风.产权制度创新——科学是如何职业化的[J].科学与社会,2015(2):55-69.

[36] 刘梦岳.治理如何"运动"起来?——多重逻辑视角下的运动式治理与地方政府行为[J].社会发展研究,2019(1):121-142,244-245.

[37] 刘益宏,高阵雨,李铭禄,等.新时代国家自然科学基金资源配置机制优化研究[J].中国科学基金,2021(4):552-557.

[38] 刘志迎,朱清钰.创新认知:西方经典创新理论发展历程[J].科学学研究,2022(9):1678-1690.

[39] 柳卸林,高雨辰,丁雪辰.寻找创新驱动发展的新理论思维——基于新熊彼特增长理论的思考[J].管理世界,2017(12):8-19.

[40] 柳卸林,何郁冰.基础研究是中国产业核心技术创新的源泉[J].中国软科学,2011(4):104-117.

[41] 路甬祥.规律与启示——从诺贝尔自然科学奖与20世纪重大科学成就看科技原始创新的规律[J].西安交通大学学报(社会科学版),2000(4):3-11.

[42] 莫勇波,张定安.制度执行力:概念辨析及构建要素[J].中国行政管理,2011(11):15-19.

[43] 牛风蕊.我国高校教师职称制度的结构与历史变迁——基于历史制度主义的分析[J].中国高教研究,2012(10):71-75.

[44] 潘士远,蒋海威.研发结构的变迁:来自OECD国家的经验证据[J].浙江学刊,2020(4):81-90.

[45] 戚发轫.弥补基础研究短板的思考与建议[J].科学与社会,2017(4):8-9.

[46] 渠敬东,周飞舟,应星.从总体支配到技术治理——基于中国30年改革经验的社会学分析[J].中国社会科学,2009(6):104-127,207.

[47] 任增元,王绍栋.大学排名的缺陷、风险与回应[J].现代大学教育,2021(3):18-25,112.

[48] 单良艳,张汉飞,吴杨.中国各地区基础研究创新绩效及发展潜力的评估[J].北京联合大学学报(人文社会科学版),2018(4):34-39.

[49] 苏金燕.政策视角下同行评审研究现状与问题[J].现代情报,2020(9):127-132.

[50] 苏楠.政府如何资助原创前沿科技成果:以日本诺贝尔科学奖得主为例[J].科技管理研究,2019(18):18-24.

[51] 孙昌璞.合理运用市场机制,实现基础研究多元化协同支持[J].科学与社会,2020(4):5-8.

[52] 孙早,许薛璐.前沿技术差距与科学研究的创新效应——基础研究与应用研究谁扮演了更重要的角色[J].中国工业经济,2017(3):5-23.

[53] 汪建,王裴裴,丁俊.科技项目专家评审的元评价综合模型研究[J].科研管理,2020(2):183-192.

[54] 王富伟.独立学院的制度化困境——多重逻辑下的政策变迁[J].北京大学教育评论,2012(2):79-96,189-190.

[55] 王海燕,梁洪力,周元.关于中国基础研究经费强度的几点思考[J].中国科技论坛,2017(3):5-11.

[56] 王珍愚,王宁,单晓光.创新3.0阶段我国科技创新实践问题研究[J].科学学与科学技术管理,2021(4):127-141.

[57] 魏荣.企业知识型员工创新动机的理论演释[J].自然辩证法研究,2010(6):96-97.

[58] 文宏,杜菲菲.注意力、政策动机与政策行为的演进逻辑——基于中央政府环境保护政策进程(2008—2015年)的考察[J].行政论坛,2018(2):80-87.

[59] 吴少微,魏姝.制度逻辑视角下的中国公务员分类管理改革研究[J].中国行政管理,2019(2):29-34.

[60] 项飙.为承认而挣扎:学术发表的现状和未来[J].澳门理工学报(人文社会科学版),2021(4):113-119.

[61] 肖曙光.技术"无人区"的原始创新屏障与技术供给侧改革[J].社会科学,2018(1):37-44.

[62] 徐芳,龚旭,李晓轩.科研评价改革与发展40年——以基金委同行评审和中科院研究所综合评价为例[J].科学学与科学技术管理,2018(12):17-27.

[63] 徐芳,李晓轩,李超平,等.关于"三评"改革效果的调查分析[J].科学与社会,2019(3):22-33.

[64] 徐芳,李晓轩.跨越科技评价的"马拉河"[J].中国科学院院刊,2017(8):879-886.

[65] 徐飞.宁静致远 水滴石穿——从杰出科学家的管理说开去[J].科学与社会,2017(4):43-47.

[66] 阎光才.大学教师行为背后的制度与文化归因——立足于偏好的研究视角[J].高等教育研究,2022(1):56-68.

[67] 阎光才.象牙塔背后的阴影——高校教师职业压力及其对学术活力影响述评[J].高等教育研究,2018(4):48-58.

[68] 杨文采.以科技创新为导向的基础研究改革之我见[J].科学与社会,2019(3):34-40.

[69] 杨文采.中国科技创新实现历史性转变的探讨[J].科技导报,2020(24):1.

[70] 原贺贺.产业扶贫中提升型激励项目的基层治理逻辑[J].青海社会科学,2020(1):118-126.

[71] 张炜,吴建南,徐萌萌,等.基础研究投入:政策缺陷与认识误区[J].科研管理,2016(5):87-93,160.

[72] 张小筠.基于增长视角的政府 R&D 投资选择——基础研究或是应用研究[J].科学学研究,2019(9):1598-1608.

[73] 张延,姜腾凯.哈耶克与熊彼特——两派奥地利学派经济周期理论介绍、对比与评价[J].经济学家,2018(7):96-104.

[74] 张媛媛.创新驱动发展理念下基础研究动力机制完善研究[J].中国特色社会主义研究,2021(2):28-36.

[75] 赵斌,陈玮,李新建,等.基于计划行为理论的科技人员创新意愿影响因素模型构建[J].预测,2013(4):58-63.

[76] 赵斌,栾虹,李新建,等.科技人员创新行为产生机理研究——基于计划行为理论[J].科学学研究,2013(2):286-297.

[77] 赵万里.从荣誉奖金到研究资助——探析法国科学院奖助系统的形式[J].自然辩证法研究,2000(3):61-66.

[78] 赵文津.如何将中国的基础研究推动上去[J].科学与社会,2017(4):30-42.

[79] 周恒.加强基础研究的途径[J].科学与社会,2017(4):5-8.

[80] 周建中. 科技项目中社会影响评议准则的内涵与启示[J]. 科学学研究，2012(12):1795-1801.

[81] 周文泳,陈康辉,胡雯. 我国基础研究环境现状、问题与对策[J]. 科技与经济,2013(5):1-5.

[82] 周雪光,艾云. 多重逻辑下的制度变迁:一个分析框架[J]. 中国社会科学，2010(4):132-150,223.

[83] 朱迪. 混合研究方法的方法论、研究策略及应用——以消费模式研究为例[J]. 社会学研究,2012(4):146-166,244-245.

[84] Aghion P, Howitt P. A model of growth through creative destruction[J]. Econometrica,1992,60(2):323-351.

[85] Ajzen I. The theory of planned behavior, organizational behavior and human decision processes[J]. Journal of Leisure Research,1991,50(2):176-211.

[86] Ajzen I. Perceived behavioral control, self-efficacy, locus of control and the theory of planned behavior[J]. Journal of Applied Social Psychology,2002,32(4):665-668.

[87] Alvesson M, Sandberg J. Has management studies lost its way? Ideas for more imaginative and innovative research[J]. Management Studies,2013,50(1):128-152.

[88] Avin S. Policy considerations for random allocation of research funds[J]. Roar Transactions, 2018,6(1):1-27.

[89] Axel P. Science rules! A qualitative study of scientists' approaches to grant lottery[J]. Research Evaluation,2021,30(1):102-111.

[90] Ayoubi C, Pezzoni M, Visentin F. Does it pay to do novel science? The selectivity patterns in science funding[J]. Science and Public Policy,2021,48(5):635-648.

[91] Azoulay P, Zivin J, Manso G. Incentives and creativity: Evidence from the academic life sciences[J]. NBER Working Papers, 2009, 42 (3): 527-554.

[92] Baldwin T O. Federal Funding: Stifled by Budgets, not Irrelevance[J].

Nature,2017, 550(7676):333.

[93] Baptiste B. Should we fund research randomly? An epistemologic criticism of the lottery model as an alternative to peer-review for the funding of science[J]. Research Evaluation, 2019,29(2):150-157.

[94] Battilana J, Dorado S. Building sustainable hybrid organizations: The case of commercial microfinance organizations[J]. The Academy of Management Journal,2010,53(6):1419-1440.

[95] Besharov M L, Smith W K. Multiple institutional logics in organizations: Explaining their varied nature and implications[J]. Academy of Management Review,2014,39(3):364-381.

[96] Binder A. For love and money: Organizations' creative responses to multiple environmental logics[J]. Theory and Society,2007(36):547-571.

[97] Bjerregaard T, Jonasson C. Managing unstable institutional contradictions: The work of becoming[J]. Social Science Electronic Publishing,2014,35 (10):1507-1536.

[98] Boudreau K J, Guinan E C, Lakhani, et al. Looking across and looking beyond the knowledge frontier: Intellectual distance, novelty, and resource allocation in science[J]. Manage Science,2016(62):2765-2783.

[99] Bourdieu P. The specificity of the scientific field and the social conditions of the progress of reasons[J]. Social Science Information,1975,14(6):19-47.

[100] Brezis E S, Birukou A. Arbitrariness in the peer review process[J]. Scientometrics,2020, 123(1):393-411.

[101] Brezis E S. Focal randomisation: An optimal mechanism for the evaluation of R&D projects [J]. Science and Public Policy,2007(34): 691-698.

[102] Calvert J. The idea of "basic research" in language and practice[J]. Minerva,2004,42(3):251-268.

[103] Cappellaro G, Tracey P, Greenwood R. From logic acceptance to logic rejection: The process of destabilization in hybrid organizations[J]. Organization Science,2020,31(2):415-438.

[104] Carey G, Dickinson H, Malbon E, et al. Burdensome administration and its risks: Competing logics in policy implementation[J]. Administration & Society,2020,52(9):1-20.

[105] Catano V, Francis L, Haines T, et al. Occupational stress in Canadian universities: A national survey [J]. International Journal of Stress Management,2010,17(3):232-258.

[106] Christensen C M. The innovator's dilemma: The revolutionary book that will change the way you do business[J]. Journal of Information Systems, 2013(27):333-335.

[107] Chu J. Cameras of merit or engines of inequality? College ranking systems and the enrollment of disadvantaged students[J]. American Journal of Sociology, 2021,126(6):1307-1346.

[108] Clauset A, Arbesman S, Larremore D B. Systematic inequality and hierarchy in faculty hiring networks[J]. Science Advances,2015,1(1):1-6.

[109] Currie G, Spyridonidis D. Interpretation of multiple institutional logics on the ground: Actors' position, their agency and situational constraints in professionalized contexts[J]. Organization Studies,2016,37(1):77-97.

[110] Dennis W. Bibliographies of eminent scientists [J]. The Scientific Monthly,1954,79(3):180-183.

[111] DiMaggio P, Powell W. The iron cage revisited: Institutional isomorphism and collective rationality[J]. American Sociologic Review, 1983(48): 147-160.

[112] Evans J A, Foster J G. Metaknowledge[J]. Science,2011,331(6018): 721-725.

[113] Fang F C, Bowen A, Casadevall A. NIH peer review percentile scores are poorly predictive of grant productivity[J]. eLife,2016(5):1-6.

[114] Fortunato S. Prizes: Growing time lag threatens nobels[J]. Nature, 2014,508(7495):186.

[115] Foster J G, Rzhetsky A, Evans J A. Tradition and innovation in scientists research strategies[J]. American Sociologic Review,2015,80(5):875-908.

[116] Frodeman R, Briggle A. The dedisciplining of peer review[J]. Minerva, 2012,50(1):3-19.

[117] Frost J, Brockmann J. When quality productivity is equated with quantitative productivity: Scholars caught in a performance paradox[J]. Zeitschrift für Erziehungswissenschaft,2014,17(6): 25-45.

[118] Fuertes V, Mcquaid R W, Heidenreich M. Institutional logics of service provision: The national and urban governance of activation policies in three European countries[J]. Journal of European Social Policy,2020,31 (1):92-107.

[119] Funk R J, Owen-Smith J. A dynamic network measure of technologic change[J]. Management Science,2016,63(3):791-817.

[120] Gao J P, Su C, Wang H Y, et al. Research fund evaluation based on academic publication output analysis: The case of chinese research fund evaluation[J]. Scientometrics,2019(119):959-972.

[121] Goodrick E, Reay T. Constellations of institutional logics: Changes in the professional work of pharmacists[J]. Work and Occupations,2011, 38(3):372-416.

[122] Greenstein S, Zhu F. Open content, linus' law, and neutral point of view [J]. Information Systems Research,2016,27(3):618-635.

[123] Greenwood R, Mia R, Farah K, et al. Institutional complexity and organizational responses[J]. Academy of Management Annals,2011,5 (1):317-371.

[124] Greenwood R, Suddaby R, Hinings C R A. Theorizing change: The role of professional associations in the transformation of institutional fields [J]. Academy of Management Journal,2002,45(1):58-80.

[125] Hall P A. Varieties of capitalism in light of the euro crisis[J]. Journal of European Public Policy, 2018,25(1):7-30.

[126] Hallonsten O. Stop evaluating science: A historical-sociologic argument[J]. Social Science Information,2021,60(1):7-26.

[127] Haufe C. Why do funding agencies favor hypothesis testing? [J]. Studies

in History and Philosophy of Science,2013,44(3):363-374.

[128] Heinze T. Creative accomplishments in science: Definition, theoretical considerations, examples from science history, and bibliometric findings [J]. Scientometrics,2013,95(3):927-940.

[129] Hicks D, Wouters P, Waltman L, et al. Bibliometrics: The leiden manifesto for research metrics[J]. Nature,2015,520(7548):429-431.

[130] Holbrook J B, Frodeman R. Answering NSF's question: What are the "broader impacts" of the proposed activity [J]. Professional Ethics Report,2007,20(3):1-3.

[131] Hoppeler H. The San Francisco declaration on research assessment[J]. Journal of Experimental Biology,2013,216(12):2643-2644.

[132] Huutoniemi K. Communication and compromising on disciplinary expertise in the peer review of research proposals[J]. Social Studies of Sciences,2020,60(1):91-109.

[133] Jerrim J, De Vries R. Are peer-reviews of grant proposals reliable? An analysis of Economic and Social Research Council (ESRC) funding[J]. The Social Science Journal,2020,60(1):91-109.

[134] Johnson R B, Onwuegbuzie A J, Turner L A. Toward a definition of mixed methods research[J]. Journal of Mixed Methods Research,2007,1 (2):112-133.

[135] Johnson R B, Onwuegbuzie A J. Mixed methods research: A research paradigm whose time has come[J]. Educational Researcher,2004,33(7): 14-26.

[136] Jones B F. As science evolves, how can science policy? [J]. Innovation Policy and the Economy,2011(11):103-131.

[137] Kallio K, Kallio T J, Grossi G. Performance measurement in universities: Ambiguities in the use of quality versus quantity in performance indicators[J]. Public Money & Management, 2017,37(4):293-300.

[138] Kallio T J, Kallio K, Blomberg A. From professional bureaucracy to competitive bureaucracy-redefining universities' organization principles,

performance measurement criteria, and reason for being[J]. Qualitative Research in Accounting & Management,2020,17(1):82-108.

[139] Kang, Gil-Mo, Jang, et al. Impact of alumni connections on peer review ratings and selection success rate in national research [J]. Science, Technology & Human Values: Journal of the Society for Social Studies of Science,2017,42(1):116-143.

[140] Klug M, Bagrow J P. Understanding the group dynamics and success of teams[J]. Royal Society Open Science,2016,3(4):1-11.

[141] Ko Y. Policy ideas and policy learning about "basic research" in south Korea[J]. Science and Public Policy,2015,42(4):448-459.

[142] Kraatz M S, Marc J V, Lina D. Precarious values and mundane innovations: Enrollment management in American liberal arts colleges [J]. Academy of Management Journal,2010 (53):1521-1545.

[143] Lakhani K, Boudreau K, Loh P R, et al. Prize-based contests can provide solutions to computational biology problems [J]. Nature Biotechnology,2013,31(2):108-111.

[144] Lee C J. Bias in peer review [J]. Journal of the Association for Information Science and Technology,2013,64(1):2-17.

[145] Lee K, Malerba F. Catch-up cycles and changes in industrial leadership: Windows of opportunity and responses of firms and countries in the evolution of sectoral systems[J]. Research Policy,2017,46(2):338-351.

[146] Liu X, Serger S S, Tagscherer U, et al. Beyond catch-up-can a new innovation policy help China overcome the middle income trap? [J]. Science and Public Policy,2017,44(5):656-669.

[147] Lok J. Institutional logics as identity projects [J]. Academy of Management Journal,2010,53(6):1305-1335.

[148] Lorsch J R. Maximizing the return on taxpayers' investments in fundamental biomedical research[J]. Molecular Biology of the Cell, 2015,26(9):1578-1582.

[149] Lounsbury M. A tale of two cities: Competing logics and practice

variation in the professionalizing of mutual Funds[J]. Academy of Management Journal,2007,50(2):289-307.

[150] Ma L, Luo J, Feliciani T, et al. How to evaluate ex ante impact of funding proposals? An analysis of reviewers' comments on impact statements[J]. Research Evaluation,2020,29(4):431-440.

[151] März V, Kelchtermans G, Dumay X. Stability and change of mentoring practices in a capricious policy environment: Opening the "black box of institutionalization" [J]. American Journal of Education,2016,122(3): 303-336.

[152] McPherson C M, Sauder M. Logics in action: Managing institutional complexity in a drug court[J]. Administrative Science Quarterly,2013, 58(2):165-196.

[153] Merton R K. The matthew effect in science [J]. Science, 1968, 159 (3810):56-63.

[154] Meyer R E, Hammerschmid G. Changing institutional logics and executive identities: A managerial challenge to public administration in austria[J]. American Behavioral Scientist,2006,49(7):1000-1014.

[155] Minson J A, Mueller J S. The cost of collaboration: Why joint decision making exacerbates rejection of outside information [J]. Psychologic Science,2012,23(3):219-224.

[156] Nicholson N, Soane E, Fenton-O'Creevy M, et al. Personality and domain-specific risk taking[J]. Journal of Risk Research,2005,8(2): 157-176.

[157] North D C. Institutions and credible commitment[J]. Economic History, 1993,149(1):11-23.

[158] O'Malley M, Elliott K C, Haufe C, et al. Philosophies of funding[J]. Cell,2009(21):611-615.

[159] Ocasio W,Radoynovska. Strategy and commitments to institutional logics: Organizational heterogeneity in business models and governance [J]. Strategic Organization,2016,14(4):287-309.

[160] Ocasio W, Pozner J, Milner D. Varieties of political capital and power in organizations: A review and integrative framework[J]. Academy of Management Annals,2019,14(1):303-338.

[161] Ocasio W. Toward an attention-based view of the firm[J]. Strategic Management Journal,1997,18(S1):187-206.

[162] Oettl A. Reconceptualizing stars: Scientist helpfulness and peer performance[J]. Management Science,2012,58(6):1122-1140.

[163] Ordóñez L D, Schweitzer M E, Galinsky A D, et al. Goals gone wild: The systematic side effects of overprescribing goal setting[J]. Academy of Management Perspectives,2009,23(1):6-16.

[164] Osterloh M, Frey B S. Ranking games[J]. Evaluation Review,2015,39(1):102-129.

[165] Osterloh M. Governance by numbers: Does it really work in research? [J]. Analyse & Kritik, 2010,32(2):267-283.

[166] Oviedo-García M Á. Ex ante evaluation of interdisciplinary research projects: A literature review[J]. Social Science Information, 2016, 55(4):568-588.

[167] Palinkas L A, Horwitz S M, Green C A, et al. Purposeful sampling for qualitative data collection and analysis in mixed method implementation research[J]. Administration and Policy in Mental Health and Mental Health Services Research,2013,42(5):533-544.

[168] Parreiras R O, Kokshenev I, Carvalho M, et al. A flexible multicriteria decision-making methodology to support the strategic management of science, technology and innovation research funding programs[J]. European Journal of Operational Research, 2019(272):725-739.

[169] Patrick V, Kristof D, Sarah S. The relationship between consumers' unethical behavior and customer loyalty in a retail environment[J]. Journal of Business Ethics,2003,44(4):261-278.

[170] Paulus P B, Kohn N W, Arditti L E, et al. Understanding the group size

effect in electronic brainstorming[J]. Small Group Research, 2013, 44 (3):332-352.

[171] Pemer F, Skjølsvik T. Adopt or adapt? Unpacking the role of institutional work processes in the implementation of new regulations [J]. Journal of Public Administration Research and Theory, 2018, 28 (1):138-154.

[172] Perez Vico E, Jacobsson S. Identifying, explaining and improving the effects of academic R&D: The case of nanotechnology in sweden[J]. Science and Public Policy, 2012, 39(4):513-529.

[173] Perkmann M, Mckelvey M, Phillips N. Protecting scientists from gordon gekko: How organizations use hybrid spaces to engage with multiple institutional logics[J]. Organization Science, 2019, 30 (2): 298-318.

[174] Phillips D P, Kanter E J, Bednarczyk B, et al. Importance of the lay press in the transmission of medical knowledge to the scientific community[J]. New England Journal of Medicine, 1991, 325 (16): 1180-1183.

[175] Reale E, Zinilli A. Evaluation for the allocation of university research project funding: Can rules improve the peer review? [J]. Research Evaluation, 2017, 26(3):190-198.

[176] Reay T, Hinings C R. Managing the rivalry of competing institutional logics[J]. Organization Studies, 2009, 30(6):629-652.

[177] Reymert I, Jungblut J, Borlaug S B. Are evaluative cultures national or global? A cross-national study on evaluative cultures in academic recruitment processes in Europe[J]. Higher Education, 2021, 82 (5): 823-843.

[178] Robins C S, Ware N C, DosReis S, et al. Dialogues on mixed-methods and mental health services research: Anticipating challenges, building solutions[J]. Psychiatric Services, 2008, 59(7):727-731.

[179] Roumbanis L. Peer review or lottery? A critical analysis of two different forms of decision-making mechanisms for allocation of research grants [J]. Science, Technology & Human Values, 2019(44): 994-1019.

[180] Roumbanis L. The oracles of science: On grant peer review and competitive funding [J]. Social Science Information, 2021, 60 (3): 356-362.

[181] Sandberg J, Tsoukas H. Making sense of the sensemaking perspective: its constituents, limitations, and opportunities for further development[J]. Journal of Organizational Behavior, 2015, 36(S1): 6-32.

[182] Sarewitz D. Kill the myth of the miracle machine[J]. Nature, 2017, 547 (7662): 139.

[183] Skelcher C, Smith S R. Theorizing hybridity: institutional logics, complex organizations, and actor identities: The case of nonprofits[J]. Public Administration, 2015, 93(2): 433-448.

[184] Spector J M, Harrison R S, Fishman M C. Fundamental science behind today's important medicines[J]. Science Translational Medicine, 2018, 10 (438): 1787.

[185] Stokes D E. Pasteur's quadrant: Basic science and technologic Innovation [J]. Bookings Institution, 1997, 17(4): 734-736.

[186] Ter Bogt H J, Scapens R W. Performance management in universities: Effects of the transition to more quantitative measurement systems[J]. European Accounting Review, 2012, 21(3): 451-497.

[187] Thornton P H, Ocasio W. Institutional logics and the historical contingency of power in organizations: Executive succession in the higher education publishing industry, 1958-1990[J]. American Journal of Sociology, 1999, 105(3): 801-843.

[188] Tiokhin L, Yan M, Morgan T. Author correction: Competition for priority harms the reliability of science, but reforms can help[J]. Nature Human Behaviour, 2021(5): 954.

[189] Tomlinson M. Conceptions of the value of higher education in measured markets[J]. Higher Education,2018,75(1):711-727.

[190] van Arensbergen P, van der Weijden I, van den Besselaar P. The selection of talent as a group process: A literature review on the social dynamics of decision making in grant panels[J]. Research Evaluation, 2014,23(4):298-311.

[191] Viglione G. NSF grant changes raise alarm about commitment to basic research[J]. Nature, 2020,584(7820):177-178.

[192] Wagner C S, Jeffrey A. Evaluating transformative research programmes: A case study of the NSF small grants for exploratory research programme [J]. Research Evaluation, 2013(3):187-197.

[193] Wang J, Veugelers R, Stephan P. Bias against novelty in science: A cautionary tale for users of bibliometric indicators[J]. Research Policy, 2017,46(8):1416-1436.

[194] Wang Q, Sandström U. Defining the role of cognitive distance in the peer review process with an explorative study of a grant scheme in infection biology[J]. Research Evaluation, 2015,24(3):271-281.

[195] Wennerås C, Wold A. Nepotism and sexism in peer-review[J]. Nature, 1997,387(6631):341-343.

[196] Winter S G. Toward a neo-schumpeterian theory of the firm, industrial and corporate change[J]. Lem Papers,2006,15(1):125-141.

[197] Woolston C. Uncertain prospects for postdoctoral researchers [J]. Nature,2020,588(7836):181-184.

[198] Wu L, Wang D, Evans J A. Large teams develop and small teams disrupt science and technology[J]. Nature,2019,566(7744):378-382.

[199] Wuchty S, Jones B F, Uzzi B. The increasing dominance of teams in production of knowledge[J]. Science,2007,316(5827):1036-1039.

[200] Yan S, Ferraro F, Almandoz J. The rise of socially responsible investing funds: The paradoxical role of finance logic[J]. Administrative Science Quarterly, 64(2):466-501.

[201] Zhou X. The institutional logic of collusion among local governments in China[J]. Modern China,2010,36(1):47-78.

[202] Zilber T B. Institutionalization as an interplay between actions, meanings, and actors: The case of a rape crisis center in Israel[J]. Academy of Management Journal,2002,45(1):234-254.

三、其他

[1] 国家自然科学基金委员会.2022 年度国家自然科学基金项目指南[EB/OL].(2022-01-13)[2022-02-20]. https://www.nsfc.gov.cn/publish/portal0/tab1097/.

[2] 刘益东.鼓励科研人员十年磨一剑[N].中国社会科学报,2021-12-07(1).

[3] 王俊美,林跃勤.科学运用学术指标的评价功能[N].中国社会科学报, 2021-12-01(2).

[4] 王亚南.高职院校专业带头人能力模型构建及发展研究[D].上海:华东师范大学,2018.

[5] 王悠然.辩证看待学术文化中的优先原则[N].中国社会科学报,2021-02-24(2).

[6] 赵琪.加强科研诚信建设[N].中国社会科学报,2021-07-12(2).

[7] 郑金武.诺贝尔奖得主迈克尔·莱维特:小团队更能出大成果[EB/OL]. (2020-10-04)[2022-03-05]. https://news.sciencenet.cn/htmlnews/2021/10/466462.shtm.

[8] 周程.日本诺贝尔奖为何"井喷"[EB/OL].(2019-12-16)[2022-02-10]. https://news.sciencenet.cn/sbhtmlnews/2019/12/352012.shtm.

[9] Ajzen I. Constructing a TPB Questionnaire Conceptual and Methodologic Considerations[EB/OL].(2007-12-28)[2021-03-10]. http://www.unix.oit.umass.edu.

附　录

附录一　访谈提纲

一、上海市自然科学基金项目管理者访谈提纲

1.上海市自然科学基金的基础研究方面的布局是怎样的？

2.上海市在基础研究立项评审工作方面有什么特色做法？

3.上海市自然科学基金的专家库如何遴选专家？

4.专家与项目的匹配是"小同行"模式还是"大同行"模式？您觉得哪种方式更适合识别创新研究？

5.通讯评审和会议评审两个环节的评审指标和打分要求有什么不同？管理者、专家和申请人之间在立项评审中能否交流？

6.在基础研究项目资助、管理与评价中，哪些方面体现了"宽容失败"的导向？

7.在项目过程中，管理者通常收到科研人员哪些反馈、质疑或建议？

8.结题后是否会对项目进行后评估和长期评估？

9.您认为近期国家提出的分类评价、"破四唯"等改革的落实情况如何？

10.近十年来，您感觉基础研究项目的资助布局和评审标准的重点有没有变化？

二、上海市人才计划类项目管理者访谈提纲

1.贵单位所负责的人才计划主要面向哪些科研人员？

2.请问贵部门所负责的人才计划，资助数量和资助率是怎样的？

3.在立项评审时,通过什么方式完成专家匹配或遴选工作?

4.人才计划与其他基础类项目相比,其遴选工作更侧重哪些要求?

5.针对不同类型人才的项目在资助、管理和评价工作上有什么不同?

6.就您的经验而言,人才计划立项评审中是否存在"人情关系"等行为?

7.请问人才计划在结题考核时侧重什么指标? 与其他基础类项目的验收有何区别?

8.请问贵部门在人才计划管理与评价中是否有包容创新的举措?

9.结题后会有进一步的跟踪评价以及对人才的滚动支持吗?

10.近年来人才计划在人才培育和研究成果方面效果如何?

三、上海市科学技术委员会管理者访谈提纲

1.请问上海市自然科学基金经费的年度变化情况如何?

2.根据您的工作经验,高等院校、科研院所的项目申报比例分别是多少? 有其他组织作为依托单位的吗,比如社会团体、新型研发机构?

3.请您谈谈分类资助、"破四唯"、包干制经费改革试点等的改革实施情况如何?

4.关于项目依托单位作为责任主体支持并督促项目负责人认真开展科研工作,具体的中期管理包括哪些内容呢?

5.请问上海市自然科学基金的专家遴选与管理是如何进行的? 评审流程方式等环节具体是如何操作的呢?

6.您负责管理的项目对项目经费使用情况如何进行跟踪管理呢?

7.您认为用人主体和高层次人才(如领军人才)经费使用自主权如何保障? 科研管理部门在经费管理上还留有哪些权力?

8.评审专家的评价标准和指标如何把握、平衡和实施? 特别是非共识性项目,如何进行项目的价值判断呢?

9.项目结项后有没有开展后评价或长期评价等活动?

10.专家做出评议意见后,上海市自然科学基金管理部门如何择优审定项目资助名单呢?

四、高校科研管理部门访谈提纲

1.请您简单介绍下近些年贵单位对基础研究有哪些资助计划或项目?

2.对于上海市限项申报的基础类项目,高校层面如何组织项目筛选工作?

3.贵单位在遴选项目和人才时如何平衡优势学科和其他学科的比例?

4.在日常科研管理工作中,您通常与项目申请人有哪些沟通?

5.对于因客观原因不能按时完成的项目,高校层面允许负责人调整哪些项目内容?

6.项目结题后有没有对项目效果和人才培育情况进行评估?

7.根据您的经验,科研人员对于基础研究科研管理工作提出了哪些意见或建议?

8.近年来国家和上海市出台的改革政策(分类评价、"破四唯"、包干制等),您认为这些政策在高校层面落实情况如何?

9.您觉得当前的科研管理工作中哪些方面对创新产生了负面影响,哪些是有利的?

10.您觉得科研管理工作在促进创新方面如何改进?

五、评审专家访谈提纲

1.您目前评审过哪些上海市基础研究类项目?

2.您做评审专家期间,每一次评审活动遇到的原始创新项目比例大概是多少?

3.在立项评审时,您支持基础类项目或者不支持的标准是什么? 如何进行项目验收?

4.您觉得作为领域内的专家,评审基础类项目最有难度的是什么方面?

5.您在评审各类基础研究项目时,打分的标准有什么不同?

6.身为评审专家和申请人时,您对创新的认识是否存在差别?

7.您认为在科研生活中,哪些因素或事件等让您觉得更有动力去投入创新活动中?

8.您怎么看待当前科研单位中的学术风气? 对您从事基础研究有什么影响?

9.您觉得如何匹配专家更有助于遴选原始创新项目("小同行"还是"大同行")?

10.您觉得当前上海市基础项目评审中存在人情因素吗? "人情关系"有哪些影响?

11.您是否了解近期发布的改革政策(比如"破四唯"、分类评价、基础研究特区等),您觉得这些政策与项目评审实践关联大吗?

12.您觉得自己的基础类研究工作受到学术认可和社会认可吗? 请您举个例子。

六、项目申请人访谈提纲

1.您具体从事哪方面研究? 您曾承担过哪些基础研究项目?

2.您认为设立上海市自然科学基金的一般项目、人才计划和原创探索项目的目标是什么?

3.您申请上海市基础类项目时如何选题?

4.您认为申请基础类项目和其他类型项目的区别在哪?

5.您在申请书中如何呈现出项目的创新性和可行性? 申请书中侧重哪些内容?

6.您觉得单位遴选和科委层面的项目评审在程序和标准上有什么差异?

7.您是否认可专家对项目结果的判断,当前的项目评价指标是否科学?

8.您觉得基础研究项目落选的原因是什么,申请成功的关键是什么?

9.您觉得项目评审中的人情因素是怎么产生的? 近年来这种情况有没有好转?

10.您认为作为科研人员和评审专家,看待创新的标准有何差别?

11.在讲师、副教授和教授的不同阶段,您开展创新活动的心境有怎样的变化?

12.您周边的同事、朋友或领导的科研态度会对您产生影响吗?

13.您觉得自己的基础研究工作能得到社会和家庭的认可吗? 哪些因素/事件会给予你较大的创新动力?

14.您认为科研工作、职业发展和个人生活存在冲突吗? 如何平衡?

15.近些年国家/上海市出台了一些改善科研评价的政策,比如"破四唯"、包干制、分类评价等、基础研究特区等,对于您的科研工作有影响吗?

附录二　调查问卷

一、项目申请人问卷

尊敬的专家：

您好！非常感谢您抽出宝贵时间填写此份调查问卷！此问卷旨在向您请教基础研究项目申报和评审相关问题。我们向您郑重地承诺，您的回答仅供本课题学术研究使用，您提供的所有信息都将严格保密，请您根据自己的真实感受作答。您的思考和建议对课题研究非常重要，非常感谢您的支持！

第一部分　基本信息

1.您的性别：□男　　□女

2.您的年龄：□25—35 岁　　□36—45 岁　　□46—55 岁　　□56 岁以上

3.您所属的单位或机构：

A. 研究（院）所　　　　　　B. 高等院校　　　　　　　C. 企业

D. 医院　　　　　　　　　　E. 其他

4.您的职称：

A. 高级（教授、研究员、正高级工程师等）

B. 副高（副教授、副研究员、高级工程师等）

C. 中级（讲师、助理研究员、工程师等）

D. 初级（助教、实习研究员、助理工程师等）

5.您的研究领域：

A. 数理科学　　　　　　　　B. 化学科学　　　　　　　C. 生命科学

D. 地球科学　　　　　　　　E. 材料与工程科学　　　　F. 信息科学

G. 医学科学　　　　　　　　H. 其他（请注明）_____

6.近三年，您是否担任过国家/上海市基础研究类项目的评审专家？

A. 是　　　　　　　　　　　B. 否

7. 总体看来,您认为上海市基础研究类项目的经费资助强度是否适宜?

A. 资助强度太低　　　　　B. 比较低　　　　　　C. 不确定

D. 比较合适　　　　　　　E. 很合适

8. 您认为上海市基础研究类项目的资助率(基础研究类项目资助数量在科技项目总数中的占比)是否有必要进一步提升?

A 完全没必要　　　　　　B. 不太有必要　　　　C. 不确定

D. 比较有必要　　　　　　E. 非常有必要

9. 您在申请上海市基础研究类项目前,更关注下列哪些信息(最多选 5 项并排序)?

A. 项目申报指南议题　　　B. 经费资助强度　　　C. 中标率

D. 资金拨付形式　　　　　E. 项目考核周期　　　F. 结题验收标准

G. 申报流程　　　　　　　H. 评审内容与形式　　I. 其他(请注明)_____

第二部分　项目立项申请问题

10. 据您了解,科研人员申请基础研究类项目的主要目的是?(最多选 5 项并排序)

A. 周围同事或领导带动申请　　　B. 研究需要资金支持

C. 为解决国家/上海市特点领域难题 D. 对研究指南某一方向很感兴趣

E. 培养研究生　　　　　　　　　F. 所在单位考核要求

G. 职称评定需要　　　　　　　　H. 习惯于每年都申请

I. 有一定研究基础,具备申请能力　J. 其他(请注明)_____

11. 您申请基础研究类项目的选题依据是什么? 请根据优先性进行排序,可补充。

A. 国家/上海市项目指南议题

B. 自己已有的研究基础

C. 领域前沿热点

D. 国家/上海市科技战略需求或政策热点

E. 个人研究兴趣

F. 其他(请注明)_____

12.当您想要申请的项目议题与项目指南不相符时,您倾向于?(最多选 3 项)

A. 坚持自己的议题不作调整

B. 放弃此类项目的申请

C. 对项目标题和内容做微小改动,使其贴近项目指南

D. 修改主题,尽可能接近项目指南支持方向

E. 在项目指南范围内重新选题进行申请

F. 寻找符合指南方向的同行一起合作申请

G. 其他(请注明)_____

13.对于基础研究类项目而言,您认为项目申请书中是否存在较难填写的部分?

A. 是   B. 否(转 15 题)

14.您认为申请书中的哪一部分较为难写?(最多选 5 项并排序)

A. 主要研究人员情况   B. 趋势判断和需求分析

C. 研究的创新性   D. 研究内容和技术关键

E. 执行年限和计划进度   F. 工作条件和环境保障

G. 成果形式和考核指标   H. 预期效果和风险分析

I. 经费预算   J. 其他(请注明)_____

15.您在申请基础研究类项目时,遇到过哪些困难(多选)?

A. 想法新颖但缺少前期学术积累

B. 研究方向冷门而没有可匹配的"小同行"专家

C. 研究团队中没有学术权威而自觉实力不足

D. 学术新人时期没有行业知名度而被忽视

E. 没有与研究议题相适应的项目申请通道

F. 研究立意新奇但风险性或不确定性高

G. 所在单位申请人众多而资助项目数量有限

H. 其他同行加入研究团队的意愿低

I. 其他(请注明)_____

16.您在申请上海市基础研究类项目时,是否遇到过申请不成功的情况?

A. 是   B. 否

17.遇到项目申请不成功的情况,您最希望获得哪方面的反馈信息?（最多选 3 项并排序）

A.项目未通过的详细原因

B.项目在该类所有申请方案中所处水平

C.评审专家给出的较为详尽的评审意见

D.资助机构提供的同类项目中标率等信息

E.申请成功的项目可借鉴之处

F.其他(请注明)＿＿＿＿＿＿＿＿

18.您认为觉得造成项目申请失败的主要原因是什么?（最多选 3 项并排序）

A.中标率太低

B.项目申请书规范性和逻辑性不够

C.研究团队成员资历或依托单位排名较低

D.项目研究方向不是上海市重点支持领域

E.评审专家对项目研究方向不熟悉

F.项目方案设计创新性不足

G.其他申请人存在"打招呼"等行为

H.其他(请注明)＿＿＿＿＿＿＿＿

19.当您遇到上海市级项目申请失败的情况时倾向于?（多选）

A.放弃申请该类项目

B.认为自己方案很好无须修改,转而申请其他项目

C.自己思考研究方案设计的不足并修改以备下次申请同类项目

D.邀请权威学者加入研究团队,下次申请同类项目或其他项目

E.修改研究方向以贴近依托单位优势学科或上海市重点支持领域,下次申请同类项目或其他项目

F.下次申请时提前熟悉评审规则、流程等,提高项目申请书的规范性

G.想办法找到评审自己项目的专家,了解项目的具体不足之处

H.其他(请注明)＿＿＿＿＿＿＿＿

20.您在项目申请失败后,是否得到专家的评审反馈?

A.是　　　　　　　　B.否

21.您认为立项评审结束后是否有必要提供专家评审意见?

A.没必要　　　　　　B.不太有必要　　　　　C.不确定

D.比较有必要　　　　E.非常有必要

第三部分　项目开展过程

22.您承担过的上海市级项目中是否实行"包干制"改革(项目经费不设科目比例限制,由科研团队自主决定使用)?

A.是　　　　　　　　B.否(转 24 题)

23.您认为"包干制"经费管理模式给您带来了哪些影响(多选)?

A.经费使用更加灵活

B.节约项目管理时间

C.实际经费使用中受到各类隐性限制(如,财务审计不通过)

D.和过去经费管理模式没有太多变化

E.其他(请注明)_____

24.您认为经费管理工作是否对您的科研工作造成负担?

A.完全没有　　　　　B.有一点,能接受　　　C.不确定

D.负担较重　　　　　E.负担很重

25.当您遇到项目难以继续开展的情况时,您是否会申请更换研究路线或者研究内容?

A.是(转 27 题)　　　B.否

26.出于什么原因,您选择不更换研究路线或内容?(多选)

A.更换过程程序烦琐

B.其他同行很少有人换

C.更换研究内容会与研究目标产生冲突

D.不想舍弃已经开展的工作和成果

E.更换研究路线和内容涉及预算调整

F.其他原因(请标明)_____

第四部分　项目结题验收

27.通常情况下,您承担的基础研究类项目的目标完成情况如何?(多选)

A.按时超额完成任务

B. 按时按量完成任务书中的目标

C. 因客观原因影响进度没有按时完成

D. 因目标设置过高而无法完成任务

E. 项目目标难度高,只完成部分任务

F. 其他情况(请标明)_____

28. 如果遇到未按时按量完成项目目标的情况,您如何完成项目验收?

A. 请求延长项目周期,努力完成项目目标

B. 非主观原因未完成,向资助机构申请免责

C. 完成多少算多少,接受评审专家的验收意见

D. 在截止日期前想尽办法完成硬性指标

E. 其他(请注明)_____

29. 项目验收之后,您大概多久之后会收到资助单位或依托项目的后评估?

A. 从未收到   B. 半年内   C. 一年内

D. 三年内   E. 五年内   F. 五年以上

30. 您是否向有关部门或所在单位反映项目管理的意见或建议? 请您根据实际情况进行选择。

①从来没有;②很少;③偶尔;④较多;⑤频繁					
1. 立项评审标准相关问题	①	②	③	④	⑤
2. 预算编制相关问题	①	②	③	④	⑤
3. 中期评估相关问题	①	②	③	④	⑤
4. 立项申报填写相关问题	①	②	③	④	⑤
5. 经费分配比例相关问题	①	②	③	④	⑤
6. 科研自主权相关问题(如研究路线更改)	①	②	③	④	⑤
7. 经费管理相关建议	①	②	③	④	⑤
8. 优化同行评价相关建议	①	②	③	④	⑤
9. 科研自主权相关建议	①	②	③	④	⑤
10. 调整资助比例和强度相关建议	①	②	③	④	⑤
11. 调整项目指南中研究方向相关建议	①	②	③	④	⑤
12. 其他问题或建议请补充					

31. 您不太倾向于反映意见或提出建议的原因是？（多选）

A. 不知道从哪个渠道反馈

B. 提出问题得不到想要的回应或没有采纳建议

C. 有些问题比较复杂，反映意见也解决不了

D. 不想反映，程序复杂

E. 在我看来，项目开展过程中没有太大问题

F. 担心反映意见会被"记名"，影响项目申报

G. 同行或同事都没有反映意见，我也不想例外

H. 其他（请补充）＿＿＿＿＿＿＿＿＿＿＿＿＿＿＿

32. 在申请项目和开展项目过程中，您与同行或同事、评审专家或项目管理人员的交流程度如何？请您根据实际情况进行选择。

①从来没有；②很少；③偶尔；④较多；⑤频繁					
1. 某一项目的评审专家	①	②	③	④	⑤
2. 研究领域内的"小同行"	①	②	③	④	⑤
3. 所在单位从事研究的同事	①	②	③	④	⑤
4. 资助机构的管理人员	①	②	③	④	⑤
5. 所在单位的项目管理人员	①	②	③	④	⑤
6. 研究领域内的"大同行"	①	②	③	④	⑤

33. 为了满足科研人员的研究需求，鼓励更多科研人员开展基础研究，您认为上海市项目管理与评价政策应从哪些方面进一步完善？（限选 5 项）

A. 项目指南征集　　　　　　B. 资助机构的评审规则

C. 评审专家库建设　　　　　D. 项目评审流程

E. 项目可行性方案设计　　　F. 评价指标设置

G. 项目资助体系规划　　　　H. 评价方法方式

I. 专家匹配　　　　　　　　J. 项目管理与评价的服务工作

K. 其他方面（请注明）＿＿＿＿＿＿＿＿＿＿＿

34. 请您结合自身感受和需求对上海市基础研究类项目管理与评价工作提出建议：＿＿＿＿＿＿＿＿＿＿＿＿＿＿＿＿＿＿＿＿＿＿＿

35. 如果您愿意参加我们的后续研究，请留下您的联系方式（如手机号、邮箱）：＿＿＿＿＿＿＿＿＿＿＿＿＿＿＿＿＿＿＿＿＿＿＿

二、评审专家问卷

尊敬的项目评审专家：

您好！非常感谢您抽出宝贵时间填写此份调查问卷！此问卷旨在向您请教基础研究项目评审中的一些问题。我们向您郑重地承诺,您的回答仅供本课题学术研究使用,您提供的所有信息都将严格保密,请您根据自己的真实感受作答。您的思考和建议对课题研究非常重要,非常感谢您的支持！

第一部分　基本信息

1.您的性别：□男　　□女

2.您的年龄：□25—35 岁　　□36—45 岁　　□46—55 岁　　□56 岁以上

3 您所属的单位或机构：

A.研究(院)所　　　　　　B.高等院校　　　　　　C.企业

D.医院　　　　　　　　　E.其他(请注明)_____

4.您的职称：

A.高级(教授、研究员、正高级工程师等)

B.副高(副教授、副研究员、高级工程师等)

C.中级(讲师、助理研究员、工程师等)

D.其他

5.您的研究领域：

A.数理科学　　　　　　　B.化学科学　　　　　　C.生命科学

D.地球科学　　　　　　　E.材料与工程科学　　　F.信息科学

G.医学科学　　　　　　　H.其他(请注明)_____

6.近三年,您参与过上海市哪些基础研究类项目的评审？(多选)

A.上海市自然科学基金一般项目

B.上海市自然科学基金原创探索项目

C.上海市重大专项

D.上海市基础研究领域计划

E.上海市科学技术委员会人才类项目(扬帆/浦江/学术带头人/启明星)

F.上海市教育委员会专项计划

G.重点实验室等科研平台建设计划

H.其他项目(请注明)_____

7.近三年,您每年评审的上海市基础研究类项目数量大约为_____项。

A.<5　　　B.6—10　　　C.11—20　　　D.21—30　　　E.>30

第二部分　项目立项评审

8.在征集基础研究类项目研究建议的各类渠道中,您认为哪种渠道效果最好?(最多选 3 项并排序)

A.有专门部门负责,常年对外开放征集

B.不定期举办学术论坛或会议

C.相关部门到科研机构调研征集

D.科研人员或科学家直接向有关部门提出建议

E.专家组会议决定项目指南

F.其他方式(请注明)_____

9.在立项评审中,您是否会根据申请人前期研究成果对于基础研究项目的创新性做出判断?

A.是　　　　　B.否　　　　　C.对研究内容不确定时会参考

10.迄今为止,您参与的项目评审中是否对前期研究成果积累不多但创新性强的项目给予资助?

A.有　　　　　B.没有

11.您不倾向于资助前期基础不多的项目的理由是什么?(最多选 3 项)

A.在负责任评审制度设计下,担心项目失败会影响声誉

B.缺少前期研究基础,难以保证研究目标的实现

C.可能会与专家组其他人的意见相左

D.不符合相关部门的评审规则

E.不想打破评审惯例

F.其他理由(请注明)_____

12.您认为评审基础研究项目最主要的依据是?(限选三项)

A.项目立意的原始创新("从 0 到 1"的创新)

B 项目立意的前沿性

B.项目预期产生的科学和社会价值

C.项目方案的可行性和风险性

D.项目团队的学科背景和科研经历

E.项目的前期成果积累和研究基础

F.项目研究内容符合国家战略需求和重点支持领域

G.项目依托单位的社会排名和学术声誉

H.其他(请注明)_____

13.就您的经验,在项目资助公示后,最常听到的质疑意见是什么?(限选3项)

A.评审标准不公开　　　　　　B.评审过程不公平

C.评审指标不合理　　　　　　D.评审结果不合理,有人情嫌疑

E.评审看运气　　　　　　　　F.基本没有

G.其他意见(请标明)_____

14.据您了解,基础研究类项目最终不予资助的主要原因是?请您根据下列选项实际出现的频率进行排序。(最多选5项并排序)

A.项目立意缺乏原始创新

B.项目的学术贡献或社会价值不显著

C.项目可行性不足

D.项目失败的风险性过高

E.项目前期积累不够

F.评审专家的学科背景与申请项目学科领域关联性较弱

G.项目团队成员无法支撑研究开展

H.其他(请注明)_____

15.您参加过的项目评审中,基础研究类项目中原始创新项目("从0到1"的突破)占比如何?

A.很低(5%左右)　　　B.比较低(10%左右)　　　C.不确定

D.比较高(30%左右)　　E.很高(50%左右)

16.您认为当前上海市基础研究类项目评价机制中哪些不利于原创项目的发现?请您根据影响程度进行排序,并根据您的经验加以补充。(最多选5项并排序)

A.资助机构评审标准过于模糊

B.项目种类冗杂、定位不清

C.项目主题与专家研究方向相关度低

D.评审专家组内部产生分歧

E. 评审意见与资助机构要求有冲突

F. 评审专家数量不够,难以精准匹配"小同行"

G. 学科分组不够科学

H. 申报者认为有一定积累的研究更容易获得资助

I. 评审专家过于重视申请人研究积累

J. 本身具有原始创新性的项目申报就少

K. 其他方面(请补充)_____

17. 为了更好地发现原始创新项目,您认为应如何改进立项评审过程?(多选)

A. 细化分类评价的学科组设置,完善"小同行"评价

B. 明确不同类型项目定位和相应的评价标准

C. 设计更符合基础研究项目特点的申请书,突出项目原始创新价值和创新能力

D. 为重大原始创新项目建立专门的评审渠道

E. 减少资助机构或依托单位的评审要求限制,完全放权给评审专家

F. 对不确定性较高的项目,为专家和申请人提供交流的机会

G. 其他(请补充)_____

第三部分　项目中期评估

18. 您是否参加过上海市基础研究类项目的中期评估工作?

A. 是　　　　　　　　B. 否

19. 您参加的上海市基础研究类项目的中期评估工作以什么形式开展?

A. 书面评审项目阶段性成果

B. 现场评估

C. 不需要专家介入,由依托单位负责中期考核

D. 其他(请注明)_____

20. 您认为基础研究类项目是否有必要开展中期评估?

A. 是　　　　　　　　B. 否

21. 根据您的经验,上海市基础研究类项目的中期评估工作存在什么问题?(多选)

A. 考核太频繁,加重科研人员负担

B. 考核内容/指标与项目目标不匹配

C. 考核太少,没有起到监督作用

D. 考核流于形式,看不到项目实际开展情况

E. 考核恰当,没有什么问题

F. 其他感受(请注明)＿＿＿＿＿＿＿＿＿

第四部分　项目验收评审

22.您认为项目验收时以什么标准进行比较合适?

A. 根据项目任务书中的硬指标,逐项对照检验

B. 综合项目成果的质量和价值进行综合判断,不唯具体指标

C. 根据最有突破性的学术进展来判断项目完成情况

D. 由专家组与资助机构共同决定

E. 其他(请注明)＿＿＿＿＿＿＿＿＿

23.如果项目未能如期完成目标,您认为该如何处理?

A. 对于探索性强的项目,根据项目开展实情予以免责

B. 根据项目实际开展情况,如确实有客观困难可以适度通融

C. 严格按照项目任务书指标,没有完成就不能给予通过

D. 由资助机构商议决定是否通过

E. 其他方式(请注明)＿＿＿＿＿＿＿＿＿

24.您参与的项目验收评审中,结果为"不通过"的原因是什么? 请您根据出现的频率进行排序。(最多选 3 项并排序)

A. 项目申请书中列出的绩效指标未完成(如论文、专利等)

B. 项目预期目标未能实现

C. 经费使用不符合规范

D. 发表的成果中存在科研不端行为

E. 项目成果与研究内容不相关

F. 未经管理部门同意,变更项目研究内容、负责人或参与人等

G. 其他原因(请补充)＿＿＿＿＿＿＿＿＿

25.您在基础研究项目评审工作中面临的压力主要来源于?(最多选 5 项)

A. 自身学科知识的更新　　　　B. 资助机构的要求

C. 作为评审专家的责任　　　　D. 评审流程的规范

E. 政策变动对评审要求的调整　F. 学术圈的人情

G. 项目申请人/负责人的质疑　　　　　H. 行业惯例的约束

I. 其他方面（请注明）_____

26. 在日常科研生活中,您是否与同行或同事、项目申请人/负责人或管理人员进行项目评审相关问题的交流？请您根据实际情况在选项上划"√"。

①从来没有；②很少；③偶尔；④较多；⑤频繁					
1. 同一项目专家组成员	①	②	③	④	⑤
2. 研究领域内的"小同行"	①	②	③	④	⑤
3. 所在单位从事研究的同事	①	②	③	④	⑤
4. 资助机构的管理人员	①	②	③	④	⑤
5. 所在单位的项目管理人员	①	②	③	④	⑤
6. 研究领域内的"大同行"	①	②	③	④	⑤

27. 根据您的总体感受,近年来出台的基础研究评价相关的政策改革（如分类评价、长周期评价、代表作评价、项目综合绩效评价、"破四唯"等）在上海市项目评审中主要体现在什么方面？（最多选 3 项）

A. 仅在政策文件的书面要求　　　　　B. 资助机构提供的评审规则

C. 项目依托单位设置的管理文件　　　D. 同行内部的小范围交流

E. 高校院所层面的学界讨论　　　　　F. 项目评审的实践操作中有所体现

G. 听说过,但在项目评审中感受不明显

H. 其他方面（请注明）_____

28. 为了优化上海市基础研究项目评价工作,遴选出有原始创新价值的项目,您认为需要在哪些方面做出改进？请根据重要性进行排序。（最多选 5 项并排序）

A. 项目指南征集　　　　　　　　　　B. 资助机构的评审标准

C. 评审专家库建设　　　　　　　　　D. 项目评审流程

E. 项目可行性方案设计　　　　　　　F. 评价指标设置

G. 项目资助体系规划　　　　　　　　H. 评价方法方式

I. 专家遴选与专家匹配　　　　　　　J. 项目管理与评价的服务工作

K. 其他方面（请补充）_____

29. 如果您愿意了解本次调研结果,请留下您的联系方式（如手机号、邮箱）：

_____